DIE MATERIALBEWEGUNG

IN CHEMISCH-TECHNISCHEN BETRIEBEN

VON

DIPL.-ING. C. MICHENFELDER

MIT 261 ABBILDUNGEN IM TEXT UND AUF 33 TAFELN

Springer-Verlag Berlin Heidelberg GmbH

1915

ISBN 978-3-662-24049-6   ISBN 978-3-662-26161-3 (eBook)
DOI 10.1007/978-3-662-26161-3

Druck
der Spamerschen
Buchdruckerei in Leipzig

CHEMISCHE TECHNOLOGIE
IN EINZELDARSTELLUNGEN
HERAUSGEBER: PROF. DR. FERD. FISCHER, GÖTTINGEN-HOMBURG

ALLGEMEINE CHEMISCHE TECHNOLOGIE

Vorwort.

Bei der Abfassung dieses Buches war in erster Linie das Bestreben
maßgebend, für die Lösung der verschiedenartigen Aufgaben, vor die chemisch-technische Betriebe in bezug auf die Materialbewegung gestellt
werden, kurze Informationen und zweckentsprechende Beispiele zu geben.
Da das in Rede stehende Anwendungsgebiet zu mannigfaltig ist, um ohne
endlose Wiederholungen oder Verweisungen eine Einteilung des Stoffes nach
der Art der Betriebe zu gestatten, so habe ich die Gruppierung einesteils
nach der Art des Fördergutes — ob Massen- oder Einzelgut —, andernteils
nach der Förderrichtung — ob vorwiegend wagerecht oder senkrecht —
vorgenommen. Dadurch dürfte meines Erachtens der Inhalt noch am über-
sichtlichsten und die Auffindung der jeweils heranzuziehenden Stellen am
leichtesten sein. Daß sich auch hierbei die Abgrenzung nicht immer hat
scharf durchführen lassen, liegt leider unvermeidbar in der Natur der Sache.
Das gleiche Ziel möglichst schneller Orientierung ist weiterhin durch äußerlich einheitliche Behandlung der einzelnen Gruppen zu erreichen gesucht
worden, indem den Anwendungsbeispielen außer einigen einführenden Worten
jedesmal allgemein erklärende, technische und wirtschaftliche Angaben über
die betreffende Förderart und die Ausbildung der zugehörigen maschinellen
Hilfsmittel vorausgeschickt sind. Unter Berücksichtigung der hauptsäch-
lichsten Bestimmung des Buches, den vor der Anlage von Transportvorrichtungen stehenden Betrieben die zur Beurteilung der verschiedenen Aus-
führungsmöglichkeiten erforderlichen Kenntnisse zu vermitteln, ist auf konstruktive Einzelheiten — zugunsten einer umfassenderen Behandlung ganzer
Anlagen — nur soweit eingegangen worden, als deren vorherige Beachtung
unerläßlich erschien im Interesse einer späteren einwandfreien Benutzung
der Anlage. Bei dem im Vergleich zu der Größe des Gebietes nur knapp
zur Verfügung stehenden Raum ist eine erschöpfende Behandlung natürlich
hier wie dort nicht möglich gewesen. Die zahlreich gebrachten neueren
Zeitschriften- und Patentschriftenhinweise dürften hierfür indes einigermaßen einen Ausgleich bieten. Die im Anschluß an jede Gruppe wiedergegebenen Ansprüche der in den letzten Jahren auf den betreffenden Gebieten
erteilten wesentlichen Patente lassen — eben durch die darin ausgedrückten

Vervollkommnungsbestrebungen — gleichzeitig erkennen, was in den entsprechenden Industriezweigen bis zuletzt noch als verbesserungs- bzw. erstrebenswert befunden worden ist.

Allen — Transportanlagen bauenden oder benutzenden — Firmen, die mich bei der Ausarbeitung des Buches durch Gewährung von Betriebsbesichtigungen und durch Überlassung sonstiger Unterlagen unterstützt haben, möchte ich auch an dieser Stelle nochmals aufrichtigen Dank dafür aussprechen.

Friedberg, im Juni 1914.

C. Michenfelder.

Inhaltsübersicht.

A. Die Bewegung von **Massengut**   Seite

  I. in **wagerechter** Richtung

    a) durch ununterbrochene Förderung mittels

      1. Bandförderer . . . . 1— 25
      2. Schneckenförderer . . . . 25— 35
      3. Kratzerförderer . . . . 36— 47
      4. Förderrinnen . . . . 48— 60
      5. Schaukelbecherwerke . . . . 60— 70
      6. Luftförderer . . . . 75— 93

    b) durch unterbrochene Förderung mittels

      7. Hängebahnen . . . . 93—107
      8. Drahtseilbahnen . . . . 107—112
      9. Kreistransporteure . . . . 71— 75

  II. in **schräger** Richtung

    a) durch ununterbrochene Förderung mittels

      10. Elevatoren . . . . 117—129
      11. Eimerbagger . . . . 129—135
      Der unter 1. bis 6. genannten Vorrichtungen . . . . 1— 93

    b) durch unterbrochene Förderung mittels
      12. Schrägaufzüge . . . . 113—117

  III. in **senkrechter** Richtung

    a) durch ununterbrochene Förderung mittels

      der unter 5. und 6. . . . . 60— 93
      und unter 10. und 11. genannten Vorrichtungen . . . . . . 117—135

    b) durch unterbrochene Förderung mittels
      13. Löffelbagger . . . . 135—140
      14. Waggonkipper . . . . 141—154
      der unter 16. und 17. genannten Vorrichtungen . . . . . . 157—167

B. Die Bewegung von **Einzelgut**

  I. in **wagerechter** Richtung

    a) durch ununterbrochene Förderung mittels

      der unter 1. . . . . 1— 25
      und unter 3. genannten Vorrichtungen . . . . 36— 47

    b) durch unterbrochene Förderung mittels
      15. Rollbahnen . . . . 154—157
      der unter 7. bis 9. genannten Vorrichtungen . . . . 71—112

II. in schräger Richtung   Seite

    a) durch ununterbrochene Förderung mittels

        der unter 1. . . . .   1— 25

        und unter 3. genannten Vorrichtungen . . . . 36— 47

    b) durch unterbrochene Förderung mittels

        der unter 7. bis 9. genannten Vorrichtungen . . . . 71—112

III. in senkrechter Richtung

    a) durch ununterbrochene Förderung mittels

        der unter 10. genannten Vorrichtungen . . . . 117—129

    b) durch unterbrochene Förderung mittels

        16. Aufzüge . . . . 157—160

        17. Krane . . . . 160—167

Die für die Materialbewegung in chemisch-technischen Betrieben zu
verwendenden mechanischen Vorrichtungen sind entsprechend der ganz verschiedenen Natur der in Betracht kommenden Materialien von einer solchen
Vielartigkeit, daß ihre vollständige Behandlung der Bearbeitung des gesamten, unermeßlich großen Gebietes der modernen Transportmittel gleich-
kommen würde. Dies ist — bei Berücksichtigung selbst nur des Allerwesent-
lichsten jeder Ausführung — in dem beschränkten Rahmen eines Buches
nicht möglich. Es sind deshalb in den folgenden Abschnitten auch nur die wichtigsten bzw. häufigsten Vertreter fördertechnischer Hilfsmittel gruppen-
weise behandelt, und zwar unter Beschränkung auf nur innerhalb der genannten Betriebe anwendbare Methoden, d. h. unter Ausschaltung aller
Ferntransporte. Dabei dürfte sich ergeben, daß für die Nahtransporte
in chemisch-technischen Betrieben das Prinzip der kontinuierlichen Förderung
die meisten und häufigsten Verkörperungen aufweist. Die Einrichtungen
für eine absatzweise Förderung spielen dagegen eine untergeordnete Rolle.
Diese Erscheinung, die hier zum guten Teil aus der Art der Materialien als
Sammel- oder Massengut erklärlich ist, deckt sich im übrigen mit der auf
dem großen Gebiete der Fördertechnik, auf dem Gebiete der beliebigen Bewegung von Lasten aller Art, zu beobachtenden Entwicklung. Eine Ent-
scheidung der Frage, welche Förderer dieser besonderen Art für die chemisch-
technischen Betriebe in erster Linie in Betracht kommen, ist natürlich
allgemein nicht zu treffen. Unstreitbar ist jedoch, daß in der vordersten
Reihe dieser meist zu verwendenden Fördermittel die Bandförderer stehen.

Bandförderer.

(Förderbänder, Bänder, Fördergurte, Transportbänder,
Gurttransporteure u. dgl.)

Die Bandförderer bringen vollkommener als die meisten der übrigen
maschinellen Hilfsmittel, selbst Elevatoren, Kratzer, Förderrinnen u. dgl., das
Prinzip der stetigen Förderung zum Ausdruck; denn bei ihnen findet die
Lastabgabe durch das ununterbrochene Förderband — wenigstens bei gleichmäßiger Beschüttung mit Fördergut — auch wirklich ganz pausenlos statt.

Die in der Benutzung von Förderbändern gelegenen Vorzüge, auf die
weiter unten noch näher eingegangen werden wird, sind dermaßen offen-
sichtig und überzeugend, daß ihre Erkenntnis schon den ältesten Zeiten
angehört. Sollen sich doch schon die alten Ägypter für die Bewegung der
Ziegelsteine grundsätzlich als Bandtransporteure anzusprechender Mittel bedient haben, indem sie einen um zwei Holztrommeln gelegten Stoffstreifen

über eine Unterlage schleifen und so die daraufgelegten frischgeformten Ziegelsteine sanft bis zur Endtrommel befördern ließen. Entsprechend dem Alter des Bandtransportprinzipes zeigt die Entwicklung seiner Ausführungen bis heute begreiflicherweise viele und schwerwiegende Vervollkommnungen in bezug auf die Wahl immer geeigneterer Konstruktionsmaterialien, immer zweckdienlicherer Ausbildung der Einzelteile und immer weiter ausgebildeter Anordnungen der Gesamtanlage. Wie auf den meisten Zweiggebieten der Maschinentechnik, und insbesondere der Fördertechnik, überragen auch hier die verbessernden Einwirkungen der allerletzten Jahrzehnte die gesamten Fortschritte der vorhergehenden Jahrhunderte um ein Gewaltiges. Mehr als andere Sondergebiete der Hebe- und Transporttechnik sind gerade die Bandförderer von den fortschrittlichen Maßnahmen beeinflußt worden, die die Vereinigten Staaten von Nordamerika ihnen in der Erkenntnis ihrer vorteilhaften Eigenart haben zuteil werden lassen. Auf der dort erwiesenen Bewährung fußend, haben sich die Bandförderer dann auch bei uns ein rapid wachsendes Anwendungsfeld erobert. Von spezialfachmännischer Seite wird, vielleicht ohne Übertreibung, behauptet, daß heute gut zwei Drittel aller für den Nahtransport von Gütern bestimmten Einrichtungen als Bandtransporteure beschafft bzw. durch solche ersetzt werden.

Wesen der Konstruktion. Ein Bandförderer besteht im wesentlichen aus einem in vertikaler Ebene zu geschlossenem Laufe in sich zurückgeführten Bande, das beiderends um je eine Trommel geleitet und durch deren Antrieb bewegt wird. Zu diesem Zwecke muß das Band stets mit genügender Spannung über die Trommeln gelegt sein; bei nicht genügend elastischem Bandmaterial ist für die dauernde Aufrechterhaltung der notwendigen Reibung zwischen Trommel und Band eine besondere Spannvorrichtung erforderlich.

Arbeitsweise. Die Materialbewegung kommt durch Aufgabe des Fördergutes an einer Stelle des oberen Bandlaufes zustande, wodurch es in Richtung der Bandbewegung mitgenommen wird. Die Abgabe des Fördergutes erfolgt entweder an Umkehrstellen des Bandes, wo sich das Material durch sein Trägheitsvermögen vom Bande trennt, oder auf dem geraden Lauf des Bandes mittels Abstreichvorrichtungen. Die Umkehrstellen können die eingangs erwähnten Endumleittrommeln des Bandes selbst sein, oder sie können — an sog. Abwurfwagen — durch besondere Umleitungen innerhalb des geraden Bandverlaufes geschaffen sein.

Anwendbarkeit. Bandförderer sind im allgemeinen ebensowohl für Massengut anwendbar, d. h. lose, grob- oder feinkörnige Materialien, wie für Stückgut, etwa Ballen, Kisten u. dgl.; die praktische Verwendung für die erstgenannten Materialien dürfte jedoch bei weitem überwiegen. Die Benutzbarkeit eines Förderbandes zum Transport von Materialien, die durch ihre Gestalt, ihre Temperatur, ihre Feuchtigkeit u. a. m. das Bandmaterial ungewöhnlich angreifen, hängt von der Wahl eines geeigneten Bandmateriales ab. Wenn auch vorzugsweise für horizontalen Transport bestimmt, lassen sich Bandförderer in gewissen, von der Art des Fördergutes abhängigen Grenzen auch zur Materialbewegung in schräger Richtung verwenden.

Vorteile. Die in der Arbeitsweise eines Förderbandes begründeten Vorteile bestehen zunächst in der großen Leistungsfähigkeit, die die pausenlose Förderung als solche ermöglicht. Zudem kann die Fördergeschwindigkeit eines Bandes recht groß gewählt werden, ohne daß sich bei dem geringen Eigengewicht der bewegten Teile ein zu großer Verschleiß oder Kraftbedarf ergeben würde. Ferner erfordert der einfache Aufbau, insbesondere das sehr kleine Querschnittsprofil einer Bandförderanlage für deren Aufstellung nur sehr wenig Raum. Die in der Vertikalebene, wie gesagt, in gewissen Grenzen mögliche Veränderung der Förderrichtung eines Transportbandes gestattet unter Umständen eine vollkommene Anpassung an örtliche Verhältnisse. Die sehr einfache Stützkonstruktion für das Band und dessen Zubehör ergibt ein entsprechend leichtes Gewicht der ganzen Anlage, infolgedessen selbst der nachträgliche Einbau von Bandförderern nur selten Schwierigkeit macht. Der Betrieb einer Bandförderanlage gestaltet sich nahezu geräuschlos, einesteils wegen des weichen Bandmaterials an sich, andernteils aber auch deshalb, weil keinerlei Gleiten — weder einzelner Konstruktionsteile aufeinander noch des Fördergutes gegen seine Unterlage — auftritt. Durch den Fortfall beweglicher Teile (Gelenke, Bolzen oder dgl.) am Förderstrang wird die Reparaturbedürftigkeit gering und die Betriebssicherheit groß. Dieser kommt auch noch zustatten, daß ein Verstopfen oder Klemmen, wie es bei anderen Fördermitteln durch das Fördergut selbst zeitweise eintritt, bei dem Bandtransporte ausgeschlossen ist, da hier das Material eben durch das Band von den bewegten Teilen völlig getrennt ist. Eine weitere Folge dieser Trennung ist auch die vollkommene Schonung des Fördergutes während des Transportvorganges. Auch sonst gestaltet sich die Wartung und Instandhaltung der Anlage durch die Übersichtlichkeit ihrer Teile einfach. Der Kraftbedarf ist entsprechend der leichten und schlichten Konstruktion und der einfachen Arbeitsweise nur gering[1]. Unter Umständen kann es beim

---

[1] Eine bemerkenswerte Illustration hierfür mögen die nachstehend wiedergegebenen Ermittlungen bieten, die an einer Gurtförderanlage vorgenommen worden sind, die an Stelle eines Kratzertransporteurs für Kokskohle von der *Muth-Schmidt G. m. b. H.* Berlin, in einer Koksanstalt eingebaut worden ist. Zunächst erforderte der Gurttransporteur nur 3 PS, während der Kratzertransporteur 25 bis 30 PS nötig hatte. Die Anschaffungskosten des Kratzers betrugen 7400 M.;

an Schmiermaterial erforderte er pro Jahr	61,— M.
für elektrischen Strom	0140,— „
für Reparaturzwecke	870,— „

Die reinen Betriebskosten betrugen bei diesem Kratzer also 7071,— M.
Die Beschaffungskosten des Gurtförderers waren nur 4250,— M.;

sein Bedarf an Schmiermaterial erfordert nur	17,— M.
an Strom bloß	735,— „
an Reparaturkosten auch nur	125,— „

d. h. im ganzen beliefen sich die Betriebskosten auf . . . . . . 877,— M.
Durch den Einbau des Bandförderers war also, abgesehen von allem anderen, eine jährliche Ersparnis von nicht weniger als 6194,— M. erzielt worden.
Da das Förderquantum im Jahr 230 000 t Kohle betrug, so hatten sich die Förderkosten beim Kratzerbetrieb für 1 t auf 3,08 Pf. gestellt, beim Gurtförderer aber nur auf 0,37 Pf. Sie betrugen beim letzteren also nur mehr noch etwa den achten Teil.

Bandförderer auch als Vorzug empfunden werden, daß das freiaufliegende Fördergut durch den Transport selbst gut durchlüftet und abgekühlt wird.

Nachteile. Nachteilig kann der vorzeitige Verschleiß des Gurtes bei Fördermaterialien, die ihn durch ihre hohe Temperatur oder ihre chemischen Einwirkungen angreifen, sein.

Einzelheiten. Der wesentlichste Bestandteil einer Bandförderanlage ist das Band selbst. Von seiner Güte und Eignung hängt es in erster Linie ab, ob der Betrieb der Anlage auf die Dauer technisch und wirtschaftlich einwandfrei sein wird. Die Wahl der besten Bandqualität bedeutet hier, ganz allgemein, die größte Ersparnis. Die Art des Bandmateriales im besonderen muß sich nach der Art des zu fördernden Gutes richten. Für leichteres oder feineres Gut genügen im allgemeinen die gewöhnlichen Gurte aus Hanf, Baumwolle oder ähnlichen Stoffen. Für alle Materialien dagegen, durch deren Gestalt oder Gewicht eine Verletzung der Gewebefasern zu befürchten ist, sollen diese durch einen widerstandsfähigen Überzug dagegen geschützt werden. Für die verschiedensten derartigen Fördermaterialien, für Steine, Kies, Erze, Kohle, Sand u. dgl. hat sich der Gummigurt am besten bewährt. Zweckmäßig erscheint die besonders bei der Herstellung der sog. Robinsgurte für schwerstückige oder scharfkantige Materialien vorgenommene Ausbildung, die schützende Gummischicht in der Mitte des Bandes besonders stark und nach den Rändern hin abnehmend zu machen. Durch die Aufgabe des Materiales im mittleren Teil der Bandbreite wird dieses hier ja am meisten beansprucht, und ist deshalb beim Robinsgurt eine rationelle Verteilung der Schutzmasse vorhanden. Für leichtere Fördermassen, z. B. Braunkohle, feines Salz und ähnliche, haben auch die Robinsgurte nur eine gleichmäßig dünne Gummihülle.

Von bedeutendstem Einfluß auf die Haltbarkeit des Gurtes ist seine Lagerung und Führung. Grundsätzlich zu vermeiden ist natürlich, daß der Gurt schleift oder mit scharfen Kanten seiner Unterstützung in Berührung kommt. Gibt man dem oberen, fördernden Lauf des Gurtes zum Zwecke eines größeren Beschüttquerschnittes eine muldenartige Form, so sind zur Stützung nicht durchgehende Rollen von entsprechendem Querschnitt (nach Fig. 1) anzuwenden, sondern die Gurtmulde ist

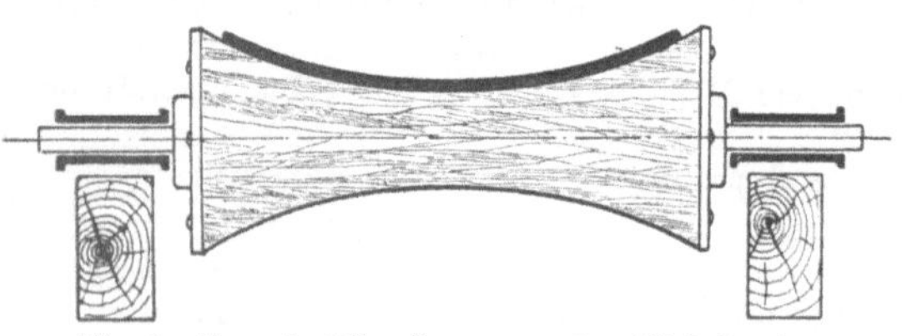

Fig. 1. Unzweckmäßige Lagerung eines Förderbandes.

durch eine Einzelrollenlagerung (nach Fig. 2) zu schaffen. Im ersteren Falle bewirkt die verschieden große Umfangsgeschwindigkeit der einzelnen Punkte der Rollenoberfläche ein Gleiten zwischen Rolle und Gurt und natürlich eine übermäßig rasche Abnutzung des letzteren. Außer den Tragrollen unter dem oberen Laufe des Gurtes und den Rückführrollen am unteren Laufe des Bandes — in zweckmäßig nur horizontaler Anordnung — empfiehlt sich bei dem Bestreben des Gurtes zum Schieflaufen auch noch die Anbringung besonderer außenstehender Schrägrollen, die ein Ausweichen des Gurtes von seiner normalen Laufrichtung verhindern.

Weiter wird die Dauerhaftigkeit des Förderbandes von der Art beeinflußt, wie das Aufschütten und das Abnehmen des Materiales erfolgt. Es ist

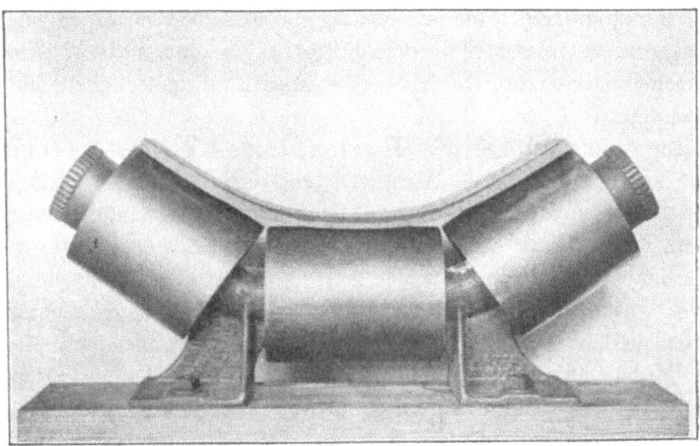

Fig. 2. Zweckmäßige Lagerung des Förderbandes.

klar, daß die Abnutzung des Bandes um so geringer ausfallen wird, je sanfter die Aufgabe und Abnahme des Gutes geschieht. Zweckmäßig ausgebildete Aufgabevorrichtungen, die das Material allmählich und ohne Sturz auf das Band gelangen lassen, können zu dessen Schonung viel beitragen; Abstreichvorrichtungen sind analog so anzuordnen, daß die seitwärtige Entfernung des Materiales vom Bande unter möglichst geringem Scheuern eintritt. Während des seitlichen Abstreichens dürfte sich sonach ein gleichzeitiges Anheben des Materials durch Schrägstellung der Abstreichfläche auch gegen die Vertikale empfehlen. Auch eine zweckmäßige Reinhaltung des Bandes (durch rotierende Bürsten oder dgl.) vermag die Benutzungsdauer desselben zu erhöhen, da Verschmutzungen des Bandes sich namentlich auf dessen Rücklauf den Rollen und Lagern mitteilen und diese in ihrem ordnungsgemäßen Funktionieren verhindern können. Bei Anwendung eines Abwurfwagens kann, insbesondere bei klebrigem Fördergut, die untere Umleittrommel des Wagens, die ja auch mit der tragenden Seite des Bandes in Berührung kommt, bei nicht sauberer Oberfläche des Bandes leicht ungleichmäßig stark verschmutzen, was dann ein Schieflaufen des Bandes und weitere Unzuträglichkeiten im Betriebe zur Folge haben kann.

Endlich kann zur Lebensdauer eines Bandes auch noch die Anordnung seiner Spannvorrichtung beitragen. Allgemein ist dafür der Anordnung der Vorzug zu geben, die den einfachen, geradlinigen Verlauf des Bandes nicht durch besondere Umführungen desselben beeinträchtigt, denn die Haltbarkeit eines Gurtes wird, ebenso wie bekanntlich die eines Seiles, durch die Zunahme der Zahl der Biegungsstellen verringert. Den von Hand zu betätigenden Nachspannvorrichtungen sind die selbsttätig, durch Gewicht oder Federn, wirkenden deshalb vorzuziehen, weil bei diesen die Einhaltung einer konstanten Spannung des Gurtes gewährleistet ist und weil sie durch ihre stete Nachgiebigkeit die schädliche Wirkung etwa auftretender Stöße verhindern können. — Bei Gummigurten macht die eigene, dauernde Spannkraft des Bandmaterials die Anordnung besonderer mechanischer Spannvorrichtungen meist unnötig; in dem Fortfall der Kosten der letzteren kann ein Ausgleich für die wesentlich höheren Anschaffungskosten solcher Bänder erblickt werden.

Erwähnt werden möge hier als ein weiterer Vorzug der Gummibänder gegenüber den gewöhnlichen Bändern, daß das bei diesen nach längeren Betriebspausen — meistens schon Montags früh — beobachtete Sichverziehen und dessen Folgen, das schlechte Anlaufen des Bandes, fortfällt.

Die Aufgabevorrichtung des Materiales soll für eine tunlichste Schonung des Bandes sowohl wie des Fördergutes nach Möglichkeit die Bedingung erfüllen, daß sie das Material mit der dem Band innewohnenden Geschwindigkeit und Förderrichtung auf dieses austreten läßt. Der als Trichter oder Schurre ausgebildete Auslaufapparat muß also vor allen Dingen so gestaltet sein, daß ein freies Herabfallen auch nur eines Teiles seines Inhaltes auf das Band ausgeschlossen ist und daß dessen Rückwand ein möglichst flaches, aber genügend schnelles Auslaufen des Materiales auf das Band veranlaßt. Auf diese Weise werden Beschädigungen durch Aufschlagen oder Abspringen des Fördergutes vermieden. (Nach diesem Gesichtspunkt erscheint z. B. die Ausbildung der in Fig. 24 dargestellten Aufgabevorrichtung nicht als einwandfrei.)

Die Abgabevorrichtung ist — falls nicht am Ende des Bandes der Materialabwurf erfolgen soll — in der Regel ein sog. Abwurfwagen, der vermöge seiner Fahrbarkeit das Ausschütten an beliebig wechselnden Stellen des Bandes gestattet. Das seine Arbeitsweise ergebende Prinzip besteht, wie die verschiedenen Abbildungen (z. B. Fig. 4 und Fig. 6) erkennen lassen, darin, daß das Transportband in ihm über zwei übereinandergelagerte Trommeln in Form eines 2 oder S geführt wird und so an der ersten, oberen Umkehrstelle das Material abwirft. Dieses wird dann durch am Wagen angebrachte Abfallschurren nach einer oder auch nach beiden Seiten des Bandes abgezogen. Die Fahrbewegung des Abwurfwagens wird entweder von Hand, durch Kurbeln oder dgl., erzeugt, oder maschinell dadurch, daß die Drehung einer seiner Bandtrommeln auf die Laufräder des Wagens übertragen wird. Auf demselben Prinzip beruhende, feststehende Ablade- oder Abwurfeinrichtungen werden in größerer Anzahl an dem Bandförderer mitunter dann angeordnet, wenn das Material stets an den gleichen Stellen abgegeben werden soll. Durch Umstellklappen in den einzelnen Abwurfschurren läßt sich das Material dann nach Wunsch seitlich abziehen oder auch für den Weitertransport dem folgenden Lauf des Bandes zuführen. Trotzdem alle diese auf einer besonders geschaffenen Bandumkehr beruhenden Abladevorrichtungen den einfachen Abstreichern gegenüber manche äußerlichen Nachteile haben — sie erfordern naturgemäß eine größere Länge des Bandes und ein größeres Durchgangsprofil bei fahrbarer Anordnung —, so sind sie wegen der ungleich größeren Schonung des Bandes ihnen doch vorzuziehen.

Außer diesen üblichsten Abladearten können für die absatzweise Beschüttung größerer Flächen durch Bandförderer auch noch die in den Fig. 3 und 5 dargestellten Verfahren angewendet werden. Die durch die Fig. 3 gekennzeichnete Art, Stufentransporteur genannt, beruht darauf, daß mehrere kurze Einzelförderer hintereinander geschaltet sind, wobei jeder Förderer

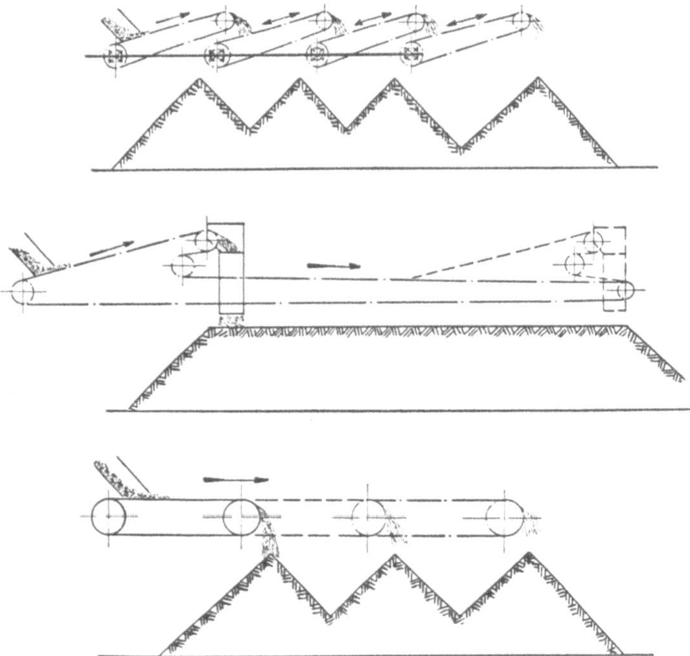

Fig. 3 bis 5. Methoden der ortsveränderlichen Materialabgabe bei Bandförderern.

durch Wendegetriebe auf Vorwärts- oder Rückwärtslauf eingestellt werden kann. Die Beschüttung der verschiedenen Stellen des Lagers erfolgt nun dadurch, daß der für diese Beschüttung in Betracht kommende Förderer auf Rückwärtslauf gesteuert wird.

Bei der in Fig. 5 skizzierten Art, des sog. Trommeltransporteurs, ist in dem Traggerüst eine größere Anzahl Trommeln angeordnet, deren jede als Endtrommel des Gurtförderers gewählt werden kann. Die Verbindung des Gurtes für diese Verlängerungen oder Verkürzungen seines Laufes erfolgt durch Gurtlaschen oder Riemenschrauben.

Die beiden letztgenannten Ablademethoden haben dem Abwurfwagen gegenüber den Nachteil, daß sich mit ihnen nur eine der Zahl der Abwurfstellen entsprechende Zahl von Materialhaufen aufschütten läßt. Dies erfordert aber für eine vollkommene Beschüttung der Grundfläche unter Umständen noch zeitraubender und kostspieliger Nacharbeit von Hand. Hinsichtlich des Kraftbedarfes stellt sich indes der Trommeltransporteur am günstigsten, da bei ihm das Band stets mit der absolut geringsten Anzahl Biegungen geführt ist. Auch nimmt bei ihm die Größe des Kraftaufwandes sinngemäß mit dem Transportwege ab. Ähnliches tritt auch bei dem Stufentransporteur auf; dem bei ihm im Vergleich zum Trommeltransporteur höheren Kraftbedarf steht andererseits der Vorteil gegenüber, daß das lästige und zeitraubende Gurtverlängern und -verkürzen fortfällt.

Der vollkommenste Apparat in bezug auf eine gleichmäßige Verteilung des Fördergutes über eine ausgedehnte Lagerfläche ist aber doch der Abwurfwagen. Durch ihn lassen sich leicht recht gleichmäßige Plateaus herstellen, für die jede weitere Planierarbeit entbehrlich ist.

Die Anordnung und Benutzung von Bandförderern unter verschiedenen Verhältnissen und zu den verschiedensten Zwecken mögen die nachfolgenden Ausführungsbeispiele veranschaulichen.

Ausführungsbeispiele.

In den Fig. 6 bis 9 (Taf. 1) ist die Verwendung eines Bandförderers für die Kesselbeschickung wiedergegeben, einen Zweck, der für chemisch-technische Betriebe also ganz allgemeines Interesse hat. Im vorliegenden Fall werden 6 Flammrohrkessel selbsttätig mit Kohlen versehen. Das Kohlenquantum, das pro Stunde gefördert wird, beträgt 5000 kg. Die Kohlen werden von einem entfernt liegenden Lager durch Kippwagen einem Becherwerk zugeführt, durch daß das Transportband beschickt wird. Die Einwurfstelle des Becherwerkes ist mit einem Rost von 80 mm Spaltweite überdeckt, wodurch größere Kohlenstücke und Fremdkörper zurückgehalten und vorher zerkleinert werden können. Das über den 6 Kohlenbunkern liegende Transportband ist mit einem fahrbaren Abwurfwagen versehen, durch den die Bunker der Reihe nach beschickt werden können. Die Verschiebung des Abwurfwagens kann mittels einer im Kesselhaus an geeigneter Stelle angeordneten Winde erfolgen. Jeder der 5000 kg fassenden Kohlenbehälter ist mit 2 Schiebern versehen, die sich gleichfalls vom Heizerstand aus durch Handketten leicht regeln lassen. Das Eisengestell des Bandförderers ruht zweckmäßig auf derselben Abstützung, durch die die Kohlenbunker getragen werden. Durch ein mit Fenstern versehenes Wellblechgehäuse wird das Band so eingeschlossen, daß kein Kohlenstaub in das Kesselhaus eindringen kann. Der Betrieb ist deshalb äußerst reinlich. Das Band und die Bunker können indes von einem Laufsteg aus leicht kontrolliert werden. Die 6 Kessel, die auch mit mechanischer Rostbeschickung versehen sind, erfordern zu ihrer Beaufsichtigung nur einen Arbeiter. Der Kraftbedarf der Anlage ist gleichfalls sehr gering; er beträgt nur 2,5 PS. Die Gesamtkosten der von *A. Stotz A.-G.*, Stuttgart für *Merkel & Kienlin G. m. b. H.* in Eßlingen a. N. gebauten Anlage, deren totales Gewicht etwa 25 t ist, betragen 13 700 M.

Additional information of this book

*(Die Materialbewegung in chemisch-technischen Betrieben;
978-3-662-24049-6; 978-3-662-24049-6_OSFO1)* is provided:

http://Extras.Springer.com

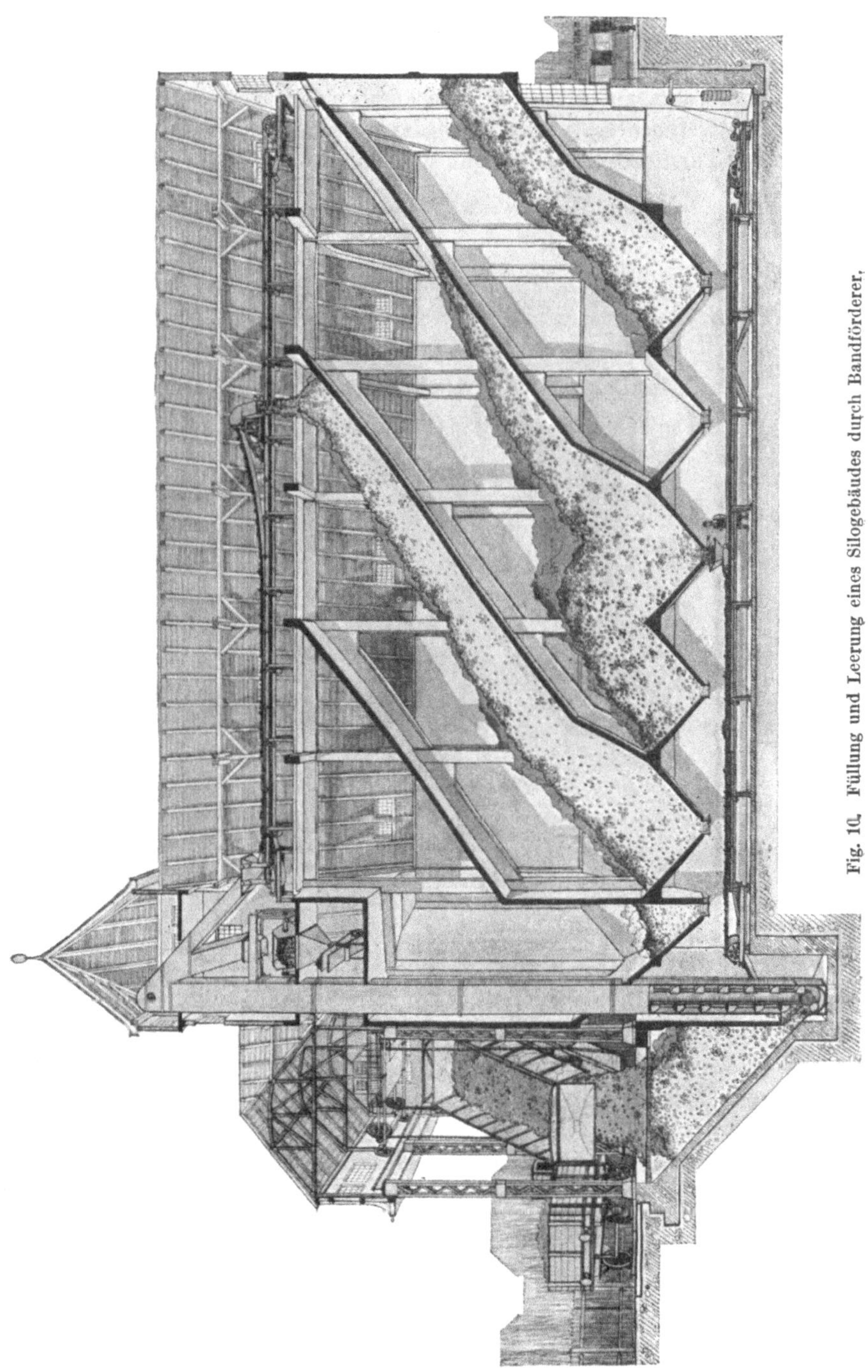

Fig. 10. Füllung und Leerung eines Silogebäudes durch Bandförderer.

Eine in der ganzen Anordnung der vorbeschriebenen ähnliche Anlage ist in Fig. 10 abgebildet. Die hier mittels eines Waggonkippers in den Fülltrichter des Elevators geschütteten Kohlen werden durch den oberen Bandförderer in die Schrägzellen eines Silogebäudes (nach einer Ausführung von *Gebrüder Rank*, München) verteilt, aus denen sie dann nach Bedarf durch einen unteren Bandförderer abgezogen werden können.

Fig. 11. Schiffsentladung und Lagerbeschüttung durch Bandförderer.

In Bestimmung und Arbeitsweise recht abweichend ist dagegen die aus Fig. 11 ersichtliche Anlage. Bei ihr handelt es sich darum, Kies aus Schiffen aufwärts zu befördern und auf einem Lagerplatz zu verteilen. Da der Fluß oft sehr große Unterschiede im Wasserstand — bis zu 6 m — aufweist, war zunächst die ungewöhnliche Anordnung eines den Schrägbandförderer überspannenden, hohen Stützgerüstes erforderlich, mit dessen Hilfe das Entladeband sich den jeweiligen Schiffsständen anpassen läßt. Die Aufgabe des Kieses auf den Gurt erfolgt im Schiff durch Hand. Dadurch ist die Leistung natürlich ziemlich beschränkt; 4 Arbeiter vermögen stündlich etwa 20 cbm aufzuladen. Die Verteilung des Materiales auf dem Lager erfolgt in der bekannten Weise durch das sich quer anschließende Horizontalband. Als Antriebskraft werden für beide Förderer ungefähr 6 PS benötigt. Die Anlage wurde in der vorliegenden Form als Gurttransporteur nach vorherigen Versuchen mit einem Schrägaufzug und mit einem Becherwerk als zweckmäßigste gewählt. Sie ist von *Muth-Schmidt G. m. b. H.*, Berlin, für die *Gogolin-Gorasdzer Portland-Zement-Werke* in Breslau gebaut worden.

Weitere Schrägbandförderanlagen für Schuppenbeschüttung zeigen noch die Fig. 12 bis 14 nach Ausführungen von *R. Dinglinger*, Köthen, bzw. *Gebrüder Weismüller*, Frankfurt a. M.

Die feste Anordnung von Bandförderern ergibt durch deren linearen Arbeitsbereich eine Beschüttbarkeit nur verhältnismäßig kleiner Flächen, will man die Beschütthöhe nicht unzweckmäßig vergrößern. Es empfiehlt sich daher zuweilen, den Bandförderer durch eine Fahrbarmachung quer zu seiner Förderrichtung zu einer vollkommeneren Bedienung auch größerer Lagerflächen zu befähigen. An Stelle der Parallelverschiebung des Bandförderers kann natürlich auch eine Horizontalschwenkung

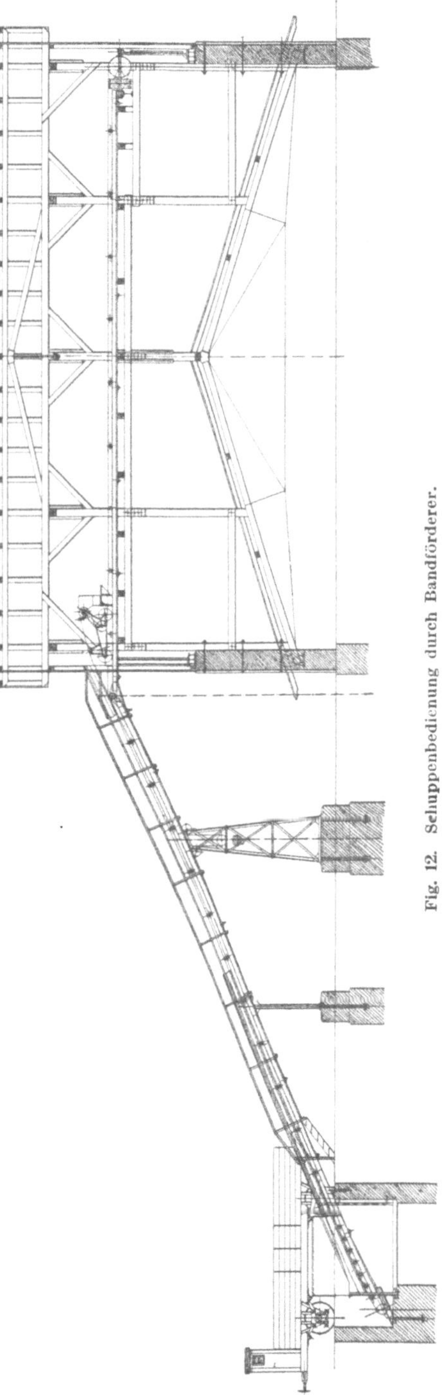

Fig. 12. Schuppenbedienung durch Bandförderer.

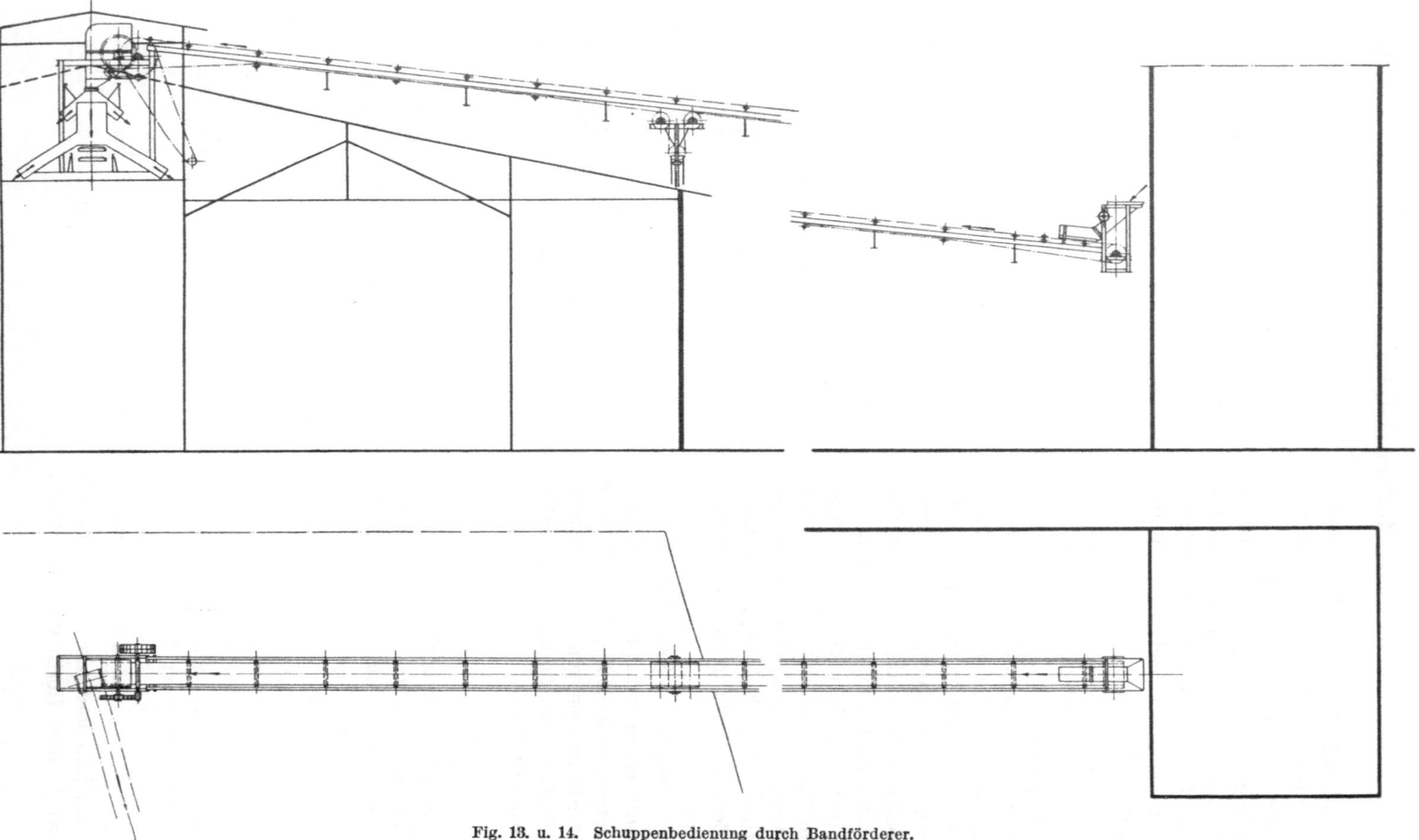

Fig. 13. u. 14. Schuppenbedienung durch Bandförderer.

desselben um eine feste Achse einen ähnlichen Erfolg haben. Durch derartige vervollkommnende Maßnahmen werden die Dauerförderer dann auch äußerlich den intermittierend arbeitenden Kranen mehr und mehr ähnlich. Es bleibt ihnen indes diesen gegenüber als Vorteil immer die ununterbrochene Förderung mit ihrer pausenlosen, starken Materialabgabe, als Nachteil jedoch der Mangel der eignen Materialaufnahmefähigkeit. Diese wenigen Überlegungen deuten schon darauf hin, daß im allgemeinen überall dort, wo es sich um die Abgabe, speziell die Aufschüttung oder Anfüllung von Massengut, handelt, solche Bandförderer allen Anforderungen an leistungsfähiges und rationelles Arbeiten in hervorragendster Weise werden genügen können. Aber auch in sehr vielen der Fälle, wo sich das Verladegeschäft aus einer Abgabe und einer Aufnahme solchen Gutes zusammensetzt, wird die Kombination von Gurtförderer und Kran, eventuell auf gemeinsamem Stützgerüst montiert, sich als besonders vorteilhaft ergeben. Hierbei bleibt dem Kran, unter möglichster Beschränkung der zwischen den einzelnen Hüben gelegenen Zeitverluste, nur die Aufgabe der Materialaufnahme bzw. der Beschickung des Bandförderers, diesem dagegen die unabhängig davon und unaufhörlich zu bewirkende Weiterbeförderung des Gutes. Es möge schon hier festgestellt werden, daß gerade nach dieser Richtung hin, d. h. nach der zunehmenden Einführung solcher Dauerförderer, auch bei solchen Anlagen, wo bisher ausschließlich kranartige Hilfsmittel verwendet wurden, sich die moderne Entwicklung des Transportwesens sehr stark äußert. An anderer Stelle wird noch Gelegenheit geboten sein, diese in wirtschaftlicher Beziehung zweifelhaft sehr fortschrittlichen Bestrebungen durch weitere Ausführungsbeispiele zu illustrieren.

Hier mögen zunächst einige Anlagen wiedergegeben sein, die den vollwertigen Ersatz von Kranen durch Bandförderer selbst bei einem in der Querrichtung ausgedehnteren Arbeitsbereich für verschiedene Arbeiten erkennen lassen.

Die Fig. 15 (Taf. 2) zeigt die Beschickung eines ziemlich umfangreichen Kokslagerplatzes mittels eines Bandes, daß durch seine Anordnung auf einem schwenkbaren Auslegergerüst die zu bestreichende Arbeitsfläche nahezu zu einer vollständigen Kreisfläche mit dem Durchmesser der doppelten Auslegerlänge wachsen läßt. Die hier noch vorgesehene Vertikaleinstellbarkeit des Beschüttbandes vermag in sehr zweckmäßiger Weise den Koks beim Abwurf dadurch noch besonders zu schonen, daß sich die Ausschütthöhe der jeweiligen Höhe des Lagerhaufens anpassen läßt. Diese Anlage wird gegenwärtig von der *Muth-Schmidt G. m. b. H.* für den Hoheneggerschacht der *Österreichischen Berg- und Hüttenwerks-Gesellschaft* errichtet, nachdem bereits vorher eine ganz ähnliche Anlage, jedoch noch ohne Wippbewegung des Auslegers, in der Koksanstalt Theresienhütte der *Wittkowitzer Steinkohlengrube* nach dem Vorschlag des Oberbergrates *Fillunger* ausgeführt war und sich als durchaus zweckmäßig bewährt hatte. Bei dieser letzteren Anlage, die von der nämlichen Gesellschaft stammt, vermag ein etwa 20 m langer Bandförderer einen Lagerplatz von rd. 80 m Durchmesser und 25 m Höhe zu beschütten. Die Schonung des Kokses ist hier unter Zuhilfenahme einer

Schurre erstrebt. Die Anlage, die außerdem in ganz ähnlicher Weise auch wieder ein schräg ansteigendes[1] Zuführungsband von etwa 50 m Länge aufweist, erfordert bei einer Leistung von 20 t in der Stunde nur eine Betriebskraft von im ganzen 5 PS.

Eine sehr interessante Kombination von Mitteln, die eine Vergrößerung des Schüttbereiches von Bandförderern ergeben, weist die in den Fig. 16 und 17 dargestellte Anlage auf. Sie dient zur Füllung von Kokskohlentürmen und besteht aus einem längs deren Mitte verlegten Muldengurtförderer, dessen Abwurfwagen in eigenartiger Weise noch mit einem Querförderer von 7 m Länge ausgestattet ist. Hierdurch wird in bezug auf die Größe

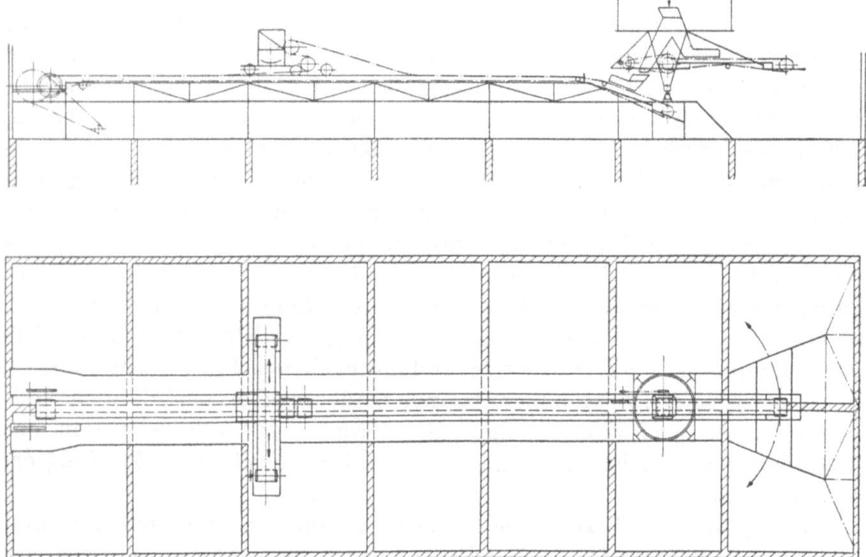

Fig. 16 u. 17. Vollkommene Beschüttung von Lagerräumen durch einen Bandförderer mit fahrbarem Querförderband und schwenkbarem Endband.

der beschüttbaren Grundfläche dasselbe erreicht, als ob der ganze Bandförderer in seiner Querrichtung um denselben Betrag verschiebbar wäre. Das Querförderband wird durch ein Wendegetriebe von der oberen Gurttrommel des Abwurfwagens angetrieben und dadurch die auffallende Kohle entweder nach der linken oder der rechten Seite vom Hauptförderstrang hinabgeworfen. Um auch die äußersten Teile der Kokskohlentürme, die sich von dem Abwurfwagen ja nicht mehr befahren lassen, in ihrer ganzen Ausdehnung beschicken zu können, ist am Ende des feststehenden Gurtförderers noch ein solcher auf schwenkbarem Auslegergerüst angeordnet.

---

[1] Als stärkste Neigung für einen Gummigurtförderer für Kokskohle ist ein Winkel von 26° ausgeführt worden. Es dürfte dieses wohl überhaupt die höchsterreichte Neigung sein, die bei anderem Gurtmaterial, z. B. Balata u. dgl., kaum anwendbar ist.

Bezeichnend ist die Veränderung, die der Einbau dieser eigenartigen Gurtförderanlage gegen früher bewirkt hat. Die Kokskohle ist vordem hier, wie in den meisten Fällen, in der Regel durch Kratzertransporteure bewegt worden. Der Verschleiß bei diesen Anlagen, bei denen — wie später noch eingehender gezeigt werden wird — das Material durch an Ketten befestigte Mitnehmer in einer Rinne entlanggeschoben wird, war, zumal bei nasser Kokskohle, sehr groß. In dem vorliegenden Fall hatten die beiden für die Kohlenbewegung benutzten Kratzertransporteure für ihren Antrieb einen 50-PS-Motor erfordert. Bei der neuen Anlage spart man nicht allein außerordentlich an Betriebskraft, da die Gurtförderanlage nur 5 PS zu ihrem Antrieb benötigt, sondern man vermag bei der vollkommenen Auffüllung mittels des Querbandes auch noch das Fassungsvermögen der Türme gegen früher um ein bedeutendes mehr auszunutzen. Die Bandförderanlage, die auf der Zeche *Karolinenglück* des *Bochumer Vereins* arbeitet, besitzt (bei einer Bandbreite von 710 mm und einer Förderlänge von 30 m) eine stündliche Leistungsfähigkeit von etwa 100 t.

Eine eigenartige Anwendung für die Schlammteichreinigung hat der Bandförderer bei der in den Fig. 18 und 19 veranschaulichten Anlage gefunden. Die Entleerung der Teiche auf den Kohlenschächten bietet erfahrungsgemäß einerseits durch die Nachgiebigkeit und andererseits durch das beträchtliche Gewicht des Schlammes ziemliche Schwierigkeiten. Für das Betreten durch die Arbeiter ist der Schlamm zu nachgiebig und für das Abstechen mit der Hand wieder zu schwer. Bei der abgebildeten Anlage dient ein Gurtförderer für die Fortschaffung des Schlammes, nachdem dieser durch ein besonderes Becherwerk abgestochen und gleichzeitig auf das Band abgegeben worden ist. Dieses wirft ihn in der ersichtlichen Weise in einen seitlich an der fahrbaren Brücke angeordneten Füllrumpf, aus dem er in kleine Bahnwagen abgezogen und zu den Kesseln gefahren wird. Die Brücke ist von Hand verfahrbar, da sie ja nur wenig und selten ver-

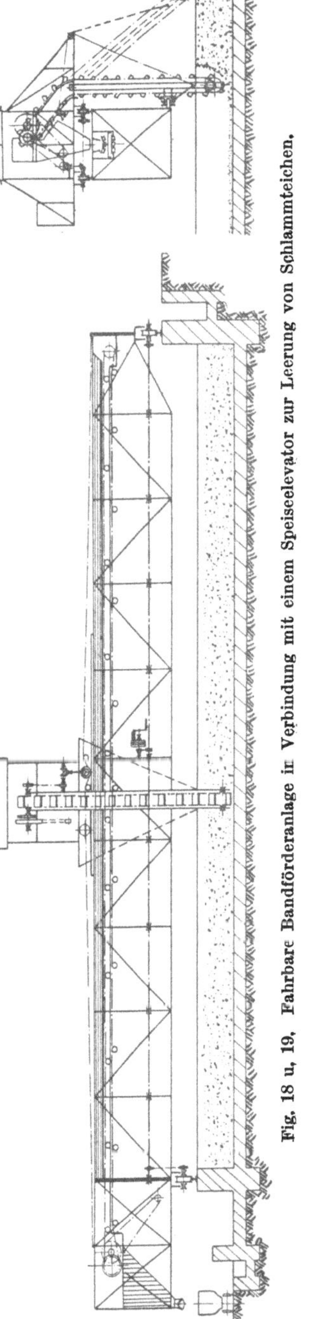

Fig. 18 u. 19. Fahrbare Bandförderanlage in Verbindung mit einem Speiseelevator zur Leerung von Schlammteichen.

schoben zu werden braucht. Die Einstellung des Becherwerkes dagegen erfolgt
maschinell. Die Leistung dieser sehr eigenartigen Anlage, die ebenso wie auch
die vorige von der *Muth-Schmidt-G. m. b. H.* gebaut worden ist, beträgt 15 cbm
in der Stunde, der Kraftbedarf insgesamt rd. 5 PS.

Eine gewisse Ähnlichkeit, vor allem in der Anordnung des Bandförderers
auf einer zur Förderrichtung querverlegten Schienenbahn, hat mit der zuletzt-
beschriebenen Anlage auch die in den Fig. 20 und 21 (Taf. 2) abgebildete. Das
fahrbare Band dient im Betrieb einer Moorverwertungsgesellschaft zur Bewegung von Torfsteinen. Der aus dem Moor losgearbeitete Torf geht zunächst
durch eine Stangenpresse, in der die Torfziegel hergestellt werden. Diese werden
dann auf Bretter gelegt und so dem Transporteur übergeben. Über die ganze,
20 m betragende Länge des letzteren sind nun ungefähr 10 Leute verteilt,
die die Bretter mit den Ziegeln abnehmen, die Ziegel auf dem Trockenfeld
aufschichten und die leeren Bretter wieder dem Gurttransporteur übergeben.
Ist auf diese Weise das Trockenfeld bis an den Transporteur heran belegt, so

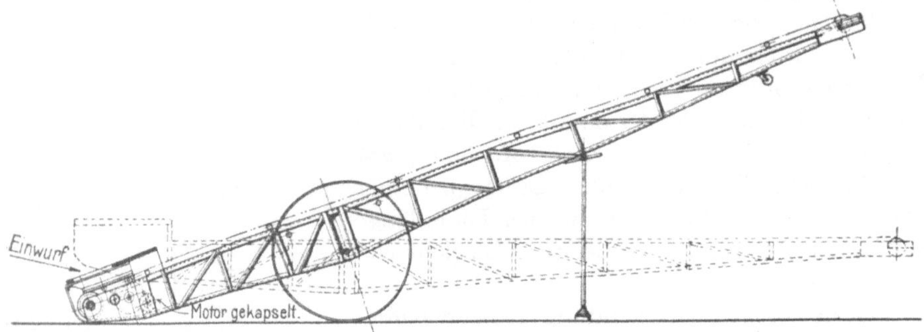

Fig. 22. Bandförderwagen.

wird letzterer ein Stück vorwärtsgefahren. Für die gleiche Verteilung der
Torfziegel auf das Feld waren vordem etwa 25 bis 30 Leute notwendig.

Der abgebildete Gurtförderer, der in sehr großer Anzahl von der Maschinenfabrik *Heinrich Schirm* geliefert worden ist, hat einen Kraftverbrauch von
4 PS; seine Anschaffungskosten haben rd. 4000 Mk. betragen.

Fahrbare Bandförderer von kleinerer Bauart, die sich in einfacher Weise
von Hand verfahren und einstellen lassen, sind in den Fig. 22 und 23 (23 auf
Taf. 2) in Ausführungen von *Amme, Giesecke & Konegen* bzw. *Schirm* wieder-
gegeben. Sie können ebensogut zum Fortschaffen und Verteilen losen Gutes,
Salz, Kohlen, Getreide u. dgl. als auch zum Stapeln von Stückgut, insbesondere
Säcken, verwendet werden. Aus der letzteren Abbildung ist im übrigen leicht
zu entnehmen, daß derart transportable kurze Förderbänder auch für in der
Horizontalebene vorzunehmende Richtungsablenkungen zu benutzen sind,
z. B. zum Fördern durch beliebig angrenzende Räume. Bei dem fahrbaren
Muldengurtförderer nach Fig. 23a ist der stets richtige Materialaufwurf da-
durch verbürgt, daß die Aufgabeschurre von vornherein in zweckmäßiger
Weise an der Gesamtkonstruktion angebracht ist.

Additional information of this book

(Die Materialbewegung in chemisch-technischen Betrieben; 978-3-662-24049-6; 978-3-662-24049-6_OSFO2) is provided:

http://Extras.Springer.com

Eine besonders leistungsfähige Beschütteinrichtung ist der in Fig. 24 skizzierte Apparat. Er ist eine fahrbare Ausbildung der, wie bereits bei Fig. 4 erwähnt, als Stufentransporteur bezeichneten Gurtförderanordnung und besteht aus 6 in einem fahrbaren Doppelauslegergerüst hintereinandergeschalteten Gurtförderern, die ihren Antrieb von einer Dampfmaschine mittels Transmission und Wendegetriebe erhalten. Der erste mit dem Abgabetrichter versehene Förderer läuft immer vorwärts, während die übrigen in der früher geschilderten Art vor- oder rückwärts laufen können. An den Übergangsstellen von einem Band zum nächsten sind zweckmäßig Führungsbleche angeordnet, die ein seitliches Herabfallen von Material verhindern sollen. Die Leistung dieses Apparates, der von der Erbauerin, der Firma *Orenstein & Koppel* —

Fig. 23a. Fahrbares Förderband mit angebauter Aufgabeschurre.

Arthur Koppel A.-G., Berlin, als Turmtransporteur bezeichnet wird, ist außerordentlich groß. Er dient zur Weiterbeförderung bzw. Aufschüttung von stündlich bis 600 t Baggermaterial, das ihm durch den Aufgabetrichter zugeführt wird. Die Gesamtlänge der Fördereinrichtung beträgt, von Mitte Antriebs- bis Endtrommel, 36 m. Die Anlage wird z. Z. für die Arbeiten am Donau-Weichsel-Kanal in Brzeznica in Galizien aufgestellt.

Die in den Fig. 25 bis 27 und auch 28 skizzierte Anlage verkörpert in der Verwendung des Transportbandes in der Verladebrücke den vorerwähnten Gedanken einer rationellen Arbeitsbenutzung verschiedener Transportmittel. Bei dieser für die Schiffsentladung und den Weitertransport von Zuckerrüben und Kohlen von *G. Luther* gebauten Anlage haben die wasserseitigen Drehkrane nur die eigentliche Hubarbeit zu vollführen, während ihnen das Verfahren nach der abseits gelegenen Hängebahn durch das in die Brücke eingebaute leichte Transportband abgenommen wird. Dadurch wird die Anlage

Bandförderer.

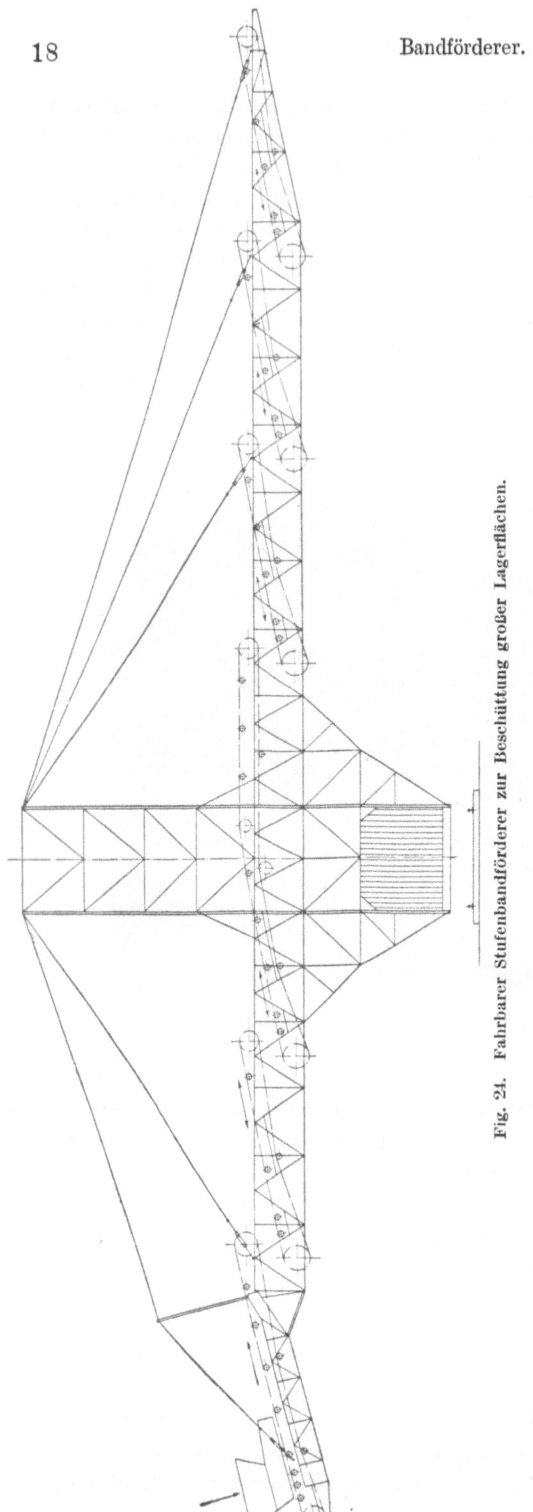

Fig. 24. Fahrbarer Stufenbandförderer zur Beschüttung großer Lagerflächen.

vor dem Leistungsverlust bewahrt, den die Unterbrechung der Schiffsgutentnahme durch das Hin- und Herfahren des Kranes verursachen würde. Eine derartige Disposition, die trotz der Hinzunahme eines weiteren Fördermittels, des Bandes, aber wegen des Fortfalls der Fahrwerkseinrichtung für den Drehkran keine Komplikation bedeutet, erscheint im Interesse der Leistungserhöhung natürlich um so angebrachter, je größer die Förderlänge des Bandes ist, je größer also auch der Zeitaufwand für das Hin- und Herfahren des Kranes über diese Strecke wäre. Aber auch bei kleinen Längen, wie im vorliegenden Fall (die Stützbreite der Brücke beträgt hier nur 15 m), ist der durch die Einschaltung eines Zwischenförderers erzielbare Leistungsgewinn nicht zu unterschätzen, weil ja die Zeiten, die der Kran für das An- und Ausfahren brauchen würde, die gleichgroßen sind. In dem abgebildeten Beispiel ist eine weitere Vervollkommnung noch durch die Anordnung zweier Kranausleger geschaffen, von denen jeder unabhängig vom anderen den Einlauftrichter für das Band füllen kann; gleichzeitig wird durch den erweiterten Arbeitsbereich bei zwei solchen Auslegern ein Verholen der Kähne natürlich eingeschränkt. Die Anlage dient als Erweiterung einer gemäß der gestrichelten Einzeichnung vorhandenen älteren Anlage.

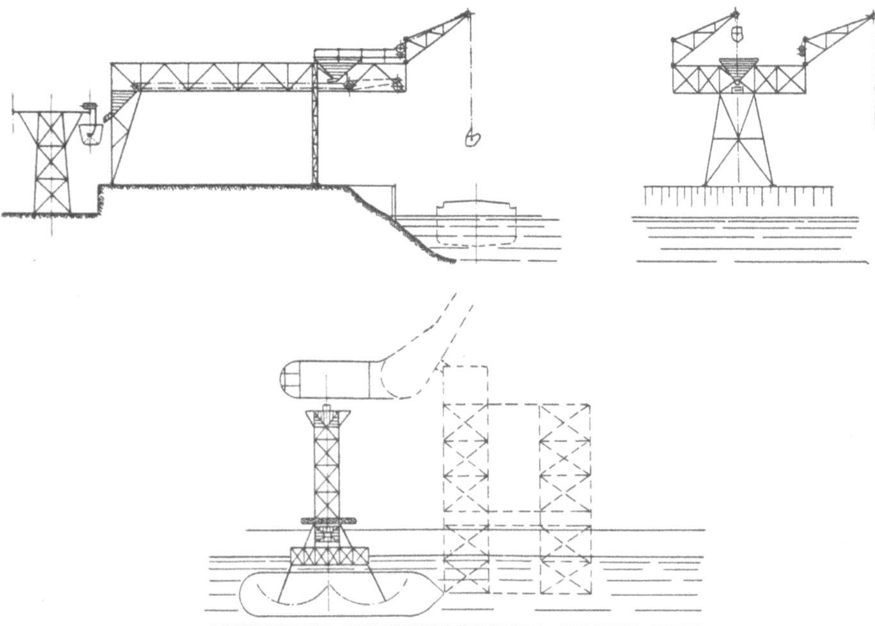

Fig. 25 bis 27. Schiffsentladeeinrichtung, bestehend aus einem durch Krane gespeisten Förderband und anschließender Hängebahn.

Fig. 28. Schiffsentladeeinrichtung, bestehend aus einem durch Krane gespeisten Förderband und anschließender Hängebahn.

In solchen Fällen, wo das durch einen Bandtransporteur zu bewegende
Material nicht mitgenommen werden würde, befestigt man auf dem Band
zweckmäßig besondere Mitnehmer. Diese verhindern dann ein Zurückrollen
des Fördergutes an den schräggeführten Bandstrecken. Es kann dieses Mittel
in manchen Fällen einfacher sein als die Einschaltung besonderer Fördervorrichtungen, die das Hochnehmen des Materials mittels Becher, Kratzer od.
dgl. bewirken. Neben dem Fortfall der Umladung spricht für die erstere Maßnahme auch das Bestreben nach möglichster Einheitlichkeit der Förderanlage.

Ein Beispiel dieser Art ist in der durch die Fig. 29 bis 31 (Taf. 3) dargestellten Transportanlage zum Befördern von Halbstoff wiedergegeben. Das in
dem größtenteils horizontalen, aber am Kopfende ansteigenden Transporteur-
gestell eingebaute Stoffband ist zur Verhinderung des Rückrollens des Fördergutes während des Aufstieges mit Mitnehmern in Abständen von je 0,5 m versehen. Um eine Innenablenkung bei dem Band vornehmen zu können, ist es
seitlich durch Kupfernieten mit Ketten[1] eingefaßt, in die an den Knickstellen
der Bandförderstrecke die Druckrollenpaare eingreifen. Diese drehen sich
lose auf den im Eisengestell gelagerten Achsen. Infolge der steilen Hoch-
führung des Bandes ist es möglich, ohne Zwischenschaltung einer besonderen
Hebeeinrichtung das quer dazu und mit leichter Steigung an der Wand ent-
langlaufende Band zu beschicken. Auch dieses Band ist beiderseits durch
Antriebsketten eingefaßt, obgleich bei ihm weder Mitnehmer noch konkave
Ablenkungsstellen notwendig sind. Die Ketten ergeben indes einen absolut
sicheren Betrieb, da bei ihnen naturgemäß ein Gleiten, wie es beim Antrieb
durch glatte Gurttrommeln eintreten kann, völlig ausgeschlossen ist. Damit
sich die Bänder zwischen das Gestell nicht einschlagen können, sind an den
Ketten Schleiflappen angeordnet, die auf dem Gestell gleiten. Durch hölzerne
Querstäbe werden die Ketten stets auf die konstante Bandbreite auseinander-
gehalten. Der die gesamte Transportanlage vervollständigende dritte Gurtförderer über dem Waschholländer endlich ist ein Balatatransportband gewöhnlicher Ausführung, das nach beiden Richtungen hin arbeiten kann. Um
auch den mittleren Holländer beschicken zu können, ist das Band mit der
aus dem Grundriß ersichtlichen, leicht abnehmbaren Abstreichvorrichtung
versehen. Die Anlage ist von *A. Stotz* an die Firma *L. Staffel* in Peschelmühle
geliefert.

Eine in Ausführung und Arbeitsweise der letztbeschriebenen ähnliche Anlage
ist in den Fig. 32 bis 35 (Taf. 4) veranschaulicht. Sie zeigt den Haderntransport
in und zwischen dem Magazin und dem Kochergebäude. Die Hadern werden
zunächst dem nach einer kurzen horizontalen Beladestrecke steil ansteigenden
Transporteur (Schnitt *C D*) von Hand zugeführt. Dieser besteht wieder, in
gleicher Weise wie vorhin, aus einem mit Ketten eingefaßten und geführten
Stoffband mit Mitnehmern. Die Verwendung eines Becherwerkes war hier
nicht angängig, da sich die Hadern wegen der vielen Fasern und Fäden nicht
hätten schöpfen und befördern lassen.

---

[1] Wenn die Ketten mit Säure in Berührung kommen, so werden sie aus Bronze
gefertigt oder doch wenigstens verzinkt.

Additional information of this book

(Die Materialbewegung in chemisch-technischen Betrieben; 978-3-662-24049-6; 978-3-662-24049-6_OSFO3) is provided:

http://Extras.Springer.com

Der der Materialbewegung zwischen den beiden Gebäuden dienende Transporteur konnte bei dieser nahezu horizontalen Lage aus gewöhnlichem Baumwolltuch hergestellt werden. Dieser Bandförderer überbrückt, bei einem Achsenabstand von 43,5 m, auch eine zwischen den Gebäuden liegende Straße.

Der in dem schmalen Kochergebäude gleichfalls sehr steil ansteigende Transporteur (Schnitt *A B*) ist aus den nämlichen Gründen wieder als Kettenband ausgebildet. Durch die an seinem Kopfende angebrachte Ablaufschurre kann das Fördergut je nach deren Einstellung nach rechts oder links zur Ausschüttung in die Kocher gebracht werden.

Die Gesamtanlage ist von der Firma *A. Stotz* für *Gebr. Buhl*, Ettlingen, gebaut worden und soll sich in bereits mehrjährigem Betrieb recht gut bewährt haben.

Aus der Patentliteratur über Bandförderer:

1908.

Nr. 199 215. (*Lamson Consolidatet Store Service Company* in Boston, V. St. A.) Patentanspruch: Endlose Fördervorrichtung, d. g., daß an beliebigen Stellen der Förderbahn mittels auf die Trümer der endlosen Fördervorrichtung sich legender Führungswellen Einbuchtungen gebildet sind, über denen feste, in der gewöhnlichen Laufrichtung der Trümer der Fördervorrichtung liegende Plattformen angeordnet sind, auf welche die geförderten Transportgegenstände selbsttätig aufgeschoben und zum Stillstand gebracht werden.

Nr. 196 556. (*Heinrich Reichard* und *Otto Max Müller* in Gelsenkirchen.) Förderband mit drehbar an zwei Triebketten befestigten Tragplatten, d. g., daß die Tragplatten in kurzen Abständen im Kreise drehbar an den Triebketten angeordnet sind und in ihrer Tragstellung durch unter den Bandtrümern liegende Schienen gehalten werden, bei Unterbrechung dieser Schienen aber niederfallen und dadurch das beigemengte Kleingut aus dem Fördergut zur Ausscheidung bringen.

Nr. 204 689. (*Hermann Müller*, Rixdorf.) Fördervorrichtung für Sand und Erdmassen, insbesondere zur Förderung von Erdmassen aus Baugrundstücken mit einer aus einzelnen Teilen zusammensetzbaren, auf einem Baugerüst aufruhenden endlosen Laufbahn, d. g., daß an den Enden der einzelnen Laufgerüstteile geeignet geformte Halbzapfen angebracht sind, die durch die Gehängeeisen zu vollständigen Lager- und Tragzapfen vereinigt werden können.

Nr. 205 338. (*John Julia Ridway* in Chicago.) Biegsame Tragrolle für Förderbänder, d. g., daß die Tragrolle aus einer Schraubenfeder gebildet ist, deren Enden mit drehbar in Büchsen gelagerte Tragzapfen verbunden sind.

Nr. 203 461. (*Stettiner Chamotte-Fabrik A.-G. vorm. Didier* in Stettin.) Förderanlage zum Beschicken eines Bunkers oder Lagerplatzes mittels mehrerer endloser Fördervorrichtungen, d. g., daß die Fördervorrichtungen auf getrennten Führungsrädern ineinanderliegend über dem Bunker oder dgl. angeordnet sind.

1909.

Nr. 206 161. (*J. Pohlig A.-G.*, Köln, und *Paul Kirchhoff*, Köln.) Abstreichvorrichtung für mit Querleisten besetzte Förderbänder, d. g., daß ein oder mehrere Abstreifer dicht über dem Förderband angeordnet sind, denen eine solche Geschwindigkeit schräg zur Bewegungsrichtung des Förderbandes erteilt wird, daß in der Bewegungsrichtung des Bandes eine Relativbewegung zwischen den Abstreifern und dem Bande nicht auftreten kann.

Nr. 208 579. *Zeitzer Eisengießerei u. Maschinenbau A. G.*, Köln-Ehrenfeld.) Transportband für Ton und ähnliches klebriges Gut, d. g., daß die Treibtrommel und somit das Band ruckweise bewegt wird.

Nr. 210 759. (*Goldmann & Co.*, Incorporated in Chikago.) Verladevorrichtung für Pakete, bei welcher an einem unteren Paketabgabeteil eine sich von den Abgabeenden dieses Teiles ausstreckende, aus endlosen Förderketten bestehende Hebevorrichtung angeschlossen ist, gekennzeichnet durch einen die Pakete festhaltenden Übermittlungsteil, der zwischen dem Abgabeteil und der Hebevorrichtung angeordnet ist und mit Leisten der Förderkette zusammenwirkt.

1910.

Nr. 220 291. (*Heinrich Albrecht Knopf* in Jaderberg, Oldenburg.) In ihrer Querrichtung fahrbare, endlose Fördervorrichtung für Torfsoden, d. g., daß das Traggestell der Fördervorrichtung um eine Längsachse drehbar ist, zu dem Zweck, nach vollständiger Beladung des tragenden Trums der Fördervorrichtung diese nach der Seite kippen und hierdurch die Torfsoden auf das Trockenfeld selbständig ablegen zu können.

Nr. 222 535. (*A. F. Smulders*, Schiedam.) Endloses aus einer Kette bestehendes Förderband mit an den Enden offenen, aus übereinandergreifenden, an den unteren Ecken schneidenartig ausgebildeten Seitenwänden bestehenden Trögen, d. g., daß jede Kettentrommel mit zwei doppelten Reihen Zähnen ausgestattet ist, so daß je zwei Zähne zu beiden Seiten eines einfachen Kettengliedes liegen und an den doppelten Kettengliedern angreifen, während die zwischen einem Zahnpaar liegende Fläche so abgeschrägt ist, daß eine vorstehende Kante entsteht, wobei ferner der zwischen zwei aufeinanderfolgenden Zahnpaaren liegende Teil der Trommel dachförmig nach den Seiten abgeschrägt ist, so daß Staubansammlungen zwischen den einzelnen Zähnen und den aufeinanderfolgenden Zahnpaaren verhindert werden.

Nr. 223 828. (*Walter Bock* in Prinzenthal bei Bromberg.) Vorrichtung zum Hin- und Herbewegen eines Abwurfwagens für Förderbänder, mittels eines endlosen Zugorganes, bei der am Abwurfwagen angeordnete Seilkupplungen durch Umlegen eines Steuerhebels entweder mit dem einen oder dem anderen Trum des Zugorganes gekuppelt werden, d. g., daß der Steuerhebel einen mit einer federnden, den Abwurfwagen feststellenden Klemmvorrichtung zusammenarbeitenden Vorsprung besitzt, der bei Mittelstellung des Steuerhebels und damit bei Ausrücken der Seilkupplungen die Klemmvorrichtung zum Feststellen des Abwurfwagens einrückt.

Nr. 226 080. (*Grono und Stöcker* in Oberhausen, Rheinland.) Endlose Gurtförderungsanlage mit zwei parallellaufenden, den Fördergurt tragenden Zuggliedern, durch deren Abstützung in mit rillen- und stirnförmigen Ausschnitten versehene Tragrollen der Horizontalzug des Fördergurtes aufgenommen wird, d. g., daß die Verbindungsglieder zwischen den Seilen und dem Gurt scharnierartig ausgebildet sind, so daß bei wagerechter Führung der Anschlußstellen in den Sternrollen sich der Gurt nach unten und oben durchbeulen kann, ohne daß dabei eine Verdrehung der Seile in sich stattfindet.

Nr. 227 982. (*Paul Jäger*, Stuttgart.) Förderband mit einer Reihe auf der Oberfläche befestigter Streifen aus elastischem Material, d. g., daß die Streifen gewölbt sind und ihre hohle Seite dem Förderband zuwenden.

Nr. 227 083. (*Dr. Wielandt* in Oldenburg.) In seiner Querrichtung bewegliches Förderband für Torfsoden, das aus einzelnen, drehbar gelagerten Platten hergestellt ist, d. g., daß die das fördernde Trum bildenden Platten von einer senkbar gelagerten Tragschiene gestützt sind, bei deren Auslösung davon ihre gestützten Platten herunterschlagen, so daß sämtliche auf diesen liegende Torfsoden gleichzeitig herabgleiten.

Nr. 228 076. (*Wilhelm Ellingen* in Köln-Lindenthal.) Rostartige Förderkette zum Fördern und gleichzeitigen Reinigen von Rüben, Kartoffeln u. dgl., d. g., daß die Roststäbe drehbar angeordnet sind und während der Bewegung der Kette gedreht werden, zu dem Zweck, eine gute Reinigung des Fördergutes während des Fördervorganges zu erzielen.

Nr. 228 288. (*Christian Eitle*, Stuttgart.) Fördervorrichtung für Massengüter zum Beschicken von Lagerräumen, bestehend aus einem in der Mittelachse des Raumes festgelagerten Hauptförderbande und einem in dessen Längsrichtung verschiebbaren, quer zum Hauptförderbande gerichteten Hilfsförderbande, d. g., daß der das Hilfsförderband in der Querrichtung tragende Laufförderer aus zwei lösbar miteinander verbundenen, zwischen sich einen gewissen Zwischenraum freilassenden Teilen besteht, zu dem Zweck, beim Verschieben der Laufträger durch etwaige Konstruktionsteile des den Lagerraum bedeckenden Daches nicht behindert zu werden.

Nr. 228 606. (*Grono und Stöcker*, Oberhausen im Rheinland.) Endloser Gurtförderer mit zwei parallellaufenden, den Fördergurt tragenden Zuggliedern, deren Antriebsscheiben durch ein Ausgleichgetriebe gekuppelt sind, d. g., daß die Antriebsscheiben in an sich bekannter Weise in einem um eine senkrechte Mittelachse beweglichen Rahmen gelagert sind, so daß eine gleichmäßige Vorspannung der Zugglieder neben der durch das Differentialgetriebe gesicherten Betriebsspannung und so eine gleichmäßige Gesamtspannung gewährleistet ist.

Nr. 229 309. (*Heinrich Mahner* in Billĕd, Torontál [Ungarn].) Fördervorrichtung aus zwei parallelen Ketten mit zwischengeschalteten, Zinken tragenden Querleisten, gekennzeichnet durch einen über die Querleisten gelegten Überzug aus Leinwand, Netzgewebe, Kettengewebe od. dgl., der an den Stellen, an denen die Zinken hindurchgeführt werden sollen, mit Löchern versehen ist, sowie durch Kappen, durch welche die Zinken abgedeckt und in Mitnehmerplatten umgewandelt werden und der Überzug an die Querleisten befestigt wird.

1911.

Nr. 231 142. (*Ernst August Nordström* in Falun, Schweden.) Fördervorrichtung aus endlosen, eine Rinne bildenden Bändern, d. g., daß bei Verwendung von drei Bändern das den Boden bildende Band zwischen den einen Winkel zu ihm bildenden Seitenbändern angeordnet ist, und diese von beiden Seiten aus gegen die Kanten des Bodenbandes gedrückt werden, das zwischen den Seitenbändern zwecks Entleerung der Fördervorrichtung gehoben werden kann, oder daß bei Verwendung von nur zwei im Winkel zueinander gestellten Bändern das eine mit seiner Kante gegen die Seiten des anderen Bandes anliegt und quer zu diesem aufwärts zwecks Entladung der Fördervorrichtung geführt werden kann.

Nr. 237 990. (*David Malcolm Ritchie* in Prestwick in England.) Fördervorrichtung für Kohle u. dgl., bei der in einer aus lösbar miteinander verbundenen Pfannen gebildeten Rinne ein Förderband beweglich ist, d. g., daß als Förderband ein begrenztes Stück verwendet wird, das durch eine Windevorrichtung hin und her bewegt wird.

Nr. 237 991. (*Paul Schwarz* in Ulm a. D.) Förderband aus Drahtgeflecht, dessen Längskanten mit einem biegsamen Zugmittel eingesäumt sind, d. g., daß die Enden des Geflechtes um das Zugmittel ösenförmig herumgebogen und durch Hülsen voneinander getrennt sind.

Nr. 237 905. (*Fritz Baumann* in Mannheim.) Aus dachziegelartig aneinandergereihten, an einem Ende drehbar gelagerten Blechen gebildetes Gliederband zum Fördern und Ausbreiten von Torfsoden u. dgl., d. g., daß die Abmessungen der einzelnen Bleche derart sind, daß durch das Auslösen eines Bleches alle folgenden zum Kippen und dadurch zur Entleerung gebracht werden.

Nr. 240 185. (*Gustav Hilterhaus* in Mülheim-Ruhr.) Gliederband zum Fördern klebriger Stoffe, d. g., daß die gelenkig miteinander verbundenen Platten aus nach hinten aufwärts steigenden Platten, in sich federnden oder an ihrer obersten Kante mit einem Scharnier versehenen Blechen gebildet sind, so daß das Fördergut einerseits sicher schräg aufwärts gefördert und andererseits mittels Abstreicher gut von den Blechen abgestrichen werden kann.

1912.

Nr. 246 998. (*Georges Desaulles* in Paris.) Endloses Förderband aus kippbaren Platten, d. g., daß die das Kippen ermöglichenden Auslösevorrichtungen an verschiedenen Stellen der übereinanderliegenden Bandtrümer angeordnet sind, so daß das von dem jeweilig oberen Trum des Förderbandes fortbewegte Gut auf das unmittelbar darunter befindliche Bandtrum fallen gelassen und dann von diesem in entgegengesetzter Richtung mitgenommen werden kann.

Nr. 248 674. (*Berliner A.-G. für Eisengießerei und Maschinenfabrikation*, Charlottenburg.) Förderanlage für Stückgut, bestehend aus zwei sich kreuzenden Stahlbändern, d. g., daß die eine oder beide Endwellen oder die der Kreuzung nächstliegende Tragrolle der Bänder heb- und senkbar sind, so daß nach Heben oder Senken eines Teiles des einen oder des anderen Förderbandes das auf das eine Band gelegte Stückgut von diesem entweder bis zum Bandende gefördert oder auf das andere Band überführt wird.

Nr. 249 798. (*August Hunecke*, Paderborn.) Förderband für Ton, Lehm od. dgl., d. g., daß es aus dicht aneinandergereihten, durch die Glieder zweier Seitenketten frei drehbar miteinander verbundenen Rohren gebildet ist, von denen das 1., 3., 5. Rohr usw. über die Kettenglieder hinausragende Verlängerungen besitzen, die sich in die Zahnlücken des Antriebsrades hineinlegen.

Nr. 252 361. (*Richard Thiemann* in Buer in W.) Fördervorrichtung für Schüttgut, insbesondere Kohle, Erze u. dgl. mit in senkrechter Ebene sich schuppenartig übergreifenden endlosen Förderelementen, d. g., daß die die Enden der sich übergreifenden Förderelemente tragenden Antriebsrollen in schwenkbaren Lagerarmen parallel und konzentrisch zur Stützwelle der letzteren verstellbar gelagert sind.

1913.

Nr. 259 622. (*The Philadelphia Textile Machinery Co.*, Philadelphia.) Gliederförderband, aus einer Reihe nebeneinander liegender Längsstäbe, d. g., daß die die Längsstäbe tragenden Querstücke aus einer oben rohrförmig gebogenen, mit Öffnungen zur Aufnahme der Längsstäbe versehenen Platte hergestellt sind.

Nr. 259 993. (*Rud. Krickhann*, Derne.) Verladevorrichtung für Koks, bestehend aus einem vor den Koksöfen quer verfahrbaren Förderband, d. g., daß an jeder Längsseite des Bandgestells ein die ganze Breite der Verladerampe einnehmender, endloser, mit rechenartigen Mitnehmern ausgerüsteter Elevator angeordnet ist, der den abgelöschten Koks von der Verladerampe aufnimmt und ihn auf das Förderband abwirft.

Nr. 267 128. (*Wilhelm Jäger*, Halle.) Fahrbares Förderband, dessen eines Gestellende um eine wagrechte Achse drehbar auf dem Fahrgestell angeordnet ist, d. g., daß die das freie Gestellende haltenden Stützen von am Fahrgestell angelenkten, auf den Erdboden sich aufsetzenden Lenkern gehalten werden.

Nr. 265 673. (*Ferd. Garelly jr.*, Saarbrücken.) Fördergurt, d. g., daß er aus gelenkig miteinander verbundenen flachen Drahtschrauben mit dichten Einlagen aus Filz, Gewebe oder Gummi besteht, welche Einlagen auf einer Seite oder beiderseits von Blechstreifen überdeckt werden.

Nr. 266 697. (*Aug. Hunecke*, Paderborn.) Förderband für Ton, Lehm u. dgl. nach Patent 249 798, d. g., daß ungefähr senkrecht oberhalb des als Trommel ausgebildeten Führungsrades des Förderbandes eine mit ihrem Umfange fast bis auf das Förderband reichende Blattwalze angeordnet ist, die das vom Förderband herangeführte Aufgabegut zerkleinert, das im zerkleinerten Zustande vom Förderband abgeworfen wird.

1914.

Nr. 272 971. (*Sandvikens Jernverks Aktiebolag*, Sandviken.) Förderwerk, aus mehreren nebeneinanderliegenden, gewalzten endlosen Metallbändern, vorzugsweise Stahlbändern, bestehend, d. g., daß die Kanten der Bänder einander überdecken und nur ein Teil der Bänder mittels auf ihren Wellen fester Scheiben angetrieben wird, während die übrigen über lose Scheiben laufenden Bänder von dem angetriebenen Teil der Bänder durch Reibung mitgenommen werden.

Aus der Zeitschriftenliteratur über Bandförderer:

Wille: Sicherheitsvorrichtungen gegen das seitliche Ablaufen der Förderbänder von den Tragrollen, Fördertechnik 1910, Heft 2, S. 25—27 (Beschreib. m. Zeichnungen).

Michenfelder: Transportvorrichtungen für Brauereien und ähnliche Betriebe. Allgem. Zeitschr. f. Bierbrauerei u. Malzfabrikation 1910, Nr. 30, S. 339—341 (Beschr. eiserner Bandförderer mit horizontal. Richtungsänderung, m. Photographien).

Wille: Eine Kornkonveyoranlage in Avonmouth Dock. Fördertechnik 1910, Heft 2, S. 47 (Beschreib. o. Abb.).

Lufft: Getreidesilo im Hafen von Rosario. Zeitschr. d. Ver. deutsch. Ing. 1912, Nr. 20, S. 795—798 (Beschreib. m. Z.).

Gobiet: Gurtförderer zum Transporte von Koks. Montanistische Rundschau 1912, Nr. 14, S. 700—703 (Beschreib. m. Z. u. Ph.).

Hinze: Ununterbrochen arbeitende und schnellfördernde Fördereinrichtungen. Zeitschr. d. Ver. deutsch. Ing. 1912, Nr. 29, S. 1169—1170 (Allgem. u. Vergleich. o. Abb.).

— Kontinuierlich und schnellfördernde Transporteinrichtungen für die Bewegung von Schwergütern. Fördertechnik 1913, Heft 7, S. 166—168, Heft 8, S. 181—183, Heft 9, S. 207—212 (Beschreib. u. Wirtschaftl. m. Ph.).

Hermanns: Fahrbare Verlade- und Fördereinrichtungen. Zeitschr. d. Ver. deutsch. Ing. 1913, S. 1045—1051 (Beschreib. m. Z.).

Sanio: Die Transportanlagen des modernen Baggerbetriebes. Baumaschine 1913, Heft 3, S. 33—35 (Beschreib. m. Ph.).

Kasten: Förderanlagen auf Bahnhöfen. Verkehrstechn. Woche 1913, Nr. 17, S. 273 bis 276 (Beschreib. m. Z.).

Eichholz: Moderne Kesselbekohlungsanlagen. Maschinenwelt 1913, Nr. 12, S. 219—225 (Beschreib. m. Ph.).

Lufft: Gurtförderer. Stahl u. Eisen 1913, Nr. 14, S. 563 u. 564 (Wirtschaftl. Untersuch. m. Z.).

Hermanns: Guttransporteure. Süddeutsches Industrieblatt 1914, Heft 1, S. 11—12 (Beschreib. m. Ph.).

Korten: Mechanische Koks-, Lösch- und Verladeeinrichtungen. Stahl u. Eisen 1914, Nr. 12, S. 494—498 (Beschreib. m. Z.).

Pradel: Die Verfeuerung von Braunkohlen auf Wanderrosten. Braunkohle 1914, Nr. 46, S. 771—778, Nr. 47, S. 787—792 (Beschreib. m. Z. u. Ph.).

Milch: Maschinelle Verladung von Kohlen. Braunkohle 1914, Nr. 6, S. 86 u. 87 (Beschreib. m. Z.).

Schneckenförderer.

(Schnecken, Transportschnecken, Förderschnecken [im Gegensatz zu Misch- oder Rührschnecken], Schneckentransporteure.)

Die Schneckenförderer, lediglich eine Übertragung der im Maschinenbau altbekannten Bewegungsschrauben auf dem Materialtransport, haben mit letzteren naturgemäß auch die Eigenheit gemein, daß der Wirkungsgrad mit abnehmendem Steigungswinkel gleichfalls abnimmt. Das ergibt für den Schneckenförderer, dessen Gewinde für die axiale Fortbewegung des im Trog ja ausweichbaren Gutes eine nicht zu große Steigung haben darf, eine ungünstige Arbeitsweise. Die proportionale Zunahme des Kraftbedarfes mit der Schneckenlänge beschränkt letztere deshalb praktisch auf nur kurze Transporte. Unter weiterer Einwirkung der im folgenden noch näher aufgeführten Nachteile ist die Benutzbarkeit des Schneckenförderers im Vergleich zu seinen sonstigen Vorzügen wohl nur als mäßig zu bezeichnen.

Wesen der Konstruktion. Ein Schneckenförderer besteht im wesentlichen aus einem um eine Achse in schraubenförmigen Windungen angeordneten Blech, das sich in einem anschließenden, feststehenden Behälter oder Trog um diese Achse drehen läßt.

Arbeitsweise. Die Fortbewegung des Materials kommt dadurch zustande, daß dieses, an irgendeiner Stelle dem Trog von oben zugeführt, durch das sich drehende Schraubenblech vorwärts geschoben wird. Voraussetzung ist dabei eine solche Beschaffenheit des Fördergutes, daß dieses — infolge der Reibung bzw. der Adhäsion — die Drehung des Schraubenbleches nicht mitmacht. Die Abgabe des Fördergutes erfolgt durch eine Öffnung im Schnekkentroge an der jeweils gewünschten Stelle.

Anwendbarkeit. Schneckenförderer sind, im Prinzip wenigstens, für alle solchen festen Güter verwendbar, bei denen eine Drehungsmitnahme durch die Schraubenbleche nicht erfolgt. In der Praxis wird die Eigenart des Arbeitsvorganges von Transportschnecken diese indes bei allen solchen Materialien als nicht geeignet erscheinen lassen, die vor einem Zerriebenwerden gänzlich bewahrt sein sollen oder bei denen infolge ihres Bestrebens, Ballen zu bilden, Verstopfungen und Klemmungen während der Förderung zu befürchten sind. Die Förderrichtung der Schnecke ist im allgemeinen frei wählbar. In der Regel dient sie jedoch, in gleicher Weise wie die im vorigen Kapitel behandelten Bandförderer, dem wagerechten oder nur wenig geneigten Transport.

Vorteile. Die Vorzüge eines Schneckenförderers bestehen einesteils in dem außerordentlich geringen Raumbedarf der Anlage und andernteils in der vollkommenen Geschlossenheit seiner Konstruktion. Der erstere ermöglicht es, einen Schneckenförderer selbst bei den allerbeschränktesten Raumverhältnissen anzuordnen, und zwar auf dem Boden ebensowohl wie an der Decke oder an der Wand (vgl. Fig. 36 bis 42), letztere vermag die Sicherheit des Betriebes durch den Fortfall irgendwelcher bewegten Außenteile auf der ganzen Förderstrecke wesentlich zu erhöhen. Für leicht entzündliche oder sonst gefährliche Stoffe kann die vollständige Abgeschlossenheit während des Transports durch eine Schnecke außerordentlich schätzenswert, ja durch ein anderes Fördermittel oft überhaupt nicht ersetzbar sein. Entsprechend der einfachen und verhältnismäßig leichten Konstruktion bleiben natürlich auch die Anschaffungskosten für eine Schneckenförderanlage gering.

Nachteile. Das Arbeitsprinzip einer Förderschnecke ergibt eine fortwährende Reibung zwischen dem Fördergut und seiner ruhenden Unterlage bzw. Wandung sowohl als auch der bewegten Schraubenfläche. Die hieraus entstehenden betrieblichen Nachteile sind mehrfacher Art: starke Abnutzung der Konstruktionsteile einerseits und Beschädigung des Fördergutes andererseits, sowie ein oft recht geräuschvolles Arbeiten. Diese Übelstände werden häufig noch dadurch beträchtlich vergrößert, daß das Material in dem Spielraum zwischen Trog und Schneckenrand eingeklemmt wird. Auch an den Verengungen, die die Förderung bei längeren Schnecken an den Zwischen-

lagern der Schneckenwelle notwendigerweise erleidet, können durch größere
Materialstücke Verstopfungen eintreten. Bei der Unnachgiebigkeit der ganzen
Konstruktion können Brüche, Deformationen oder sonstige Betriebsstörungen

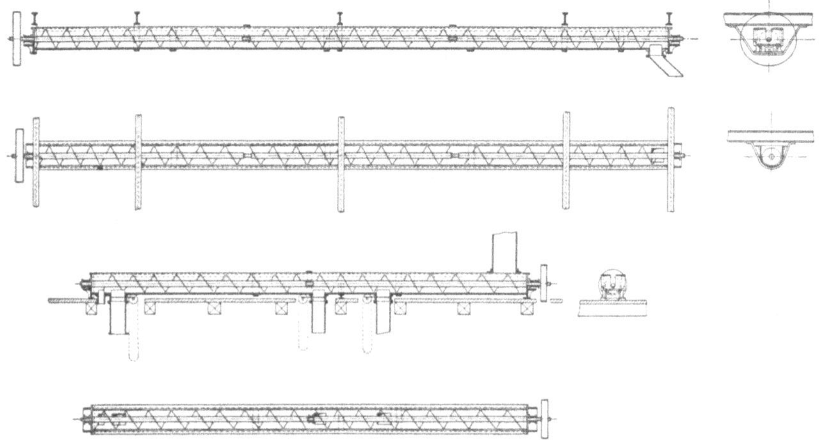

Fig. 36 bis 42. Verschiedene Anordnungen von Schneckenförderern.

dann die weiteren Folgen sein. Durch all diese Vorgänge kann begreiflicherweise der Kraftbedarf eines Schneckenförderers verhältnismäßig recht hoch
werden. Die Nachteile von Schneckenförderern können jedoch gegen die Vor-

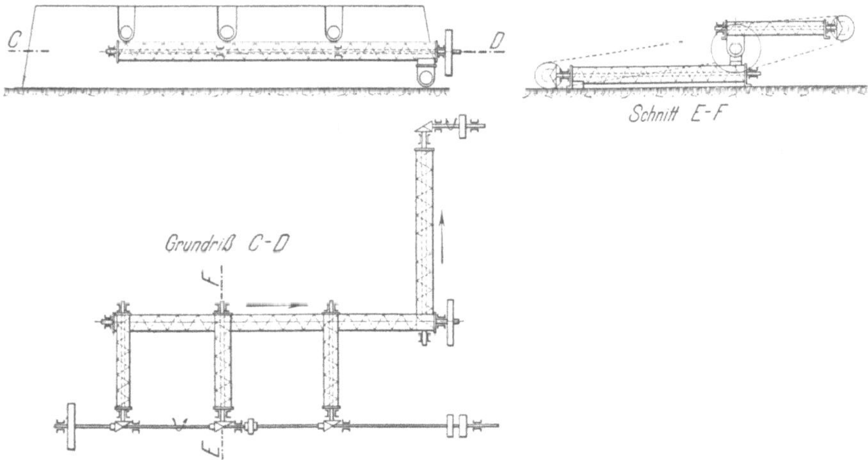

Fig. 43 bis 45. Ineinanderarbeitende Stränge einer Transportschneckenanlage.

teile insbesondere dann in den Hintergrund treten, wenn es sich um sehr kurze
Transportwege handelt; beispielsweise um die kurzstreckige Materialzuführung
aus verschiedenen Behältern od. dgl. (vgl. Fig. 43 bis 45).

Einzelheiten. Der wichtigste Teil eines Schneckenförderers ist die
Schraubenfläche, durch deren Drehung der Transport des Gutes bewirkt wird.

Von der richtigen Wahl ihrer Gestaltung und Abmessung sowie von der zweckmäßigen Ausführung ihrer Lagerung wird das Funktionieren des Förderers in erster Linie abhängen. Da mit einer nicht geringen Abnutzung der schraubenförmigen Bleche durch das fortwährende Scheuern am Fördergut und mit einer zusätzlichen Beanspruchung beim Einklemmen desselben gerechnet werden muß, so empfiehlt sich natürlich, diese Bleche reichlich stark zu wählen. Beachtung verdient deshalb, besonders bei stark angreifendem Material, wie Koks, Erz u. dgl., die Maßnahme — die der früher erwähnten Ausführung der stark beanspruchten Robins-Gummigurte analog ist —, für diese Schraubenbleche Flacheisen von nach außen zunehmendem Querschnitt zu verwenden, so daß an den Stellen stärkster Abnutzung das meiste Blechmaterial zur Verfügung steht. Andererseits hat im Gegenteil gerade eine Zuschärfung der äußeren Ränder der Schraubenbleche den Vorteil, daß dadurch die Gefahr von Deformationen beim Einklemmen von Material verringert wird, indem die äußeren Blechschneiden die gefährdenden Stücke leichter zu zerkleinern vermögen. Bei Fördergut, das infolge seiner Zähigkeit oder seiner ungleichmäßigen Zuführung Verstopfungen der Schraubengänge besonders leicht befürchten läßt oder bei dem eine Zerkleinerung besonders vermieden werden soll, kann der Ersatz des gewöhnlichen Schneckengewindes durch ein sog. Spiralgewinde gute Dienste tun. Dieses ist gleichfalls ein schraubenförmig gewundenes Flacheisen, das jedoch mit einem allseitigen Zwischenraum auf der durchgehenden Welle befestigt ist. Durch diesen Zwischenraum können dann bei Überfüllung einzelner Gänge die erwähnten nachteiligen Vorkommnisse im Betriebe durch Überlaufen von Material in die benachbarten Gänge verhindert werden.

Von gleichhohem Einfluß auf das Arbeiten einer Förderschnecke ist auch die Lagerung der Schneckenwelle, die bei einigermaßen längeren Schnecken zwischen den Enden noch in gewissen Abständen vorgenommen werden muß, um ein Durchhängen oder Aufliegen der Schraubenbleche auf dem Trog zu verhüten. Diese Zwischenlager sollen vor allen Dingen so ausgebildet und angeordnet sein, daß sie den Förderquerschnitt möglichst wenig verkleinern. Sie sind deshalb durchweg als Hängelager, die an oberen Querverbindungen des Schneckentroges befestigt sind, und mit möglichst geringer Breite auszubilden.

Bei der Anordnung des Troges ist zunächst darauf zu achten, daß er sich möglichst eng dem Profil des Schraubenbleches anpaßt, einesteils, weil dadurch das Fördergut am Zurückbleiben verhindert wird, und andernteils, weil dadurch das Zwischenklemmen größerer Stücke ausgeschlossen ist.

Die Aufgabe des Materials erfolgt von oben durch gewöhnliche Einlaufstutzen, die Entnahme durch Auslaufstutzen am unteren Teil des Schneckentroges. Diese Auslaufstutzen werden in der Regel durch einen mit einem Handgriff versehenen Schieber verschließbar ausgeführt. Für eine Bedienbarkeit des Schiebers von entfernteren Stellen aus kann er einen durch Haspelkette und Zahnstangenübersetzung zu betätigenden Bewegungsmechanismus (siehe Fig. 40) oder einen Hebelantrieb erhalten.

Die folgenden Anwendungsbeispiele von Schneckenförderern werden deren
besondere Eignung für die Zuführungsbewegung von Material über kurze
Strecken illustrieren, wo ihre gedrungene und leichte Konstruktion sie anderen
Transportmitteln überlegen sein läßt.

Ausführungsbeispiele.

Die in den Fig. 46 bis 48 dargestellte Vorrichtung dient zum Beladen von
Eisenbahnwaggons, offener oder geschlossener Bauart. Sie besteht aus einer
etwa 4 m langen Schnecke, die mittels Hals- und Kugellager leicht drehbar an
einer Hängekonstruktion angeordnet ist. Das Verladegut wird ihr durch
einen in der Hängekonstruktion oben eingebauten Auffangtrichter zugeführt.

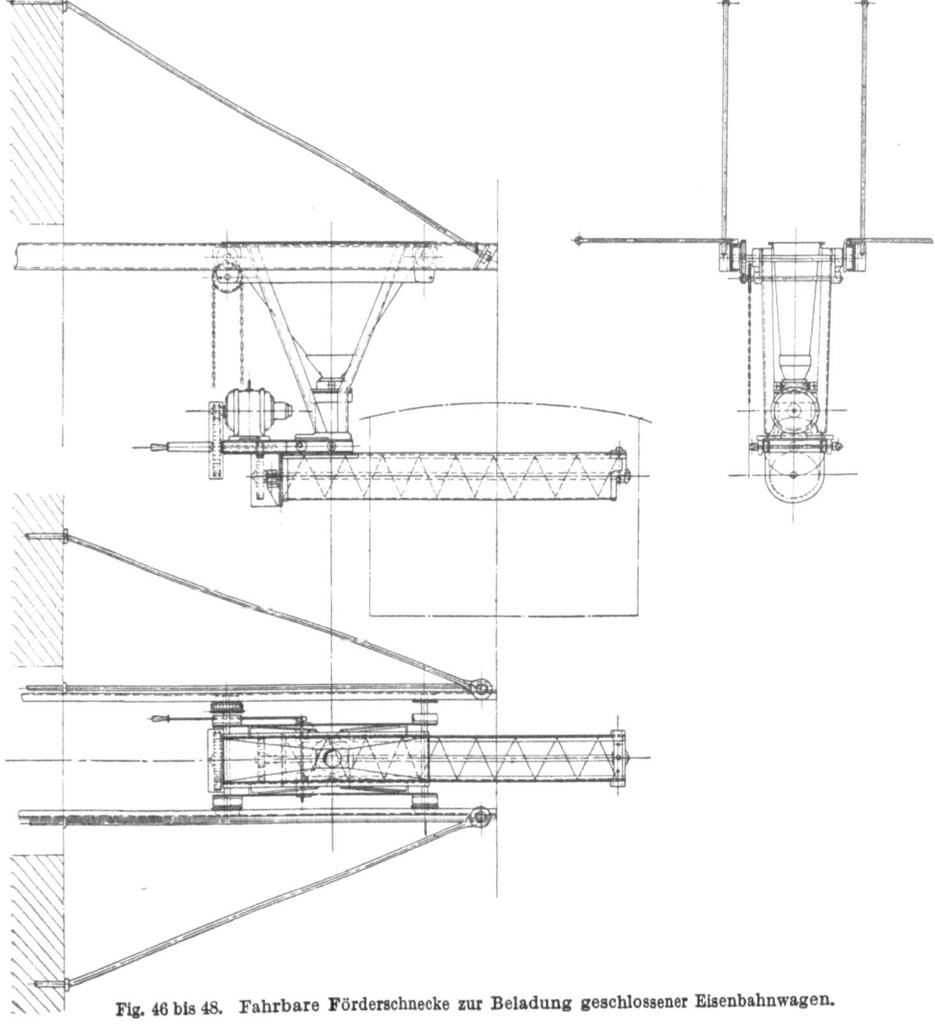

Fig. 46 bis 48. Fahrbare Förderschnecke zur Beladung geschlossener Eisenbahnwagen.

Die ganze Konstruktion hängt an 4 Rollen, an denen sie durch Handketten-
antrieb katzenartig längs zweier Träger verfahrbar ist. Die Bewegung der
Schnecke erfolgt elektrisch von einem auf einem rückwärtigen Konsol angeordneten Motor (von 7,5 PS) aus, wodurch gleichzeitig eine Ausbalancierung
der freiausladenden Schnecke erreicht ist. Außerdem kann die Schnecke noch

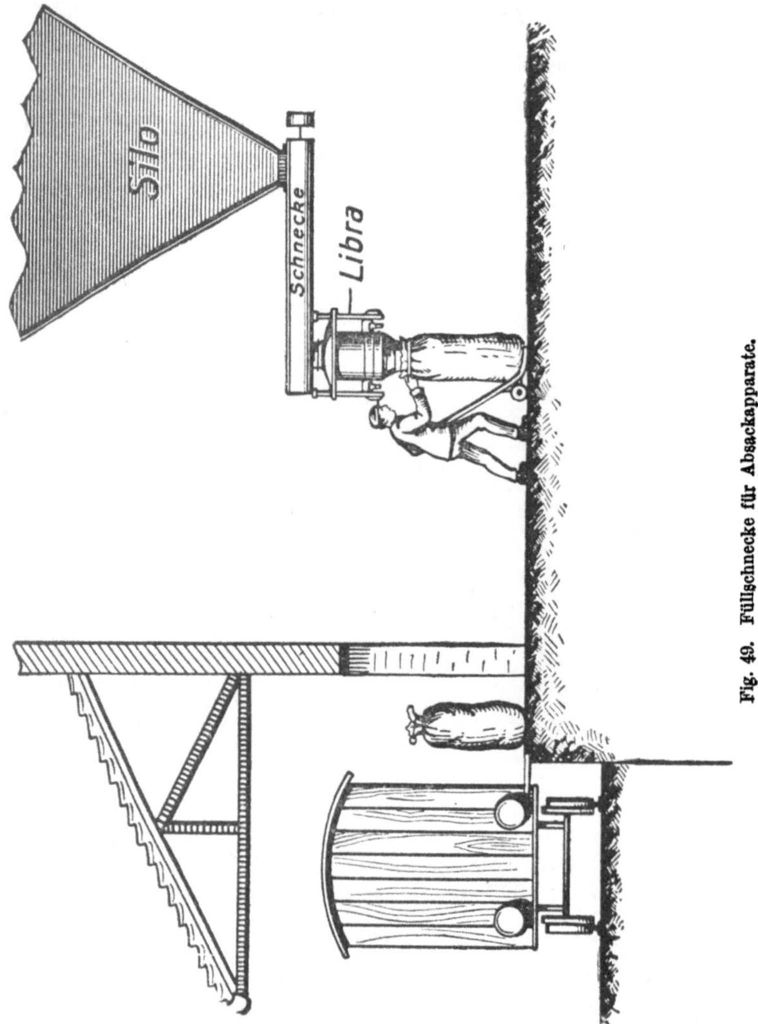

Fig. 49. Füllschnecke für Absackapparate.

für sich allein angehoben werden, um auch bei größeren Waggons einen möglichst hohen Beschüttkegel zu geben.

Die Arbeitsweise der Vorrichtung ist folgende: Die Schnecke wird in den
vor der Rampe stehenden Waggon hineingefahren und seitlich geschwenkt
und dann so lange in Tätigkeit gesetzt, bis ungefähr die halbe Ladung beschickt
ist; darauf wird die Schnecke nach der entgegengesetzten Seite herumge-
schwenkt und der Waggon vollends beladen.

Unter der Voraussetzung, daß die Materialzuführungseinrichtung für die Schnecke genügend leistungsfähig ist, vermag man mit diesem Apparat einen Waggon von 15 000 kg Tragfähigkeit in 12 bis 13 Minuten zu beladen. Unter Einrechnung der Verschiebezeiten für die Waggons können pro Stunde normal 600 Doppelzentner geleistet werden. Als besonderer Vorzug dieser von *Gebrüder Burgdorf*, Altona, gebauten Beladevorrichtung ist außer dem Fortfall fast jeglicher Handarbeit — zur Bedienung ist nur ein Mann nötig — noch zu erwähnen, daß der übrige Verkehr auf der Laderampe nur sehr wenig behindert wird. Die Apparate haben sich insbesondere in der Kaliindustrie gut einzuführen vermocht. Eine größere Anzahl arbeitet z. B. in den Kaliwerken *Salzdethfurt, Aschersleben* u. a.

Die zweckmäßige Verwendung einer Schnecke für die vorbereitenden Arbeiten zur Beladung von Waggons mit Sackgut zeigt die Fig. 49. Dort, wie auch in der durch die Fig. 50 wiedergegebenen automatischen Kesselbekohlung durch eine Transportschnecke, ist vor der endgültigen Materialabgabe noch eine selbsttätige Wiegevorrichtung eingeschaltet. Da für die genannten und andere, auch in der chemisch-technischen Industrie vorkommenden Fälle oft die genaue Feststellung der durch die Transportvorrichtung abgegebenen Förderquanten von Wichtigkeit ist, so möge auf die

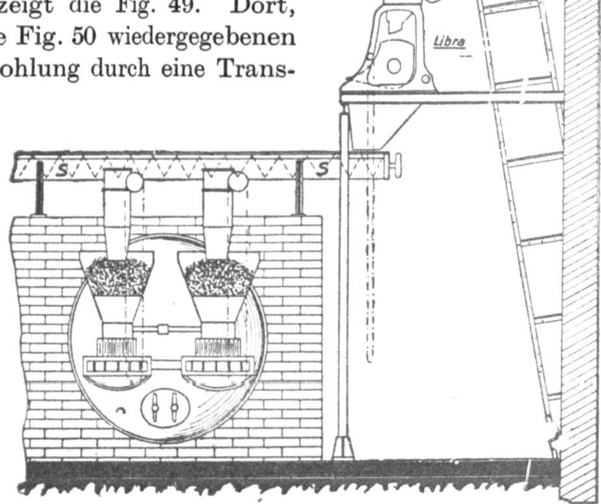

Fig. 50. Kesselbekohlung mittels Schneckenförderer.

Wirkungsweise solcher automatischer Wagen mit einigen Worten eingegangen werden. Die Bauart der in den vorgenannten Anwendungsfällen, insbesondere bei der mechanischen Kohlenzufuhr zu den Kesseln nach Fig. 50, benutzten automatischen Wage „Libra“ der *Librawerk G. m. b. H.* zu Gliesmarode geht im wesentlichen aus der Fig. 51 hervor: E ist ein gleicharmiger Wagebalken, dessen eines Ende die Gewichtsschale F und dessen anderes Ende den Wiegebehälter D trägt. Oberhalb der Wage ist eine Aufgabevorrichtung angeordnet, bestehend aus einem Trichter A_1 und einer Rinne W, die durch Exzenterantrieb H in so schnelle Schwingung versetzt wird, daß das Wägegut, selbst in unregelmäßiger Körnung oder feuchtem Zustande, dem Wiegebehälter D durch den Einlauf A ganz regelmäßig zugeführt wird. Auf diese Weise sind Verstopfungen ausgeschlossen. Ist das genaue Füllungsgewicht erreicht, so wird durch den Schieber B der Einlauf A abgesperrt und der arretierende Haken O durch die

Schiene *N* von dem Stift h entfernt. Der Behälter *D* entleert nun seinen Inhalt infolge seines im gefüllten Zustande seitlich liegenden Schwerpunktes selbsttätig durch Umkippen in die punktiert angedeutete Stellung. Der leere Behälter kehrt darauf automatisch wieder in seine Füllstellung zurück und öffnet so den Schieber *B*, worauf das Spiel von neuem beginnt. Die Aufgabevorrichtung wird beim Entleeren der Wage gleichfalls automatisch aus- und eingerückt.

Jede Wägung wird durch das Zählwerk *R* fortlaufend registriert und addiert, so daß man jederzeit auch die Gesamtmenge des abgegebenen Materials ablesen kann. Die Wage ist außerdem noch mit einer Kontrolleinrichtung ausgestattet; zu dem Zweck wird der gefüllte Behälter *D* durch einen Handgriff am Entleeren gehindert und das Einspielen des Zeigers *u* beobachtet. Etwaige Ungenauigkeiten können durch Verschieben des Reguliergewichtes *S* behoben werden.

Vermöge der Einfachheit ihres Aufbaues lassen sich die Schneckenförderer, mehr noch als die Bandförderer, gut fahrbar einrichten. Fig. 52 zeigt eine solche Bauart mit

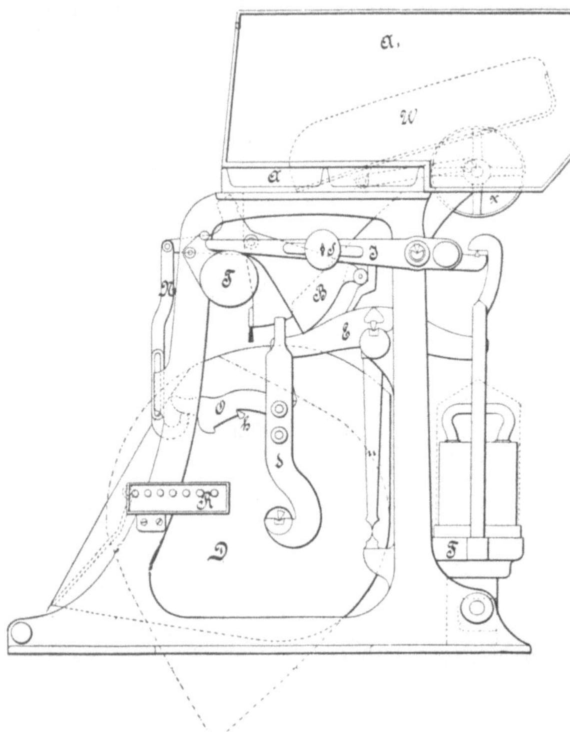

Fig. 51. **Selbsttätige Wage für Massengut.**

elektromotorischem Antrieb in einer Ausführung von *Gebrüder Burgdorf*, Altona. Sie können mit Vorteil z. B. für die Entladung von Salzen aus Schuppen verwendet werden. Übersteigt dabei der Förderweg die Länge von etwa 10 bis 12 m, so tut man zur Vermeidung zu großer Einzelgewichte gut, mehrere solcher fahrbaren Transportschnecken zu wählen und sie so hintereinander anzuordnen, daß immer die eine das Gut der anderen übergibt (ähnlich wie es bei der Materialbewegung durch fahrbare Bandförderer nach Fig. 23 der Fall ist). Neuerdings stattet die Firma *Burgdorf* ihre fahrbaren Schnecken auch noch mit einer Horizontalschwenkvorrichtung aus, wodurch sich eine größere Bodenfläche leichter bestreichen läßt als durch Umsetzung des ganzen Apparates.

Additional information of this book

(Die Materialbewegung in chemisch-technischen Betrieben;
978-3-662-24049-6; 978-3-662-24049-6_OSFO4) is provided:

http://Extras.Springer.com

Die gute Verwendbarkeit von Transportschnecken für kurze horizontale Übergangsbewegungen von Material möge zum Schluß noch durch die in Fig. 53 bis 56 (Taf. 5) veranschaulichte Anlage für Formsandaufbereitung zum Ausdruck gebracht werden. Bei einer derartigen, auf kleinem Raum zusammengedrängten Anlage würden die vielfachen wagerechten Zwischenbewegungen durch ein anderes Transportmittel überhaupt kaum oder doch nur in umständlicherer Weise zu bewerkstelligen sein.

Bei der abgebildeten Anlage wird der feuchte Neusand per Waggon angefahren und in den Behälter S_1 entleert. Dieser ist am Boden mit einer verschließbaren Ausfallöffnung versehen, durch die der Sand in die Schnecke T_1

Fig. 52. Fahrbarer Schneckenförderer.

geleitet werden kann. Durch diese Schnecke wird er dem Becherwerk C_1 zugeführt, das die oberste Etage der Vertikaltrocknerei mit stehendem Blechzylinder B beschickt. Durch eine mechanische Vorrichtung wird der Sand dann während des Trockenprozesses von Etage zu Etage nach unten befördert, während die Heizgase der Trocknerei durch den fallenden Sand nach oben steigen. Der fertig getrocknete Sand endlich wird in dem Behälter S_2 gesammelt und durch die Schnecke T_2 nach dem Elevator C_2 gebracht. Durch diesen Elevator wird der trockene Sand dann den Kollergängen EE zugeführt. Der gemahlene Sand wird darauf durch den Schrägelevator F in den Mischkasten G hochgehoben. In ähnlicher Weise erfolgt auch die Bewegung des Altsandes durch Schnecke und Elevator. Die Anlage ist von A. Stotz-Stuttgart ausgeführt.

Den Schneckenförderern im Äußern sowohl als auch in der Arbeitsweise grundsätzlich ähnlich sind die als „Förderrohre" bezeichneten Transportvorrichtungen. Sie bestehen in der Regel aus einem zylindrischen Rohr, das an seiner Innenwandung mit schraubenförmig verlaufenden Rippen besetzt ist und um seine Längsachse rotiert. Dabei wird das im Rohr liegende Material durch die schraubenartig dagegen arbeitenden Rippen vorwärtsbewegt. Gewöhnlich findet die Aufgabe des Fördergutes an dem einen Erde, die Abgabe an dem anderen Ende des Rohres statt, doch sind, unter Einschaltung entsprechend ausgebildeter Ein- und Auslaßöffnungen, auch beliebige Zwischenstellen des Rohres dafür zu benutzen.

Die Anwendbarkeit des Förderrohres erstreckt sich auf den horizontalen oder mäßig geneigten Transport nicht klebenden Gutes. Als besondere betriebliche Vorteile haben dabei — speziell gegenüber den Schnecken — zu gelten, daß eine Relativbewegung von Konstruktionsteilen nicht vorhanden ist und deshalb die durch zwischengeklemmte Materialstücke verursachten Gefahren ausgeschlossen sind. Auch der Kraftverbrauch kann dadurch naturgemäß nicht in dem Maße wie bei Schnecken ungünstig beeinflußt werden. Durch die Eigenbewegung des Fördergutes, das, zunächst an der Drehung seiner Unterlage etwas teilnehmend, darauf sogleich wieder zurückfällt, wird eine gründliche Schüttelung desselben bewirkt. Für verschiedene Massengüter von nicht gleichmäßiger Mischung können diese Bewegungsvorgänge zur Herbeiführung einer homogenen Zusammensetzung unter Umständen recht erwünscht sein. Weiter gestattet der gänzlich freie innere Querschnitt eines Förderrohres — im Vergleich selbst mit den Förderspiralen fehlt bei ihnen ja die durchgehende Welle mit den Lagern und Befestigungsteilen — zur besonderen Kühlung bzw. Trocknung des Fördergutes einen Luftstrom ungehindert und wirksam hindurchzusenden.

Als Nachteil, gegenüber den Schnecken, ist die schwerere Zugänglichkeit und die Unübersichtlichkeit der fördernden Innenteile anzusehen.

Aus der Patentliteratur über Schneckenförderer:

1908.

Nr. 194 931. (*G. F. Lieder*, Wurzen.) Förderschnecke, d. g., daß das Schneckengehäuse unterhalb der in seinem Innern liegenden Lagerstellen in der Förderrichtung geneigte Flächen besitzt, auf denen das Fördergut bis zum nächsten wirksamen Schneckengange vorwärtsgleitet.

Nr. 195 711. (*Oskar Brandes*, Wolfenbüttel.) Schnecke mit umlaufendem Mantel, d. g., daß sie aus einzelnen übereinander gereihten radartigen Elementen zusammengesetzt ist, deren jedes einen geschlossenen Kranz besitzt, derart, daß die Gesamtheit dieser Kränze den Mantel der Schnecke bildet.

Nr. 205 340. (*Oskar Brandes*, Wolfenbüttel.) Schnecke aus einzelnen, mit mehreren Armen versehenen Teilen, d. g., daß die Arme eines jeden Teiles teils zu Schneckenelementen, teils zu Röhrenarmen ausgebildet sind.

Nr. 205 410. (*Gebrüder Welger*, Wolfenbüttel.) Vorrichtung zum Heben von Rieseloder Streugut mittels einer wagerechten oder schwachgeneigten Schnecke oder eines Stempeltransporteurs, d. g., daß an die wagerechte oder schwach geneigte Fördervorrichtung ein Steigrohr angeschlossen ist.

1910.

Nr. 227 981. (*A. Karlson, Metall- u. Maskin-Aktiebolag* in Stockholm.) Fördervorrichtung mit einem in die Böschung eines Schüttguthaufens eingreifenden Förderorgan, z. B. einer Schnecke, d. g., daß die Größe der Böschung des Schüttguthaufens regelbar ist, zu dem Zweck, die Menge des von der Schnecke geförderten Gutes zu regeln.

1911.

Nr. 232 648. (*Max Venator* in Ramsdorf b. Luckau.) Mit ihrem Mantel fest verbundene Förderschnecke, d. g., daß in dem mittelbaren Hohlraum der Schnecke unterhalb der Zuleitungs- und Ableitungsstellen, entsprechend deren Breite, Rohrstücke ausgesetzt sind, die zusammen mit der Schnecke den in sie eingeleiteten, hindurchstreichenden Luftstrom von dem zufallenden Fördergut trennen, um ein Mitreißen von Staub aus dem Gut zu verhindern.

Nr. 234 458. (*Gewerkschaft Messel, Adolf Spiegel & Paul Metzer* in Grube Messel bei Darmstadt.) Förderschnecke, bestehend aus einer Anzahl schräg auf der Schneckenwelle befestigter Scheiben, die abwechselnd entgegengesetzt zueinander geneigt sind, d. g., daß die Scheiben von beweglich gelagerten, geschlitzten Abstreichern umfaßt werden, die etwa hängengebliebenes Fördergut von den Scheiben abstreichen.

1912.

Nr. 252 568. (*H. Aug. Schmidt*, Wurzen.) Förderschnecke, d. g., daß der die Schraubenfläche bildende Blechstreifen auf einer Seite vom Rande nach der Schneckenwelle zu keilförmig sich verbreiternde Rippen besitzt, die durch entsprechende Faltung aus den zur Herstellung der Schraubenfläche dienenden Blechstreifen gewonnen sind.

1913.

Nr. 265 572. (*Illkircher Mühlenwerke A.-G.*, Straßburg.) Zweiteiliges Mittellager für Förderschnecken, dessen obere Lagerhälfte mit einer auf dem Schneckentrog aufliegenden Querbrücke starr verbunden ist, an der die untere Lagerhälfte aufgehängt ist, d. g., daß der eine Tragarm der unteren und der zugehörige Tragarm der oberen Lagerhälfte nach der Schneckentrogkante zu verlaufen und der Tragarm der unteren Lagerhälfte an dem Schneckentrog besonders befestigt ist.

Nr. 267 683. (*Gebr. Burgdorf*, Altona.) Fahrbare Schnecke zum Befördern von Massengütern, d. g., daß die die Schnecke aufnehmende Mulde um eine senkrechte Achse begrenzt drehbar mit einem Gestell verbunden ist, welches auch die Lager für die Zapfen der Radgabeln enthält, die mittels eines Getriebes gleichzeitig gedreht werden können.

Aus der Zeitschriftenliteratur über Schneckenförderer:

Wille: Lagerung längerer Förderschnecken oder Schneckenbänder. Fördertechnik 1909, Heft 2, S. 35—36 (Beschreib. m. Z.).
— Über Transportschnecken. Fördertechnik 1912, Heft 1, S. 20 (Konstrukt. m. Z.).
Müller: Maschinelle Aufbereitung des Formsandes in Gießereien. Zeitschr. d. Ver. deutsch. Ing. 1912, Nr. 29, S. 1153—1155 (Beschreib. m. Z.).
Heitmann: Transportschnecken. Dinglers Polytechn. Journal, Heft 5, S. 69—73 (Konstruktives u. Tabellen, m. Holzschnitten).
Buhle: Die Förder- und Speicheranlagen der Gewerkschaft Wefensleben. Zeitschr. d. Ver. deutsch. Ing. 1914, Nr. 20, S. 783 u. 784 (Beschreib. m. Z. u. Ph.).
Korten: Über Mischanlagen für Kokskohlen, Stahl u. Eisen 1914, S. 269—271 (Beschreib. m. Z.).
Behrens: Die Aufbereitung und Beförderung des Formsandes in der neuen Gießerei von Gebr. Bühler, Uzwil. Zeitschr. d. Ver. deutsch. Ing. 1914, Nr. 5, S. 162—163 (Beschreib. m. Z.).

Kratzerförderer.

(Kratzertransporteur, Kratzer, Schlepper.)

Unter allen Förderarten wohl die wenigst vollkommene, um nicht zu sagen die roheste, ist die Kratzerförderung. Sie steht zu anderen Förderweisen, z. B. zu Band- oder Conveyortransporten, in einem ähnlichen Verhältnis als es — um einen geläufigen Vergleich zu gebrauchen — etwa zwischen dem Weiterschleifen und dem Fortrollen einer Einzellast besteht. So wie man sich unter Umständen zur Fortbewegung einer solchen mit dem einfachen Weiterschieben derselben begnügen kann, wenn die Versetzstrecke nur kurz ist und die Beschaffenheit der Strecke und der Last einer derartigen primitiven Bewegung nicht ungünstig sind, ebenso kann auch die Benutzung von Kratzerförderern angebracht sein, wenn ähnliche Vorbedingungen gegeben sind. In solchen Fällen lassen sich dann auch die in der Derbheit der Konstruktion, entsprechend der Primitivität des Fördervorganges, gelegenen Vorteile von Kratzern ausnutzen.

Wesen der Konstruktion. Ein Kratzerförderer besteht aus einem umlaufenden, mit Mitnehmern versehenen Zugorgan, das diese in einer Rinne fortbewegt.

Arbeitsweise. Die Materialbewegung erfolgt dadurch, daß die Mitnehmer das Fördergut in der Rinne vor sich herschieben. Die Aufgabe des Materiales kann an irgendeiner Stelle von oben her erfolgen, die Abgabe gleichfalls an beliebiger Stelle durch Aussparungen in der Rinne.

Anwendbarkeit. Kratzerförderer können zur Beförderung aller feinstückiger oder körniger Materialien benutzt werden. Indes empfiehlt sich auch ihre Verwendung, wie die von Schneckenförderern, nicht für solches Gut, das durch die ständige Reibung gegen die Unterlage beschädigt und in seinem Wert vermindert werden kann, desgleichen nicht für ballende Stoffe. Die Transportrichtung ist bei ihnen frei wählbar, solange dadurch nicht ein selbsttätiger Rücklauf des aufwärts geschobenen Gutes eintritt.

Vorteile. Kratzertransporteure zeichnen sich ebensowohl durch ihren verhältnismäßig recht geringen Raumbedarf, als auch durch die leichte Abschließbarkeit der bewegten Teile auf der ganzen Förderstrecke aus. Infolge ihres einfachen Baues erfordern Kratzerförderer für ihre Anschaffung nur verhältnismäßig geringe Kosten.

Nachteile. Das während des ganzen Transportvorganges stattfindende Scheuern des Fördergutes in der Kratzerrinne ist einer Schonung beider natürlich wenig dienlich. Durch die Zwischenräume zwischen den bewegten Kratzerblechen und der feststehenden Rinne, die sich besonders bei weniger widerstandsfähigem Rinnenmaterial, Holz oder dgl., im Laufe des Betriebes natürlich mehr und mehr vergrößern, kann ein Einklemmen von Material mit allen seinen nachteiligen Folgeerscheinungen leicht eintreten.

Einzelheiten. Da die einwandfreie Förderung durch einen Kratzertransporteur zunächst von der dauernd richtigen Beschaffenheit der eigentlich wirksamen Teile, der Kratzerbleche, abhängt, so wird auf deren zweckmäßige und sorgfältige Anordnung der größte Wert zu legen sein. Nicht nur, daß sie sich zur Vermeidung von Förderverlusten möglichst eng dem Profil der Rinne anpassen sollen, sollen sie vor allem auch in ihrer normalen Lage zur Rinne möglichst unverrückbar festgehalten werden. Eine etwaige Schrägstellung zur Rinnenachse einerseits würde das Material von der Förderung zurückhalten, eine Neigung der Kratzerbleche gegen die Rinnensohle andererseits würde durch die dadurch entstehende vertikale Seitenkraft einen übermäßigen Druck auf das Fördergut ausüben. Deshalb ist die Normallage der Bleche ebenso durch eine verläßliche Seitenführung als durch eine unnachgiebige Befestigung an den Querleisten und dem Zugorgan zu sichern. Diese Querleisten, die, wenigstens bei hängend arbeitenden Kratzerblechen (Fig. 58, Taf. 6), ja gleichzeitig deren direktes Aufliegen auf der Rinne zu verhindern bestimmt sind, wird man deshalb zweckmäßig in beiderseitigen Rollen lagern, deren Spurkränze zur Beibehaltung der normalen Blechlage wirksam beitragen. Gleichzeitig wird dadurch auch das lästige Geräusch vermindert, das einfache Führungsleisten infolge ihres Scheuerns besonders auf eisernen Führungsschienen verursachen. In solchen Fällen dürfte deshalb trotz schnelleren Verschleißes wenigstens die Verwendung besonderer hölzerner Gleitschienen ratsam sein. Die vorstehend angedeuteten konstruktiven Hilfsmittel zur Lagensicherung der Kratzerbleche verdienen bei Anlagen mit nur einem einzigen, in der Mitte angreifenden Zugorgan besondere Beachtung; bei beiderseitig angreifenden Zugmitteln tragen diese ja selbst zur Beibehaltung der festgesetzten Blechlage bei.

Greifen die Zugketten — nur in den seltensten Fällen wird, wegen der unbequemeren Befestigung der Bleche und des weniger einfachen Umlaufantriebes, ein Seil für die Bewegung der Kratzer benutzt — an den unteren, der Rinne zugekehrten Teilen der Bleche an, so erleichtert die ja dann auch unten am Angriffspunkt der Last liegende Querleiste die Einhaltung der richtigen Blechlage. Diese Bauart von Kratzerförderern, oft als Schlepper bezeichnet, eignet sich im allgemeinen nur für großstückiges Material, bzw. für Einzelgut (vgl. z. B. Fig. 62). Schon bei losem, kleinem Material würde das direkte Aufliegen desselben auf der Kette leicht zu Betriebsstörungen Anlaß geben. Zum Transport gewisser Materialien, z. B. nasser Rübenschnitzel, abgespritzten Kokses u. dgl. nimmt man an Stelle der vollen Kratzerbleche mit Vorteil ausgesparte oder rechenartige, wobei das Zurückbleiben des Wassers während des Transportes erleichtert wird.

Der Vollständigkeit wegen sei an dieser Stelle noch einer Transportvorrichtung gedacht, bei der die Materialbewegung in grundsätzlich gleicher Art, wie bei den Kratzerförderern, durch Vorschieben auf fester Unterlage, bewirkt wird. Es sind dies die sog. Schubrinnen, deren Arbeitsweise sich von der der gewöhnlichen Kratzerförderer nur dadurch unterscheidet, daß die wirksamen Bleche nicht eine stetig umlaufende, sondern eine kolbenartig hin und her gehende Bewegung vollführen. Um dabei eine gleichbleibende Förderrichtung des Materials zu erhalten, müssen die Bleche bei ihrem jedesmaligen Rückgang unwirksam gegen das Fördergut sein. Dieses geschieht entweder durch selbsttätiges Hochklappen der scharnierartig befestigten Bleche oder durch seitliches Herausdrehen der halbkreisförmig gestalteten Bleche aus dem Fördergut. Diese vermehrten Bewegungsaufgaben stellen natürlich eine Komplikation dar, die nicht nur in konstruktiver, sondern auch in betrieblicher Hinsicht von Nachteil ist. Außerdem ist der Kraftbedarf von Schubrinnenförderern infolge der für das Hin- und Hergehen der Getriebe und das jedesmal von neuem anzuschiebende Fördergut größer als bei umlaufenden Förderern. Für stückiges Material erscheinen die Schubrinnen überhaupt nicht verwendbar, da dieses dem Wiedereindringen der Bleche hinderlich ist.

Ausführungsbeispiele.

Die Fig. 57 bis 59 (Taf. 6) geben die Verwendung eines Kratzerförderers für die Füllung von Kohlenbunkern über einer Generatoranlage wieder. Die aus dem unterirdischen Einschütttrichter durch einen Elevator über das Bunkerniveau gehobene Kohle wird durch den Kratzer über die Bunker entlang befördert und durch Öffnen von Schiebern den Generatoren zugeführt. Der mit zwei Ketten arbeitende Greifer ist unten fördernd und erhält seinen Antrieb durch einen am linkseitigen Ende stehenden Elektromotor (10 PS). Die Fördergeschwindigkeit beträgt 400 mm in der Sekunde. Die Länge des Kratzerförderers, d. h. die Achsenentfernung von Mitte Kettenrad zu Mitte Kettenrad, ist annähernd 26 m. Am rechtsseitigen Ende ist zum Ausgleich der im Betrieb eintretenden Längenänderungen der Zugkette eine Station vorgesehen.

Die Anlage ist von *Gebrüder Weismüller* in Frankfurt a. M. für die *Zellstoffabrik Waldhof* gebaut worden und weist eine Stundenleistung von 20 t auf.

Eine andersartige Ausbildung eines Kratzerförderers zeigen die Fig. 60 bis 62 (Taf. 7). Hier wird das Gut — große Eisblöcke — eine schräge Holzrinne hinaufbefördert und an deren oberem Ende in das Gebäude abgeworfen. Der Kratzer ist hier an seinem oberen Lauf fördernd, in seinem unteren Lauf ist die Kettenspannvorrichtung eingeschaltet. Die recht einfache Führung der beiderseitigen Gliederketten läßt die Querschnittsfigur deutlich erkennen. Der Totalachsenabstand beträgt, in gestreckter Länge, 26 m; der Antrieb erfolgt mittels Transmission. Die Anlage ist in doppelter Ausführung von *Wilhelm Stöhr* in Offenbach a. M. für die städtische Brauerei in Göttingen geliefert worden.

In fahrbarer Ausführung dient ein Kratzertransporteur bei der in Fig. 63 bis 67 (Taf. 8) dargestellten Anlage zur Aufstapelung und Verteilung von Material. Als solches kommt hier speziell Torf in Betracht. Der auf dem Trockenplatz geringelte und in kleine Mieten aufgesetzte Torf wird in normale Torfabfuhrwagen eingeladen, von denen 6 bis 10 zu einem Zug gekuppelt durch eine Benzinlokomotive in die Nähe der Stapeleinrichtung vor ein fahrbares Rampengleis gebracht werden. Auf diese Rampen können die Wagen alsdann mittels einer eingebauten Seilzugvorrichtung hinaufgezogen werden, um ihren Inhalt in den Materialfülltrichter abzugeben. Von hier aus gelangen die Torfsoden über ein Schüttelwerk auf den schrägen Kratzerförderer, der längsfahrbar und, um die untere Welle drehbar, auch in der Höhenlage seiner Ausschüttstelle veränder-

Additional information of this book

*(Die Materialbewegung in chemisch-technischen Betrieben;
978-3-662-24049-6; 978-3-662-24049-6_OSFO5)* is provided:

http://Extras.Springer.com

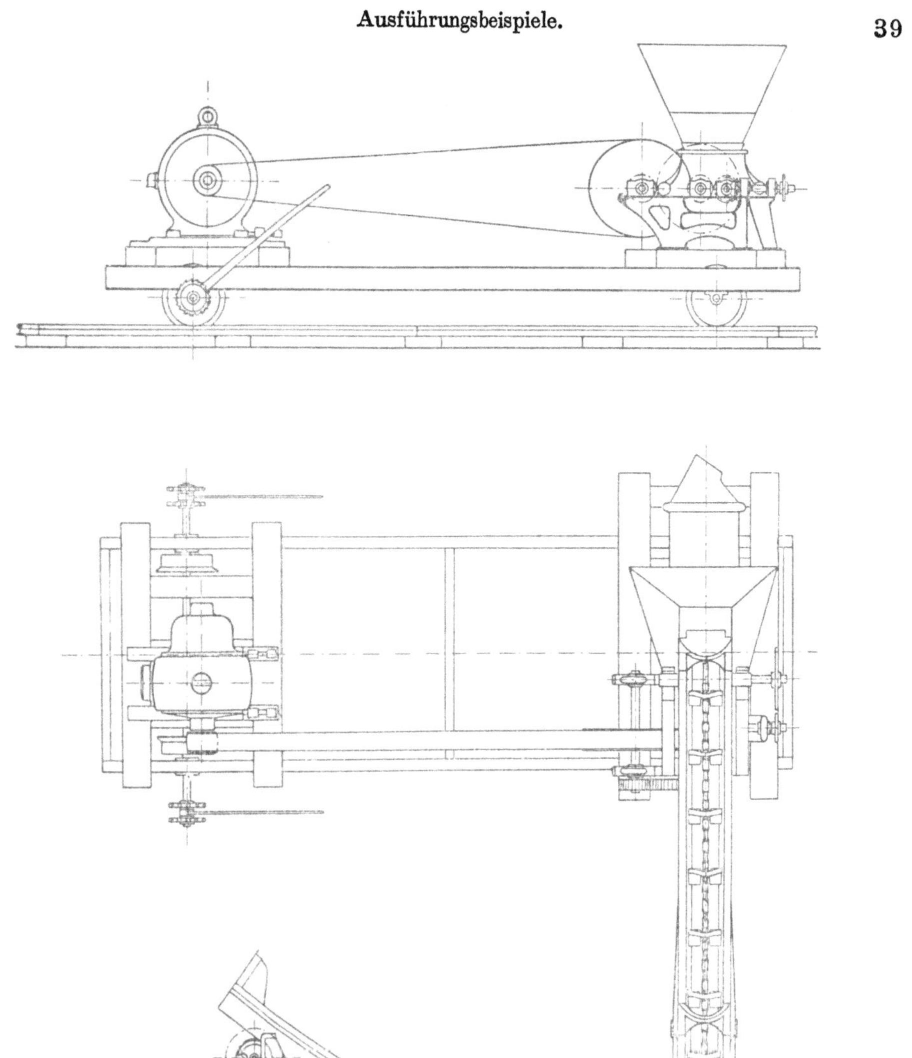

Fig. 68 bis 70. **Kratzerförderer (Schlepper) als Speisevorrichtung.**

lich ist und somit zur Anschüttung ausgedehnter, bis 10 m hoher Torfmieten benutzt werden kann. Der Antrieb des Schrägförderers erfolgt durch einen am unteren Ende des Gestelles aufgestellten Elektromotor (15 PS), der seine Kraft durch Vorgelege auf die untere Stützwelle des Förderers und von hier durch Antriebsketten auf die obere Kratzerkettenwelle überträgt. Die Anlage, die stündlich gut 20 t leistet, ist von der *Aktiengesellschaft R. Dolberg* in Hamburg ausgeführt worden.

In den Fig. 68 bis 70 ist die Verwendung eines einkettigen Kratzerförderers für einen ähnlichen Zweck dargestellt. Er dient hier zur Speisung einer Torfmaschine mit dem würfelförmig abgegrabenen Moor. Die Würfel werden dem Förderer durch Arbeiter übergeben. Die Torfmaschine selbst besteht aus zwei entgegengesetzt rotierenden Schneckenwellen, die selbst starkfaseriges oder noch nicht ganz durchsetztes Moor innig vermengen und verarbeiten. Der Torfstrang tritt durch ein Mundstück auf die Rollenleiten aus und

Fig. 71. Fahrbarer Kratzerförderer für Sackstapelung.

legt sich dort auf untergeschobene Bretter, auf denen er von einem Arbeiter durch ein Messer geteilt wird. Der Kratzerförderer wird je nach den örtlichen Verhältnissen in Länge von 10 bis 20 m ausgeführt, bei einer Rinnenbreite von 300 oder 400 mm. Der Antrieb der Anlage erfolgt mittels Riemens durch einen $12^1/_2$-PS-Elektromotor. Der Apparat ist gleichfalls von der *Aktiengesellschaft R. Dolberg* gebaut.

Allgemeinere Verbreitung haben die Kratzerförderer in fahrbarer Ausführung, z. B. nach Fig. 71, zum Verladen bzw. Stapeln von verpacktem Material, Säcken, Ballen, Kisten und dgl. gefunden. Derartige Apparate sind, besonders bei leichter Manöverierfähigkeit und Einstellbarkeit auf verschiedene Förderhöhen, recht wohl imstande, die Stapelung solcher Güter in Schuppen und Speichern wesentlich rationeller als bei der meist noch üblichen Handarbeit zu gestalten. Nicht allein, daß durch die Mechanisierung solcher Arbeiten der Bestand an Lagerarbeitern und damit die Gefahr von Arbeitseinstellungen wesentlich verringert wird, wird infolge der beliebig vergrößerbaren Stapelungshöhe auch die Ausnutzung der Grundfläche der Lagerräume eine ungleich intensivere. Der in Fig. 71 abgebildete Stapelungsapparat, von *G. Luther* in Braunschweig, vermag mit Hilfe eines 3-PS-Elektromotors, der sowohl zum Antrieb der Förderkette als auch zur Höheneinstellung des Fördergerüstes dient, stündlich bis 600 Sack zu leisten.

Die Anpassungsfähigkeit solcher Vorrichtungen an örtliche Verhältnisse bringt gut die Fig. 72 zum Ausdruck, die einen derartigen Förderer, in der ähnlichen Bauart der *Brown Portable Elevator Co.*, bei der Verladung von Lagergut zwischen den Kellergeschossen und der Rampe eines Schuppens darstellt.

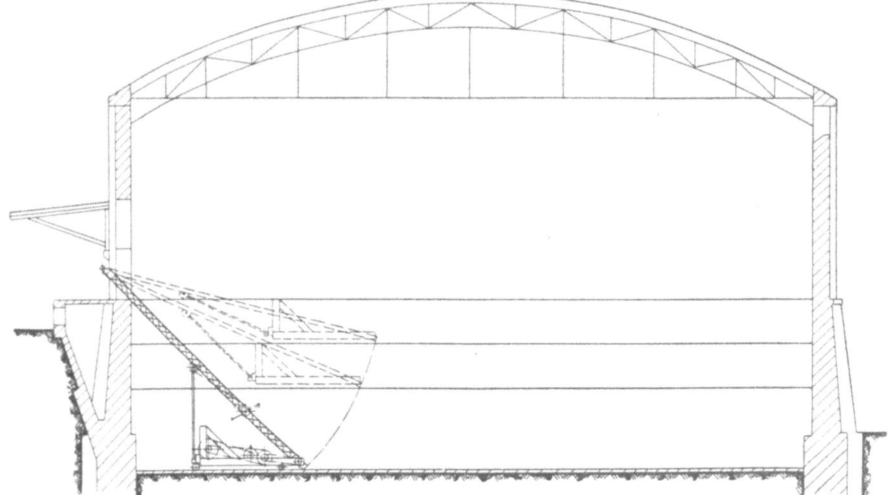

Fig. 72. Fahr- und einstellbarer Kratzerförderer.

Recht interessant und vorteilhaft in der Benutzung erscheinen die von der letztgenannten Firma speziell ausgeführten Kombinationen solcher fahr- und einstellbarer Förderer mit solchen grundsätzlich ähnlicher Ausbildung nach Fig. 73, 74 u. 75. Auf diese Weise ist die Materialbewegung zwischen beliebigen Punkten, beispielsweise zwischen dem Schiffsinnern und Waggon oder Schuppenboden, durch einfache und billige mechanische Hilfsmittel von großer Anpassungsfähigkeit möglich. Die insbesondere bei längeren Transportstrecken eingeschalteten Zwischentransporteure erhalten in sehr eigenartiger Weise ihren Antrieb von dem Motor des Haupttransporteurs durch einfache Auflagerung der Zwischenböcke, die mit einem kraftübertragenden Zahnrädertriebwerk ausgestattet sind.

Für die Rentabilität eines fahr- und höheneinstellbaren Stapelungsapparates in der Ausführung der *Brown Portable Elevator Co.* kann nach Angabe dieser Firma die nachfolgende Berechnung ein Bild geben:

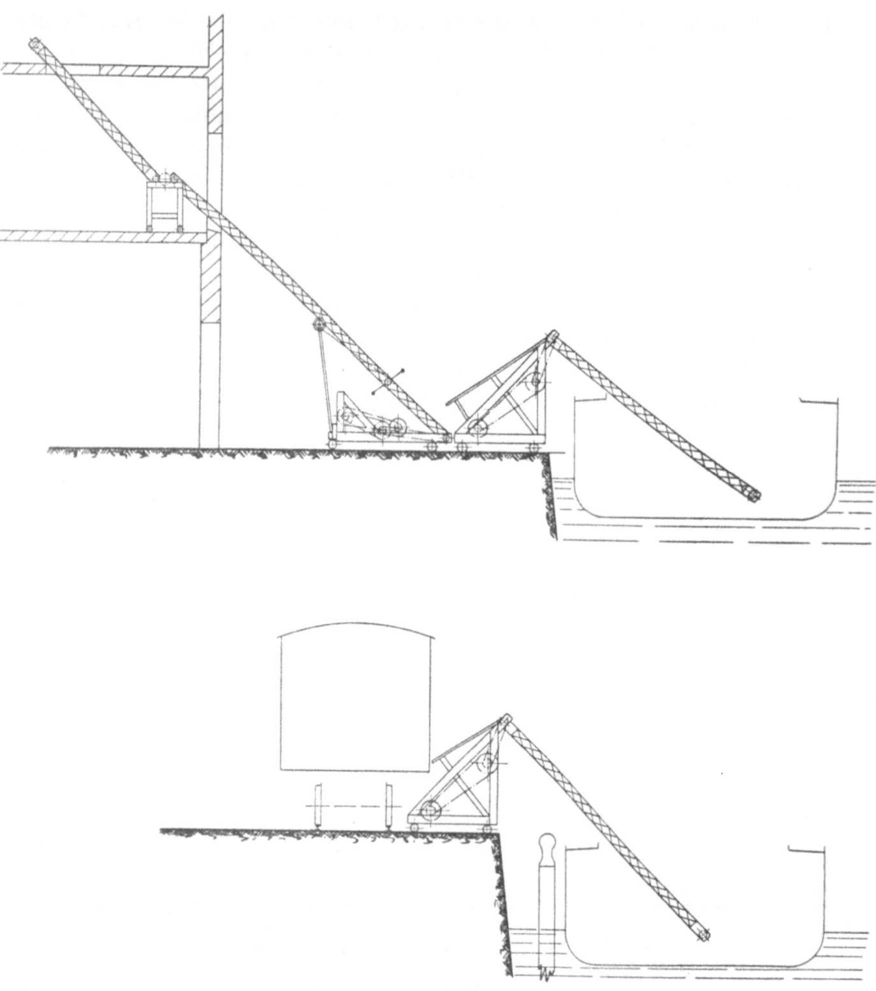

Fig. 73 u. 74. Fahr- und einstellbare Kratzerförderer.

10 Arbeiter, in Akkord arbeitend, werden pro Tag von 10 Stunden
durchschnittlich höchstens 120 t Sackgut aufstapeln, ausladen oder
verladen. Diese Arbeit kostet à 35 Pf. pro Stunde, also 10 × 10
= 100 Std. à 35 Pf. . . . .   35,— M.
Dieselbe Menge wird mit einer *Brown*-Einrichtung (ungünstig
gerechnet) in 3 Stunden mit 6 Arbeitern verarbeitet,
also 6 × 3 = 18 Std. à 35 Pf. . . . . 6,30 M
      Triebkraft . . . . —,40 „
Reparatur, Zinsen und Amortisation 15 Proz. pro Jahr von
z. B. 3000,— M. Anlagekosten = 450,— M. = pro
Arbeitstag . . . . 1,50 „
                Total . . . .   8,20 „
            Ersparnis . . . .   26,80 M.
                  = über 75 Proz.

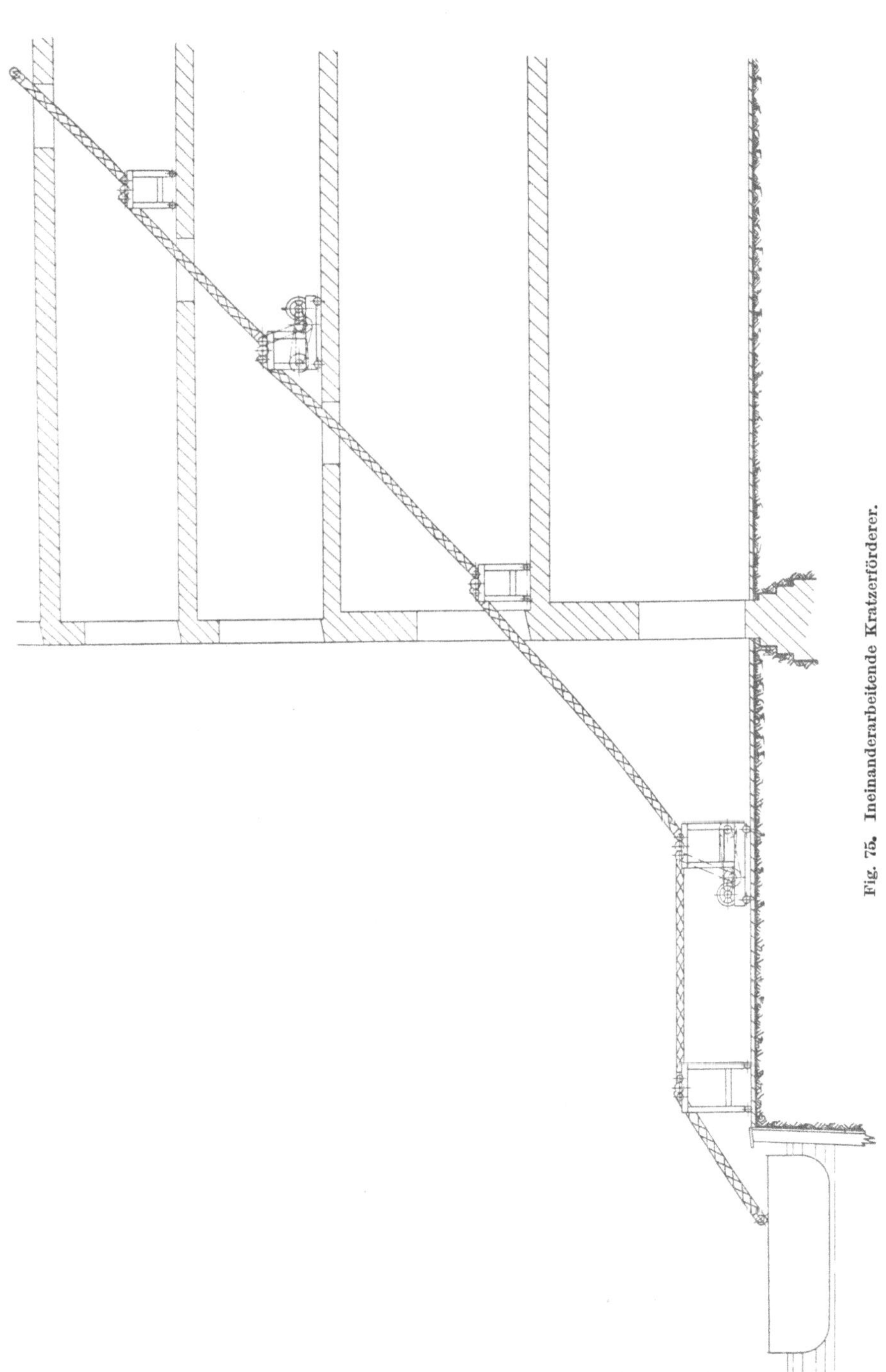

Fig. 75. Ineinanderarbeitende Kratzerförderer.

Fig. 76. Schlepperartige Fördereinrichtung für Langgut.

Als eine einem Schlepper ähnliche Transportvorrichtung sei auch die in Fig. 76 veranschaulichte Holzförderung erwähnt. Das Zugmittel besteht hier gleichfalls aus einer endlosen Kette, die in gewissen Abständen auf Rollen laufende Querleisten trägt. Vermöge der Länge des Fördergutes konnte eine besondere Schubrinne hier fortfallen, da jedes Laststück auf mehrere dieser Querleisten selbst mit Sicherheit aufliegen kann. Die Mitnahme des Fördergutes erfolgt dadurch, daß die Achse der Schleppkette starke Dornen trägt, die ein Zurückbleiben bzw. Rutschen des Gutes verhindern. Die abgebildete Anlage ist von der *Orenstein & Koppel-Arthur Koppel A.-G.*, Berlin für die Rjasan Uralsk Eisenbahn in Südrußland ausgeführt worden und dient dazu,

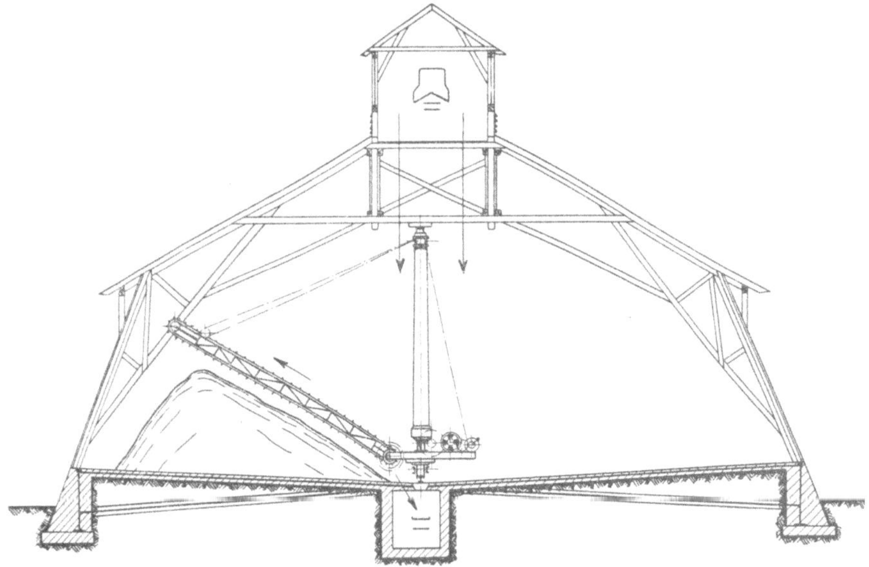

Fig. 77. Fahrbarer Kratzerapparat.

angeflößte Langhölzer aus der Wolga nach einem etwa 450 m vom Ufer entfernten Lagerplatz zu transportieren. Der zu überwindende Höhenunterschied beträgt etwa 67 m, die Fördermenge etwa 200 Stämme täglich. Für den Antrieb des Schleppers dient eine Dampfmaschine von 80 PS. Die Holzstämme werden dem Schlepper in einem Stichkanal von Arbeitern mittels Hakenstangen zugeführt, worauf der Weitertransport dann selbsttätig vor sich geht. Der durch eine solche einfache Förderanlage erzielte Gewinn tritt besonders dann hervor, wenn man sich den sonst gebräuchlichen Holztransport durch Fuhrwerke oder Schmalspurbahn mit seinen durch die Sperrigkeit des Ladegutes besonders umständlichen und auch nicht ungefährlichen Auf- und Abladearbeiten vorstellt.

Endlich muß noch die in den Fig. 77 und 78 dargestellte Anlage als eine, wenn auch ungewöhnliche Ausbildung eines Kratzerförderers erwähnt sein. Seine Bestimmung ist, durch längeres Lagern festgewordene Kalisalze

zu lockern, d. h. im wahren Sinne des Wortes „abzukratzen" und sie einem Gurtförderer zuzuführen. Wie diese Aufgaben für beliebig hohe und lange Salz-
haufen mit Hilfe einer Wipp-, Schwenk- und Fahrbarkeit des Kratzerauslegers
gelöst werden, läßt die Zeichnung erkennen. Mit Rücksicht auf die Festigkeit

Fig. 78. Fahrbarer Kratzerapparat.

des Lagergutes sind die Kratzerbleche mit gehärteten Spitzen versehen. Der
Apparat ist imstande, stündlich bis 70 t mittelhartes Salz dem Transportband
(über eine fahrbare Aufgabevorrichtung) zuzuführen, bei einem Kraftbedarf
von etwa 7 PS. Erbauerin ist die Firma *Amme, Giesecke & Konegen* in Braunschweig.

Aus der Patentliteratur über Kratzerförderer:

1908.

Nr. 203 879. (*Paul Töniges*, Berlin.) Fördereinrichtung, insbesondere zur Beförderung von Abbaugut aus niedrigen Flözen, bei welcher das Fördergut von Ort zu Ort in
einer doppelspurigen Förderrinne, deren Trums in derselben Ebene liegen, durch Mitnehmer oder Schaber weitergeschoben wird, die an einem über die Führungsscheiben
geführten Zugorgan befestigt sind, d. g., daß die Mitnehmer oder Schaber an den Austrittsstellen der Förderrinne um ihren Befestigungspunkt am Zugorgan gedreht und an den
Einlaufstellen der letzteren wieder aufgerichtet werden.

1909.

Nr. 208 021. (*Lamson Consolidated Store Service Co.*, Boston.) Vorrichtung zum
Befördern von Waren, bei welcher diese in einer Rinne von den Mitnehmern eines endlosen
Zugorganes mitgenommen werden, d. g., daß eine Reihe Rinnen dicht nebeneinander
angeordnet sind, die gleichzeitig von jedem Mitnehmer bestrichen werden.

Nr. 211 557. (*Lamson Consolidated Store Service Co.*, Boston.) Vorrichtung zum Befördern von Gegenständen in Rinnen mittels an einem endlosen Zugorgan befestigter Stoßstangen, d. g., daß jede Stoßstange an dem einen Ende an dem Zugorgan um einen senkrechten Zapfen drehbar befestigt und an dem andern Ende durch eine an ihm und dem Zugorgan drehbar befestigte Stützstange abgestützt ist, so daß das endlose Zugorgan mit den Stoßstangen durch Kurven in beliebiger Ebene bewegt werden kann.

Nr. 212 158. (*The Alvey-Ferguson Co.*, Louisville.) Geneigte, aus Rollen gebildete Transportbahn für Stückgüter, die durch Mitnehmer von endlosen Förderketten vorwärtsbewegt werden, d. g., daß über der Transportbahn federnde Arme angeordnet sind, welche die nicht in ordnungsmäßiger Lage vor den Mitnehmern (Schubrollen) befindlichen Stückgüter so lange festhalten, bis sie von der nachfolgenden Schubrolle richtig erfaßt werden.

Nr. 206 939. (*Paul Geyh*, Leipzig.) Fördervorrichtung für Schüttgut, bei der innerhalb eines Troges ein mit Mitnehmerplatten besetzter Rahmen hin- und herbewegt wird, d. g., daß die Mitnehmerplatten im Böschungswinkel des zu fördernden Gutes am Rahmen befestigt sind.

Nr. 207 693. (*Maschinenbauanstalt Köllmann, G. m. b. H.*, Barmen.) Förderrinne mit an einem hin- und herbeweglichen Rahmen schwingbar befestigten Mitnehmern, d. g., daß die Mitnehmer oberhalb ihrer Drehachse mit einer Klinke versehen sind, die beim Vorwärtsgang der Mitnehmer mit ihrem freien Ende in schräger Lage über eine erhöhte Bahn nachgezogen wird, bei Beendigung des Arbeitsganges aber vor das Ende der Bahn fällt und nun beim Rückwärtsgange der Mitnehmer durch Anstoß an das Bahnende eine Drehung der Mitnehmer aus der Rinne heraus bewirkt.

Nr. 217 065. (*Heinrich Hulsermann*, Duisburg-Meiderich.) Fahrbare Verladevorrichtung für Schüttgut, bei welcher mittels einer endlosen, in einer schwenkbaren Transportrinne laufenden Schleppkette das Schüttgut aufgenommen und einem Wagen oder dgl. abgegeben wird, d. g., daß auf dem Fahrgestell der Verladevorrichtung zwei durch eine Spindel mit Rechts- und Linksgewinde verbundene, schwenkbare Transportrinnen mit Schleppketten vorgesehen sind, so daß durch Drehen der Spindel die Transportrinnen mit ihren Schleppketten gegeneinander gelegt werden und dadurch das zwischen ihnen befindliche Fördergut mit Leichtigkeit erfassen können.

1911.

Nr. 236 370. (*Wilhelm Rath*, Mülheim-Ruhr.) In einer geneigten Rinne verlaufende Schleppketten zum Verladen von stückhaltigen Kohlen oder dgl., bei welcher eine über oder zwischen den beiden Schleppkettensträngen drehbar gelagerte Rutsche das Gut zwischen die Mitnehmer der Kette leitet, d. g., daß an den Mitnehmern der Kette oder an dieser selbst Ansätze mit abgeschrägter Oberkante angeordnet sind, über welche die bei der Bewegung der Kette von jedem Mitnehmer angehobene Rutsche bei der Weiterbewegung des Mitnehmers wieder langsam bis auf den Rinnenboden niedergleitet.

1913.

Nr. 266 079. (*G. Luther, A.-G.*, Braunschweig.) Ausladevorrichtung für schlechtrieselndes oder backendes Schüttgut aus Hallen oder Lagerplätzen mittels eines auf einer Schiebebühne fahrbaren Kratzers, d. g., daß die Kratzerkette über die Schiebebühne hinweg und nach beiden Seiten schrägausladend geführt ist, um den Haufen ohne Schwenkung von vorn oder von hinten angreifen zu können.

Aus der Zeitschriftenliteratur über Kratzerförderer:

Michenfelder: Transportvorrichtungen für Brauereien und ähnliche Betriebe. Allgem. Zeitschr. f. Bierbrauerei u. Malzfabrikation 1910, Nr. 30, S. 337—339 (Beschreib. m. Ph.).
Hermanns: Transportvorrichtung für abgeschnittene Blockenden. Stahl u. Eisen 1913, Nr. 21, S. 868—869 (Beschreib. m. Z.).

Förderrinnen.

(Schwingrinne, Wurfrinne, Wippe, Förderschwinge, Pendelrinne, Schubrinne, Stoßrinne, Propellerrinne[1], Transportrinne, Schüttelrinne, Schüttelrutsche, Rollrinne. Rollenrutsche.)

Die Förderrinnen gehören hinsichtlich des Prinzipes der Förderung wohl zu den eigenartigsten Transportmitteln. Während alle anderen Arten von Fördervorrichtungen die Fortbewegung des Materials durch eine während des ganzen Bewegungsvorganges dauernd und gleichmäßig wirkende äußere Kraft bewerkstelligen, begnügt sich die Förderrinne mit der summarischen Nutzbarmachung einzelner Kraftimpulse. Die Arbeitsweise der Förderrinnen stellt in deren beiden Hauptausbildungen — den rollenden und den pendelnden Rinnen — im Grunde genommen doch gewissermaßen eine Aneinanderreihung

Fig. 79. Rollrinnenförderer.

sehr vieler und sehr kleiner Band- bzw. Elevatorförderungen dar. Wie bei diesen sind auch dort die Einzelförderungen an sich begründet in der kraftschlüssigen Mitnahme des auf der vorwärtsbewegten Rinne (entsprechend dem umlaufenden Bande) liegenden Gutes bzw. in der zwangläufigen Mitnahme und darauffolgender Ausschüttung des in der angehobenen Rinne (entsprechend dem hochgehenden und auswerfenden Elevatorbecher) lagernden Materiales. Somit verkörpert die Förderrinne gleichsam eine Abweichung von der allgemeinen Tendenz moderner Technik, mehr und mehr die umlaufenden Bewegungen zu bevorzugen, und bedeutet — streng genommen — eine Rückkehr zu den älteren, hin und her gehenden Bewegungsarten.

Wesen der Konstruktion. Ein Schwingrinnenförderer besteht aus einem rinnen- oder trogartigem Behälter, der so gelagert ist, daß er in seiner

---

[1] Diese vielgebrauchte Bezeichnung könnte fälschlicherweise vermuten lassen, daß etwa schrauben- oder schneckenartig wirkende Förderteile — Propeller — vorhanden seien; diese Benennung soll indes nur darauf hindeuten, daß die Förderung durch die Wirkung gerade des Antriebes zustande kommt.

Additional information of this book

(Die Materialbewegung in chemisch-technischen Betrieben;
978-3-662-24049-6; 978-3-662-24049-6_OSFO6) is provided:

http://Extras.Springer.com

Längsrichtung in pendelnde oder in hin und her gehende Bewegung versetzt werden kann. In letzterem Falle erfolgt die Auflagerung der eigentlichen Rinne auf Rollkörper (wie z. B. in Fig. 79, in einer Ausführung von Marcus-Köln), andernfalls in der Regel auf schräggestellte Stützen (Fig. 80, Bauart Kreis-Hamburg, Taf. 9) derart, daß eine Vorwärtsbewegung der Rinne gleichzeitig ein Anheben derselben bedingt.

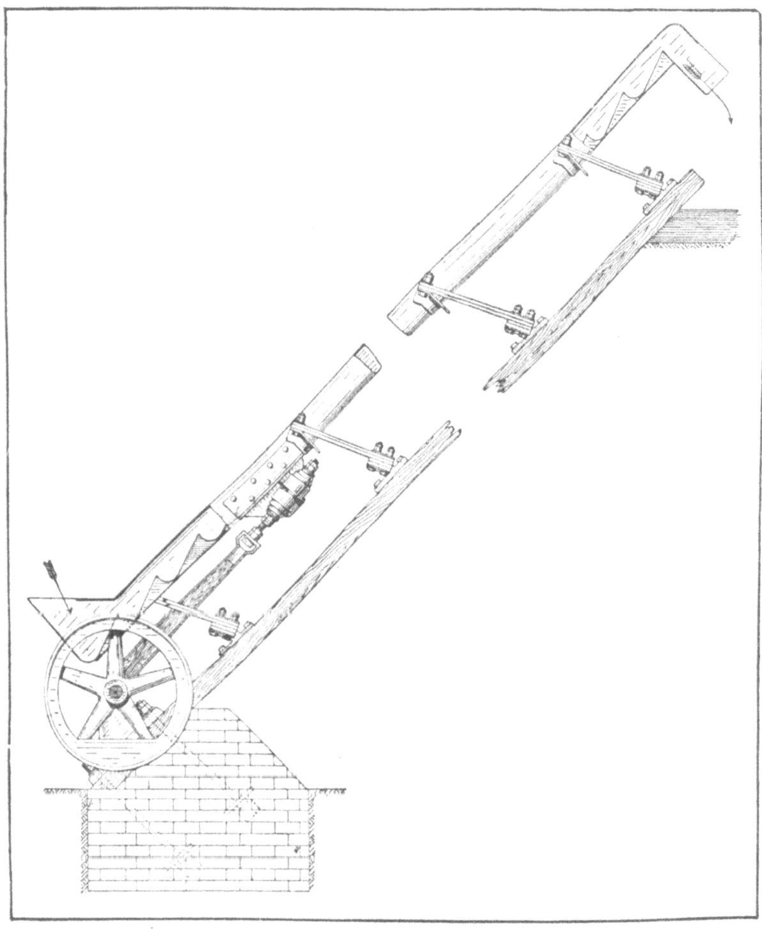

Fig. 81. Förderrinne mit verzahntem Boden für Steilförderung.

Arbeitsweise. Die Förderung kommt bei den wippenden Ausführungen dadurch zustande, daß das in der Rinne liegende Gut durch die in der Förderrichtung schräg nach oben gerichtete Schwingbewegungen der Rinne nach vorwärts geworfen wird; bei den rollenden Bauarten, also bei lediglich in der Längsachse hin und her bewegter Rinne, tritt die Förderung dadurch ein, daß das Material nur die allmählichen Vorwärtsbewegungen der Rinne mitmacht, während es den raschen Rückwärtsbewegungen derselben nicht zu folgen vermag, so daß der Rinnenboden gleichsam unter dem noch nach vorwärts strebenden Fördergut zurückgezogen wird. Durch die Summierung dieser einzelnen kleinen Wurf- bzw. Vorschubbewegungen ergibt sich dann in beiden Fällen die gesamte Förderung. Die Aufgabe des Materials kann durch Aufschütten an beliebiger Stelle der Förderstrecke erfolgen, die Entnahme am Ende der Förderrinne oder auf der Förderstrecke durch verschließbare Bodenöffnungen der Rinne.

Anwendbarkeit. Förderrinnen sind an und für sich zur vorwiegend horizontalen Fortbewegung aller solcher Körper verwendbar, die an dem Rinnenmaterial nicht zu sehr haften, um sich, ohne mechanische Hilfsmittel, bei den jedesmaligen Rückbewegungen der Rinnen von diesen lösen können. Vorzugsweise werden Förderrinnen zur Beförderung kleinststückigen, körnigen oder schwerpulverigen Massengutes benutzt. Die zulässige Steigung des Transportweges hängt davon ab, in welchem Maße das Material selbsttätig zurückrutschen würde. Bei größeren Steigungen kann eine Verzahnung des Rinnenbodens — etwa nach Fig. 81, in der Ausführung von Eugen Kreis-Hamburg — das Förderergebnis wirksam beeinflussen. — Die Anordnung

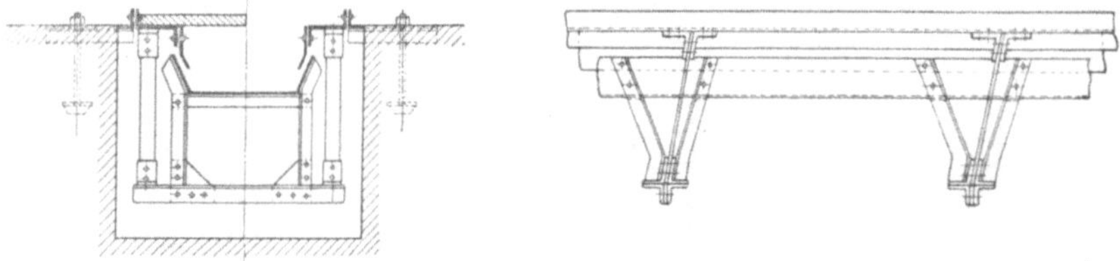

Fig. 82. Förderrinne in hängender Anordnung (im Kanal).

der Rinne kann, je nach der vorhandenen Einbaumöglichkeit, stehend (z. B. Fig. 80) oder hängend (z. B. Fig. 82) erfolgen.

Vorteile. Dadurch, daß die Förderung durch die kurzen Bewegungen des ganzen Materialbehälters selbst erfolgt und bewegliche Innenteile fortfallen, ist an sich eine große Schonung sowohl des Fördermaterials als auch der Transportvorrichtung erreicht. Die geringe Anzahl der bewegten und der Abnützung besonders ausgesetzten Teile gestaltet die Wartung der Anlage einfach und macht ihre Lebensdauer lang. Aus dem vorgenannten Grunde ist auch die Anordnung einer Förderrinne an schlecht zugänglichen Stellen ohne Bedenken ausführbar, die Verlegung an engen Plätzen wird weiterhin begünstigt durch die ziemlich gedrängte Querschnittsdimensionierung. Der offene und von bewegten Konstruktionsteilen freie Rinnentrog läßt, im Verein mit der mäßigen Fördergeschwindigkeit, eine gleichzeitige, leichte Sortierung des Transportgutes zu. Aus den nämlichen Gründen läßt sich mit dem Transport auch eine gründliche Abkühlung heißer Materialien verbinden.

Nachteile. Der stetige Wechsel der Bewegungsrichtung aller Konstruktionsmassen der Fördervorrichtung kann sich bei nicht besonders fester Unterstützung, namentlich des Antriebes, leicht in Lockerung der aufnehmenden Teile und in störender Erschütterung der Umgebung äußern.

Additional information of this book

(Die Materialbewegung in chemisch-technischen Betrieben;
978-3-662-24049-6; 978-3-662-24049-6_OSFO7) is provided:

http://Extras.Springer.com

Einzelheiten. Die fortwährende Richtungsänderung bei der Rinnenbewegung legt es nahe, daß alle von den Massenwirkungen betroffenen Teile außerordentlich stabil und widerstandsfähig gemacht werden, so daß eine vorzeitige Abnutzung oder eine Lockerung des Zusammenbaues nicht zu befürchten ist. Solche Sorgfalt ist zunächst bei der Ausführung der Antriebstelle zu beachten, die zweckdienlich in möglichst starrem, kompaktem Aufbau herzurichten ist. Ferner werden von den Massendrücken natürlich die Verbindungsstellen des Antriebes mit der Rinne und die der Rinnenschüsse untereinander getroffen. Die Solidität der Konstruktion soll weiterhin einen Ausdruck in der Wahl vorzüglichsten Rinnenmaterials finden. Denn obzwar die starke Abnutzung des Rinnenbodens eine reichliche Bemessung der Rinnenwandstärke empfiehlt, so drängt doch andererseits die Rücksicht auf die Geringhaltung der Eigenmassen der bewegten Teile auf möglichst geringe Dimensionierung. Beiden Forderungen wird natürlich ein Rinnenmaterial von bester Qualität am meisten gerecht.

Ausführungsbeispiele.

Ein instruktives Beispiel für die Verwendung von Förderinnen, mit geradliniger Einzelförderbewegung, geben die Fig. 83 bis 88 (Taf. 10). Die Rinnen dienen bei dieser durch die Firma *Hermann Marcus*, Köln ausgeführten Anlage zum Transport von Zementklinkern von den Drehöfen nach den Klinkerschuppen und von hier weiter nach den Mühlen. Die in Fig. 83 in ihrer Gesamtdisposition dargestellte Anlage ist in den folgenden Ansichten 84 bis 88 in den Hauptteilen mit größerem Maßstabe, aber den gleichen Bezugszeichen, wiedergegeben und läßt dabei die Anordnung und Arbeitsweise der Rinnen deutlich erkennen. Aus den Kühlern (K_1 bis K_7) der Drehöfen gelangen die Klinker durch die Meßtrommeln (a) in eine der Förderrinnen (b_1, b_2)[1], die sie zu einem der Elevatoren (c_1 bis c_3) schafft; siehe Fig. 84 bis 86. Die Elevatoren heben darauf die Klinker in einen Behälter, (d in Fig. 85), aus dem diese entweder durch eine Rinne (e) in den ersten Lagerraum oder durch andere Rinnen (f, g, h) in den zweiten oder dritten Lagerraum geschafft werden. Die Entleerung der letzteren wird wiederum durch Transportrinnen (i, l_i, l_2) bewirkt, und zwar durch sog. „Kanalrinnen", d. h. durch in Kanalschächten unter dem Lager verlegten Rinnen, in die das Lagergut an beliebigen Stellen von oben zur selbsttätigen Weiterbeförderung abgezogen werden kann. Diese Kanalrinnen befördern die Klinker vom Lager, unter Zuhilfenahme einer querlaufenden Rinne (l) bis zu dem Einlauftrichter eines Elevators (n_1 bzw. n_2), der sie oben in eine letzte Rinne (p), zu den Mühlen (q) abgibt. Bei der Beschickung der Rinnen aus den Behältern ist besonders zweckmäßig die Verwendung der *Marcus*schen automatischen Ladeschurren, bei denen der regelmäßige Materialzufluß von der Rinnenbewegung abgeleitet wird. Über die Bemessung der Anlage ist hier folgendes erwähnenswert. Die gesamte Jahresproduktion beträgt bei 7 Öfen etwa 2 Millionen Faß Zement, welcher Transportmenge die Rinnen und Ele-

---

[1] Da jede der beiden Rinnen die volle Leistung der Anlage hat, so stellt jede eine Reserve für die andere dar.

vatoren zu genügen haben. Vorgesehen sind dafür im ganzen 13 Rinnen, mit einer totalen Länge von 550 m, zu deren Betrieb durchschnittlich 30 bis 40 PS erforderlich sind, entsprechend einer Durchschnittsleistung von rd. 400 mt pro 1 PS. Die drei Lagerräume fassen zusammen 30 000 cbm oder etwa 250 000 Faß Zementklinker und werden umschichtig einer gefüllt, ein anderer entleert. Die Materialbewegung geschieht nach der vorgeschriebenen Art vollständig mechanisch; außer einem Arbeiter, der im Klinkerschuppen den Ablauf in die Kanalrinnen beaufsichtigt, ist keine Bedienung erforderlich.

Eine für die Entladung von Silos in Fahrzeuge sich eignende Anordnung von Transportrinnen zeigt Fig. 89. Die hier — wie meistenteils — als einfachst gewählte Aufstellung der Beladerinnen macht naturgemäß ein häufiges Verschieben der Waggons bzw. des ganzen Zuges nötig. Aus diesem Grunde kann für ähnliche Zwecke eine Fahrbarmachung der Rinne dort Vorteile bieten, wo

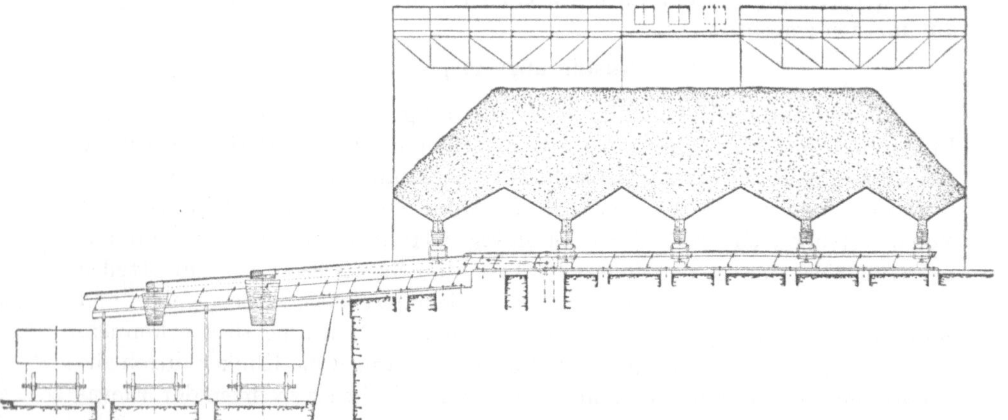

Fig. 89. Siloentladung und Waggonbeladung durch Schwingrinnen.

einesteils die Örtlichkeit einer Querverschiebung der Rinne nicht hinderlich ist und wo anderenteils eine Beladung der Rinne in wechselnden Lagen durchführbar ist. Ausführungen solcher Art sind in den Fig. 90 bis 94 wiedergegeben. Sie lassen gleichzeitig erkennen, in welcher Weise die Ein- und Ausläufe (Ableitungen) der Rinnen den besonderen Beladeverhältnissen bzw. der Behandlung des Fördergutes konstruktiv angepaßt werden können. Ein Beispiel für den umgekehrten Vorgang, für die Entladung von Eisenbahnwagen, bietet die Fig 95. Es ist eine längs des Zufuhrgleises der Eisenbahn fahrbare Förderrinne, die das angerollte Gut — Kartoffeln — in die Schwemme schafft. Die Rinne ist für diesen Sonderzweck auch mit einem Siebboden ausgestattet, der die Unreinigkeiten gut durchfallen läßt, denn der den Kartoffeln anhaftende Schmutz wird bei der lebhaften Bewegung der Rinne leicht und gründlich gelöst. Der aus der Verwendung solcher Rinnen im Vergleich zur Waggonentleerung durch Hand erzielbare Nutzen ist nicht unerheblich. Außer der Ersparnis an Arbeitslohn, die mit 50 bis 75 Proz. angegeben wird, und solcher an Wagenstandgeld kommt dabei als besonders schätzenswert zunächst die

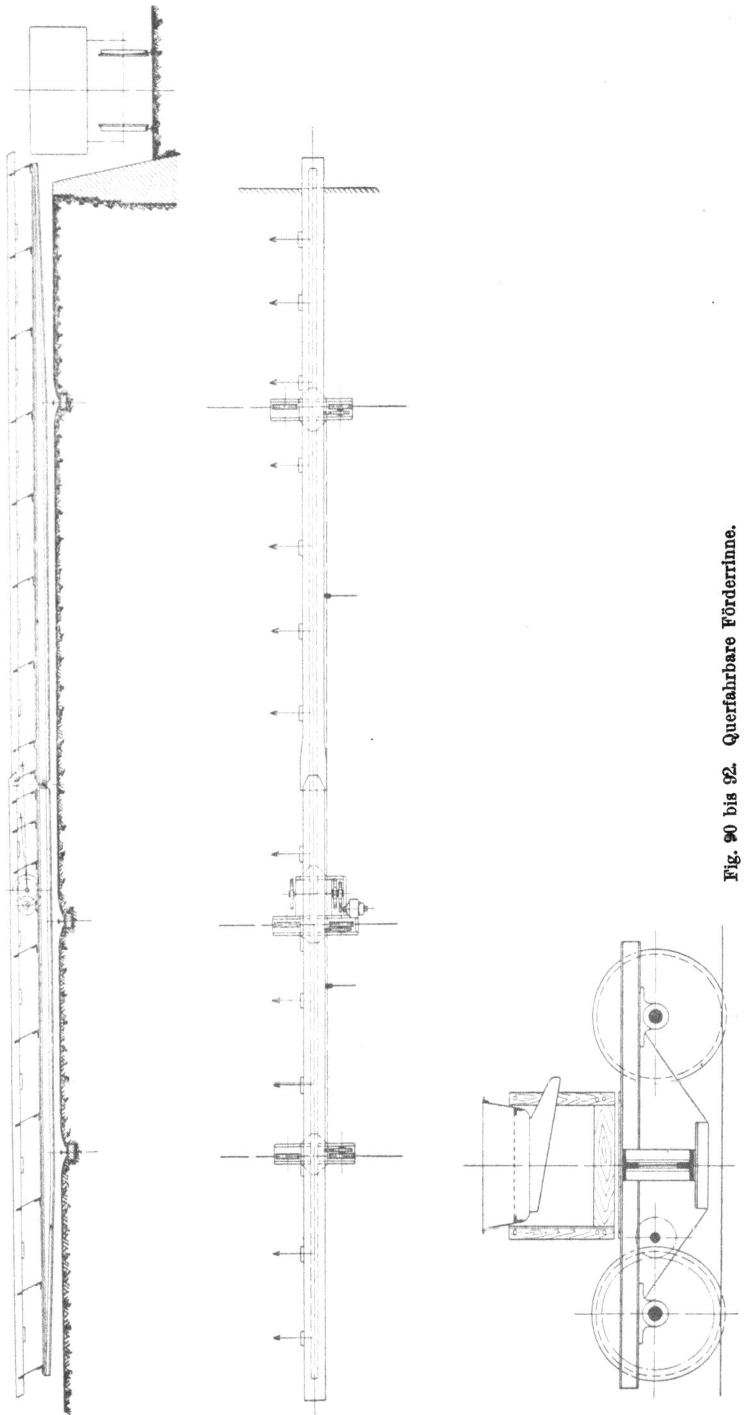

Fig. 90 bis 92. Querfahrbare Förderrinne.

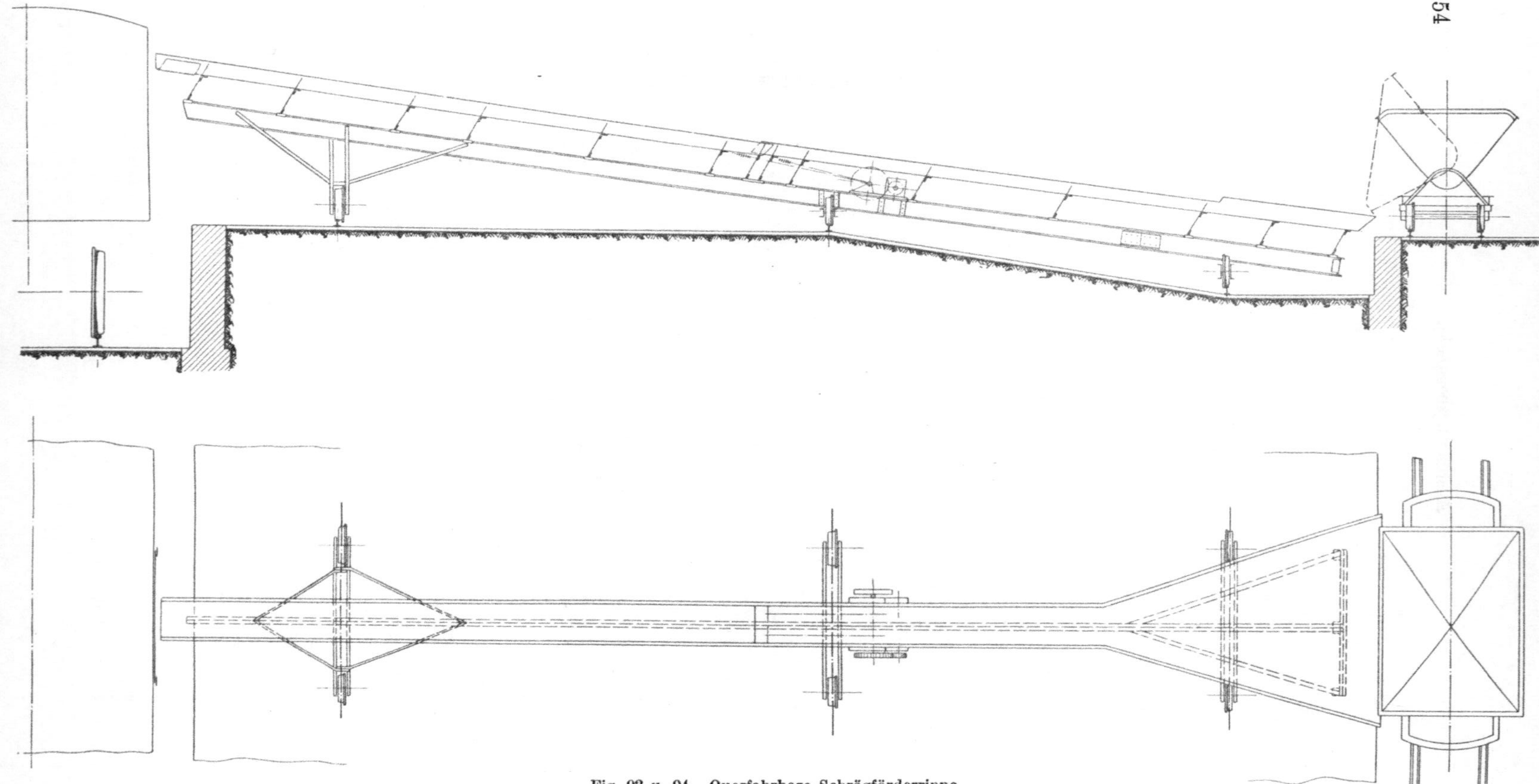

Fig. 93 u. 94. Querfahrbare Schrägförderrinne.

vollständige Ausscheidung der Unreinigkeiten, welche mit dem Wagen wieder zurückgenommen, also nicht als Kartoffel bezahlt werden brauchen und ferner auch die entsprechend geringere Verunreinigung der Schwemme in Betracht. Der Kraftbedarf der gezeichneten Ausführung beträgt etwa 2 PS. Die Anlage ist von der Firma Amandus Strenge in Hamburg gebaut.

Während die zuletzt behandelten Rinnen durch ihre Querfahrbarkeit an eine besondere Schienenanlage gebunden waren, besitzen die in Fig. 96 bis 98 veranschaulichten Bauarten transportabler Rinnen mit Längsfahrbewegung eine ungleich größere Anpassungs- und Manöverierfähigkeit. Nach Ausrückung der Laufrollen können die feststehenden Rinnen, die in beliebiger Weise mit Sieb- oder Sortiervor-

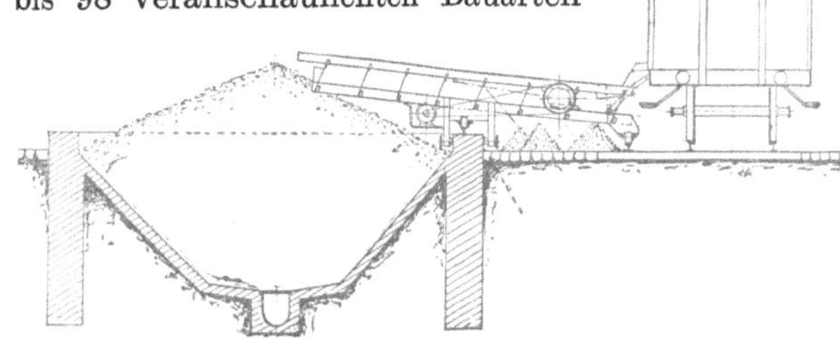

Fig. 95. Gleisfahrbare Förderrinne zur Entladung von Kartoffeln aus Eisenbahnwagen in Schwemmkanäle.

richtungen zu versehen sind, mit Vorteil zum Klassieren und Verladen der verschiedensten Materialien an beliebigen Plätzen verwendet werden. Dabei ist es möglich, durch Aneinandersetzen mehrerer Einzelrinnen dem Förderweg einen beliebigen Verlauf zu geben, was z. B. beim Transport durch verschiedene Lagerräume, um Türen oder Säulen herum, der Fall sein muß.

Für die weitreichende Beschüttung von Lagerplätzen durch Förderrinnen, gewissermaßen als Ersatz der meist üblichen kranartigen Verladebrücken mit Laufkatze oder Drehkran, bietet die in der Fig. 99 bis 103 (Taf. 11)

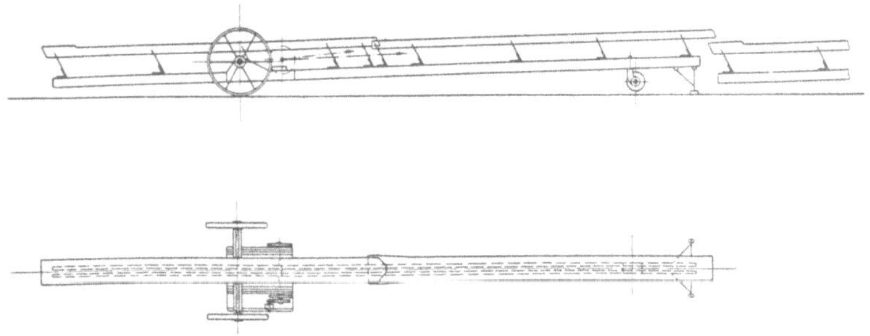

Fig. 96 u. 97. Freifahrbare Förderrinne.

dargestellte Ausführung ein bemerkenswertes Beispiel. Die Anlage, die der Verteilung von in Eisenbahnwagen ankommenden Kohlen über ein etwa 400 m langes und 20 m breites Lager dient, besitzt außer der horizontalen Verteilungsrinne noch ein vertikal förderndes Becherwerk, das der Rinne das Verteilungsgut zuführt; beide in einem verfahrbaren Bockgerüst befestigt, so daß jede Stelle des Stapelplatzes bedient werden kann. Die Arbeitsweise ist folgende: Aus den ankommenden Waggons wird die Kohle durch Öffnen der Wagentüren zunächst in den Einlauftrichter des am vorderen Stützfuß der Brücke ange-

bauten Elevators fallen gelassen. Dieser hebt die Kohlen in die eigentliche
Verteilvorrichtung, eben jene sich in der Längsrichtung des Brückenträgers
erstreckende Förderrinne. Von hier aus kann die Kohle dann an beliebiger
Stelle des Lagerplatzes durch im Boden der Rinne angeordnete Schieber entladen oder auch bis an das rückwärtige Brückenende befördert und dort
mittels einer Rutsche in besondere Kleinspurwagen abgelassen werden.
Die Rinne — nach dem lediglich axial bewegten Rollsystem ausgeführt —
besteht bei 400 mm Bodenbreite und 200 mm Höhe aus 3 mm starkem Blech;
ihre Bewegung wird, gleichzeitig mit der des Becherwerks, von einem in der
vorderen Brückenstütze angeordneten Vorgelege abgeleitet, das durch einen

Fig. 98.   Freifahrbare Förderrinne.

6-PS-Motor angetrieben wird. Die Leistung der Anlage hängt begreiflicherweise wesentlich von dem Maße ab, in dem ihr das Material zugeführt wird.
Beim Entladen der Eisenbahnwagen von Hand kann ein Arbeiter dann, wenn
er die Kohle über die Seitenwand der Wagen schaufeln muß, nur 5 bis 6 t
stündlich entleeren, je nach der Art der Kohle. Wenn dagegen das Material
durch Öffnen der Wagentür bloß auf Bodenhöhe herauszuschieben ist, steigt
die Leistung leicht um das Doppelte bis Dreifache dieses Wertes, so daß im
vorliegenden Fall mit zwei Arbeitern etwa 25 bis 30 t und noch mehr Kohlen
in den Elevatortrichter entleert werden können. Für solche Leistungen sind
dann auch das Becherwerk und die Förderrinne bemessen. — Der Gesamt-
entwurf für die Anlage, die bei der Maschineninspektion Kempten für den genannten Zweck in Betrieb ist, eine sinngemäße Anwendung natürlich auch
für die Stapelung anderen Lagergutes zuläßt, rührt von der Firma *Hermann
Marcus* in Köln her.

Additional information of this book

(Die Materialbewegung in chemisch-technischen Betrieben;

978-3-662-24049-6; 978-3-662-24049-6_OSFO8) is provided:

http://Extras.Springer.com

Die in der sehr gedrungenen Konstruktion, in der einfachen und schnellen Verlegungsmöglichkeit, in der verhältnismäßig geräuschlosen Arbeitsweise u. a. m. begründeten Vorteile der Förderrinnen haben diesen auch im Bergbau eine zunehmende Einführung verschafft. Insbesondere sind es die hier als „Rollenrutschen" (Schüttelrutschen) bezeichneten Sonderbauarten von Förderrinnen, mit kombinierter Roll- und Hubbewegung (Fig. 104 bis 107, Taf. 12), die die erwähnten Vorzüge in hervorragendem Maße aufweisen und deshalb heute in erster Linie gewählt werden. Gerade sie genügen den eigenartigen und hohen Anforderungen, die der Bergbaubetrieb zunächst aus Gründen der Sicherheit, aber auch aus wirtschaftlichen Rücksichten stellen muß, besser als alle anderen Transportmittel, die seither für den maschinellen Abbau benutzt wurden, wie Bänder, Kratzer oder dgl. Ihre sehr niedrige Bauhöhe ermöglicht ihre Verwendung in sehr schmalen Flözen von $\frac{1}{2}$ m und noch weniger Breite; ihre Zusammensetzung aus einzelnen Schüssen gestattet ein sehr leichtes Auseinandernehmen der ganzen Rinne, was deshalb von besonderem Wert ist, weil die Rutschenanlage ja täglich, mit vorschreitendem Abbau öfter, versetzt werden muß; ihre durch sanftes Abwälzen auf Scheibenrändern erfolgende Bewegung ergibt im Verein mit dem vorgeleglosen Antrieb durch Druckluftmotor eine nur wenig geräuschvolle Arbeitsweise, ein Umstand, der für die Sicherheit der Arbeiter besonders erwünscht ist. Unterschiedlich gegen die Ausbildung der gewöhnlichen Förderinnen, wie sie für den Materialtransport über Tag nach dem früher Gesagten gewählt wird, ist bei den Rutschenanlagen für Abbaubetriebe besonders noch der Antrieb. Während dort die Arbeitsbewegung der Rinne in der auch bei sonstigen modernen Transportvorrichtungen üblichen Weise von einem Elektromotor mittels Vorgelege oder von einer Transmission abgeleitet wird, hat hier der Druckluftantrieb die Vorherrschaft gewonnen, und zwar hauptsächlich aus Gründen der betrieblichen Sicherheit. Zunächst ist durch Verwendung von Druckluft, selbst bei schlagwetterreichsten Gruben, keinerlei Explosionsgefahr vorhanden, es wird im Gegenteil sogar durch die aus dem Motor austretende verbrauchte Druckluft die Luft vor Ort verbessert. Bei elektrischem Antrieb dagegen, der für den maschinellen Rutschenantrieb ja überhaupt nur noch praktisch in Betracht käme, ist solche Gefahr nicht nur wegen der Funkenbildung am Motor mit Anlasser zu befürchten, sondern es ist bei weitverzweigten und komplizierten Grubenbetrieben auch die Gefahr der Entstehung von Kurzschluß in den Leitungen infolge Gebirgsdruckes oder dgl. sehr groß. Sodann spielt, wie gesagt, die Versetzmöglichkeit der ganzen Anlage eine gewichtige Rolle. Der Luftmotor ist auch in dieser Beziehung besonders geeignet. Wiegt beispielsweise ein mittlerer Luftmotor etwa 300 kg, so wiegt eine elektrische Antriebsmaschine für die gleiche Leistung etwa siebenmal soviel; außerdem ist sie in ihren äußeren Abmessungen so groß, daß sie in dünnen Flözen überhaupt nicht untergebracht werden kann. Auch hinsichtlich der Betriebsfähigkeit ist die pneumatische Maschine der elektrischen hier überlegen. Der Luftmotor ist unempfindlich gegen Staub und in weitgehendem Maße auch gegen äußere Einwirkungen durch hereinbrechende Gebirgsmassen. Es kommt vor, daß ein solcher Motor ganz verschüttet wird und einfach nach Beseitigung des hereingebrochenen Materiales ohne weiteres wieder in Betrieb zu setzen ist; bei Elektromotoren dürfte dies wohl nicht so leicht gelingen. In gleicher Weise erscheint auch die Wartung des Luftmotors einfacher, die von jedem Bergmann besorgt werden kann, wohingegen die elektrische Maschine wenigstens von Zeit zu Zeit von einem Elektromonteur nachzusehen ist. Mit Bezug auf die Kosten endlich liegen die Verhältnisse gleichfalls günstiger für den Luftmotor, soweit die Anschaffung in Betracht kommt, ein Moment, das bei größeren Gruben immerhin für die Wahl mitsprechen kann. Nimmt man z. B. eine Grube an, die 50 Rutschen nötig hat, so würden die Anschaffungskosten für Druckluftmotoren etwa 30000 bis 35000 M. betragen, für elektrische Maschinen aber ungefähr das Fünffache, von den u. U. recht beträchtlichen Kosten für die Kabel ganz abgesehen. Zweifellos im Vorteil ist der elektrische Antrieb dagegen durch die größere Wirtschaftlichkeit seines Betriebes, doch ist diese Tatsache angesichts der Vorzüge des Druckluftantriebes gerade für die eigenartigen unterirdischen Grubenverhältnisse nicht ausschlaggebend. Die in den Fig. 104 bzw. 106 dargestellten Anlagen sind Ausführungen der Spezialfirmen Eickhoff-Bochum bzw. Hinselmann-Essen.

Aus der Patentliteratur über Förderrinnen:

1908.

Nr. 194 282. (*Hermann Marcus*, Köln.) Förderrinne, deren Trog aus einer Reihe von Blechschüssen gebildet ist, d. g., daß die einzelnen Blechschüsse in einem mit dem Antrieb in Verbindung stehenden Gestell befestigt sind.

Nr. 203 879. (*Paul Töniges*, Berlin.) Fördereinrichtung, insbesondere zur Beförderung von Abbaugut aus niedrigen Flözen, bei welcher das Fördergut von Ort zu Ort in einer doppelspurigen Förderrinne, deren Trümer in derselben Ebene liegen, weiter geschoben wird, die an einem über die Führungsscheiben geführten Zugorgan befestigt sind, d. g., daß die Mitnehmer an den Austrittsstellen der Förderrinne um ihren Befestigungspunkt am Zugorgan in ihrer Ebene gedreht und an den Einlaufstellen der letzteren aufgereiht werden.

Nr. 197 925. (*Herbert Litton Svardet*, London.) Fördervorrichtung, bestehend aus einer drehbaren, geschlossenen, mit schrägen Führungsflächen ausgerüsteten Rinne von rechteckigem Querschnitt, d. g., daß die an zwei Gegenseiten des Rechteckes auf jeder Seite untereinander parallel aber in gekreuzter Richtung zu den Flächen der anderen Gegenseite verlaufenden Führungsflächen sich von der Ober- bis zur Unterseite der Rinne erstrecken und die halbe Breite der Rinne einnehmen, so daß in der Rinne kein freier, unwirksamer Raum verbleibt.

Nr. 199 136. (*Eugen Kreiss*, Hamburg.) Schwingeförderrinne mit federnden Stütz- und Hängestäben, d. g. daß die Stäbe aus zwei nur an den Aufhänge- oder Stützpunkten vereinigten, sonst aber getrennten Lagen bestehen, von denen die eine am Ende mit der Rinne verbunden ist, während die andere frei ausläuft.

1909.

Nr. 210 320. (*August Neufang* in Camphausen b. Saarbrücken.) Aus einer Reihe dicht miteinander verbundener Teile gebildete Förderrinne, d. g., daß in zwei voneinander entferntere Rinnenteile, und zwar zweckmäßig der erste und der letzte, durch eine oder mehrere Verspannungselemente eine Nachspannvorrichtung eingeschaltet ist, um einerseits die Verspannungselemente stets schnell nachspannen und andererseits sie schnell von der Rinne lösen zu können.

1910.

Nr. 218 609. (*Berlin-Anhaltische Maschinenbau A.-G.*, Berlin.) Förderrinne für glühende Stoffe, insbesondere Koks, mit auf Kipplagern, Rollen oder dgl. ruhendem Boden, d. g., daß der Oberteil der Seitenwände der Rinne eine Anzahl von Querschlitzen besitzt, die ein ungehindertes Ausdehnen und Zusammenziehen des oberen Teiles der Seitenwände gestatten.

Nr. 218 182. (*Anna Mathes geb. Steinberg*, Hamburg-Barmbeck.) Förderrinne, d. g., daß die Rinne in einer Flüssigkeit, z. B. Wasser, schwimmt und durch entsprechende Vorrichtungen — z. B. Gewichte oder Rollen — so tief in die Flüssigkeit eingetaucht gehalten wird, als sie bei maximaler Belastung durch das Fördergut einsinken würde, während die Gewichte oder Rollen am weiteren Sinken von ihrer Anfangsstellung aus in geeigneter Weise verhindert sind.

Nr. 226 082. (*Grohmann & Frosch*, Leipzig-Plagwitz.) Einrichtung zur Veränderung der wirksamen Abmessungen von Brikettförderrinnen, d. g., daß der Rinnenquerschnitt den Abmessungen der Briketts entsprechend in der Breite oder der Höhe oder in beiden zugleich durch verstellbare Führungsschienen veränderlich gemacht ist.

1911.

Nr. 240 977. (*Amme, Gieseke & Konegen*, Braunschweig.) Förderrinne mit hin und her gehender Bewegung, d. g., daß die Rinne mit durch ein Triebwerk hin und her bewegten Teilen durch Pendel verbunden ist.

1912.

Nr. 244 256. (*Bertram Norton* in Hagley, Stourbridge, England.) Fördervorrichtung, bei welcher das Fördergut einer eine hin und her gehende Bewegung erhaltenden Rinne zugeführt wird, d. g., daß die hin und her gehende Bewegung der Rinne mit der Vergrößerung ihres Neigungswinkels abnimmt und mit der Verkleinerung des Neigungswinkels zunimmt, so daß die Rinne in jeder Lage die gleiche oder annähernd gleiche Menge Fördergut befördert.

Nr. 244 952. (*H. Flottmann*, Herne.) Förderrinne, d. g., daß der bekannte, das Zusammenhalten der Rinnenschüsse bewirkende, als Tragvorrichtung für die Kettenaufhängung dienende Teil mit einer Lauffläche verbunden ist, welche die Walzbahn von Rollenkörpern für die Rutsche bildet, zu dem Zweck, die Rutsche sowohl als Pendelrutsche wie auch als Rollenrutsche zu verwenden.

Nr. 253 280. (*Bertram Norton* in Hagley, Stourbridge, England.) Aus zwei in derselben Ebene und Richtung transportierenden Rinnen bestehende Förderrinne, d. g., daß die die beiden Rinnen tragenden Schwingarme durch eine die Verlängerung eines Schwingarmes der einen Rinne mit einem Schwingarm der zweiten Rinne oder dessen Verlängerung verbindende Gelenkstange in eine solche Bewegungsabhängigkeit gebracht sind, daß die beiden Rinnen sich in jeder Lage das Geichgewicht halten.

Nr. 254 245. (*Eugen Kreiss*, Hamburg.) Förderrinne, d. g., daß die Rinne mit wagerechten, quer zur Längsrichtung der Rinne fest angeordneten Federstäben verbunden ist.

1913.

Nr. 258 734. (*H. Flottmann*, Herne.) Förderrinnenantrieb, d. g., daß der Motor fest mit der Rinne verbunden ist und ihre Bewegungen mitmacht, während sich die Kolbenstange mittel- oder unmittelbar gegen ein ortsfestes Widerlager abstützt.

Nr. 258 971. (*Eisenwerk [vorm. Nagel & Kaemp]*, Hamburg.) Bunkerverschluß und Schüttelrinne mit elektrischem Antrieb, d. g., daß der Bunkerverschluß und die Rinne durch ein Getriebe bewegt werden, das nach dem Sinken der Schüttelrinne durch selbsttätige Umsteuerung unmittelbar anschließend das Öffnen des Verschlusses und unmittelbar anschließend das Heben der Schüttelrinne bewirkt.

Nr. 260 980. (*H. Flottmann & Co.*, Herne.) Förderrinnenantrieb mit zweiseitig wirkenden Motoren, gekennzeichnet durch zwei zwischen Rinne und Kolben liegende, entgegengesetzt gerichtete Antriebsgestänge, die durch ein Polster (Feder, Luftpuffer) so gegen die Rinne gespannt werden, daß beim Richtungswechsel des Arbeitskolbens kein Druckwechsel in den Verbindungslagern der Gestänge stattfindet.

Nr. 264 239. (*Gebr. Eickhoff*, Bochum.) Vorrichtung zur Förderung von Massengütern in mit rotierendem Motor betriebenen Rollrinnen, d. g., daß die jeweilige Neigung der Wälzbahnen für die Rollkörper der Förderrinne so bemessen ist, daß im Gestänge der Antriebsvorrichtung nur Kräfte von ständig gleicher Richtung auftreten.

Nr. 267 435. (*Serv. Peisen*, Mariadorf.) Mit exzentrisch gelagerten oder exzentrischen Laufrollen versehene Schüttelrutsche, d. g., daß an der Rutsche Hemmschuhe angebracht sind, die beim Aufwärtsgang der Rutsche sich von den Rollen abheben, dagegen nach einem gewissen Abwärtsgang der Rutsche sich auf die Rollen aufsetzen und dadurch die Schüttelrutsche bremsen.

Nr. 267 966. (*H. Flottmann & Co.*, Herne.) Rollrinne mit an den Seitenwangen befestigten Wälzbahnträgern, gekennzeichnet durch muschelartig geformte Stützkörper, welche die Wälzbahn abdecken und eine die Achszapfen aufnehmende Nut bilden, so daß Radsatz und Rinne zusammengehalten werden.

Aus der Zeitschriftenliteratur über Förderrinnen:

Marcus: Über Transporteinrichtungen. Tonindustrie-Ztg. 1908, Nr. 96 (Beschreib. m. Ph.).

Kegel: Die Einwirkung der mechanischen Abbauförderung auf den Abbau von Steinkohlenflözen. Bergbau 1910, Nr. 8 (Beschreib. u. Wirtschaftl. o. Abb.).

Stephan: Die Massentransportvorrichtungen auf der Brüsseler Weltausstellung. Fördertechnik 1911, Heft 1, S. 1 (Beschreib.)

Lindner: Förderrinnen. Fördertechnik 1912, Heft 2, S. 31—34, Heft 4, S. 73—78 (Berechn. m. Z.).

Recktenwald: Unterirdische Förderung beim Steinkohlenbergbau. Fördertechnik 1913, Heft 8, S. 183—185.

Marcus: Die schwingende Transportrinne. Kohle u. Erz 1914, S. 111—114 (Beschreib. o. Abb.).

Liwehr: Untersuchungen zur Ermittelung der günstigsten Förderrinnenkonstruktion für den Grubenbetrieb. Fördertechnik 1914.

Schaukelbecherwerke.

(Conveyor, Planconveyor, Kurvenconveyor, Spiralconveyor, Becherwerk, raumbewegliches Becherwerk, Becherförderer, Becherketten bzw. -kabel.)[1]

Ein echtes Kind der Neuzeit, trägt der Conveyor — in seiner vollkommensten Form — alle Spuren der modernen Bestrebungen auf fördertechnischem Gebiet: er ist leistungsfähig, er arbeitet wirtschaftlich, er ist — last not least — anpassungsfähig an die jeweils gegebenen örtlichen Verhältnisse. Eine grundsätzliche Beschränkung findet seine Anwendbarkeit als Transportmittel eigentlich nur durch die Art des Fördermaterials als Massengut. Praktisch sind dem Conveyor allerdings oft noch Grenzen gezogen durch die im Verhältnis der Länge des Förderweges wachsenden Anlagekosten; auch können die seinen Verlauf untrennbar begleitenden Führungskonstruktionen seiner Wahl

---

[1] Die Bezeichnung „Conveyor" ist die weitaus häufigste; sie weist auf das Ursprungsland dieses Fördermittels, die Vereinigten Staaten von Nordamerika, hin, aus dem es erst zu Beginn dieses Jahrhunderts zu uns gelangt ist.

mitunter hinderlich sein. Die Entwicklung des Conveyors ist die bei modernen Fördereinrichtungen nicht ungewöhnliche: geboren in Amerika, ausgebildet in Deutschland. Die Technik der Materialbewegungen bietet heute ja schon eine ganze Reihe von Beispielen für einen solchen Werdegang ihrer Erzeugnisse. Erinnert sei nur an die vielerlei Spezialkrane der Hütten und Werften, an die Baggereinrichtungen, an die magnetischen Hebevorrichtungen u. a. Wenn heute eine Conveyoranlage auch den in Deutschland gewohnten scharfen Anforderungen an mit Wirtschaftlichkeit und Leistungsfähigkeit verbundener Betriebssicherheit und Dauerhaftigkeit entspricht, so ist das zweifellos ein Verdienst deutscher Firmen (wie *Conveyor-Baugesellschaft*, Berlin, *Schenck*, Darmstadt u. a. m.), die das gute Prinzip des Conveyors in die beste Form zu bringen verstanden haben.

Wesen der Konstruktion. Ein Schaukelbecherförderer besteht im wesentlichen aus einem im beliebigen Verlauf geschlossen in sich zurückgeführten Zugorgan, in das becherartige Gefäße oberhalb ihres Schwerpunktes pendelnd eingehängt sind. Hierdurch stellen sich die Fördergefäße, unabhängig von der jeweiligen Richtung des Zugorganes, selbsttätig stets in die zur Mitnahme des Materiales erforderliche wagerechte Lage ein.

Arbeitsweise. Die Förderung tritt dadurch ein, daß das an beliebiger Stelle des stetig umlaufenden Becherwerkes — meist in einem horizontalen Lauf — aufgegebene Gut durch die Becher so weit mitgenommen wird, bis diese an der gewünschten Stelle mittels eines Anschlages, einer Auflaufschiene oder dgl., gekippt und entleert werden.

Anwendbarkeit. Conveyor sind wegen der engbegrenzten Form der Fördergefäße — insbesondere bei an durchgehenden Achsen aufgehängten Bechern — im allgemeinen auf den Transport von Sammelgütern beschränkt. Bei diesen sind sie allerdings universell anwendbar, sowohl hinsichtlich der Eigenart des Fördergutes (seiner Empfindlichkeit, seiner Temperatur u. dgl.) als auch hinsichtlich der Anordnung des Förderverlaufes.

Vorteile. Außer der bei kurzer Aufeinanderfolge der Becher nahezu pausenlosen Förderung bzw. hohen Leistungsfähigkeit ist der wesentlichste Vorteil der Conveyor — wenigstens in ihrer vollkommensten Form als sog. raumbewegliche Schaukelbecherwerke — die schier unbeschränkte räumliche Anpassungsfähigkeit. Die Bewegungsfreiheit des die Becher verbindenden Zugorganes in mehrfacher Richtung — dasselbe ist mit Gelenken versehen, die nicht nur eine Horizontal- und Vertikalablenkung gestatten, sondern auch noch eine Torsionsbewegung um die Längsachse des Förderstranges —, diese allseitige Beweglichkeit gestattet einerseits eine jederzeitige Ablenkung des Förderstranges in beliebiger Richtung, während andererseits die geringe querschnittliche Rauminanspruchnahme des Becherwerks dessen Einbau selbst in sehr beengter Umgebung zuläßt. Infolge dieser vorzüglichen Anpaßbarkeit an selbst komplizierte örtliche Verhältnisse kann ein Conveyor mitunter einen Materialtransport vollbringen, zu dem sonst eine Kombination mehrerer ineinander arbeitender Transportmittel mit einheitlicher Förderrichtung notwendig sein würde. Deshalb bietet in derartigen Fällen die Verwendung eines Conveyors für solche Materialien besondere Vorteile, die — wie z. B. Koks — durch die mehrmalige Überladung von einem aufs andere Fördermittel leiden würden. Einen weiteren Vorzug der Conveyor bildet die Möglichkeit, an jeder Stelle des Laufes beladen und entleert werden zu können. Endlich ist durch den bei sorgfältiger Ausführung und Wartung möglichen Ausschluß gleitender Reibung ein nur geringer Kraftbedarf zu erzielen.

Nachteile. Die sehr vielen relativbeweglichen Teile (an den Kettengelenkstellen, den Rollen- bzw. Becherlagerungen) erfordern eine sorgfältige Instandhaltung und können andernfalls zu Mißständen im Betriebe leicht Anlaß geben. Unter Umständen kann auch der durch den nicht sehr einfachen Bau begründete verhältnismäßig hohe Anschaffungspreis den sonstigen Vorzügen gegenüber als hindernder Nachteil ins Gewicht fallen.

Einzelheiten. Vor allem ist die einwandfreie Ausbildung des Zugmittels und weiterhin die zweckmäßige Befestigung der Becher daran Erfordernis für ein gutes Funktionieren der Anlage. Von den Ausführungsarten: doppeltes Zugorgan mit zwischen beiden eingehängten Bechern und einfaches Zugorgan mit in dessen Längsachse eingeschalteten Bechern, ist letztere vorzuziehen. Denn bei dem beiderseitigen Angriff zweier Zugmittel kann durch ungleichmäßige Längung derselben leicht ein Sichschiefstellen, ein „Ecken" der Becher eintreten, was einen unnötig großen Kraftbedarf und vorzeitige Abnutzung der betroffenen Teile zur Folge hat. Bei den Abbiegungen des Becherstranges, in senkrechter wie in wagrechter Richtung, ist eine besondere, zweckmäßige Führung desselben vorzusehen, um ein Abheben der Becherlaufrollen von den Fahrschienen bzw. ein Anwachsen der Spurkranzreibung zu verhindern. In beiden Fällen geschieht dies wirksam durch geeignete Anbringung von Hilfsschienen, die den resultierenden Zentripetalzug aufnehmen, und zwar bei vertikalen Kurven mittels der Laufräder selbst, bei horizontalen Kurven dagegen mittels besonderer Horizontalrollen (siehe Figur 114).

In Anbetracht der zahlreichen Bewegungselemente, namentlich der sich ständig — auch in geradem Lauf — drehenden Stützrollen der Becher, spielt eine gute Schmierung der Reibungsflächen beim Conveyor eine besonders einflußreiche Rolle. Es ist ohne weiteres einzusehen, daß gerade wegen der außerordentlichen Vielheit der Schmierstellen die automatische Schmierung hier besonders am Platze ist; denn die Handschmierung wird, sofern sie nur einigermaßen zuverlässig und gleichmäßig sein soll, der Anzahl der Schmierstellen entsprechend mühsam, zeitraubend und kostspielig sein müssen.

Ausführungsbeispiele.

Ein typisches Beispiel für die fast unbegrenzte Anpassungsfähigkeit und die gesteigerte Ausnutzbarkeit von Conveyors geben die Fig. 108 bis 110 (Taf. 13) ab. Die Anlage — von der *Berliner Conveyor-Baugesellschaft* an die Gewerkschaft Kaiserode geliefert — ist zur automatischen Bedienung eines großen Kesselhauses bestimmt; sie dient in erster Linie dazu, die in einiger Entfernung von letzterem angefahrenen Stein- und Braunkohlenbriketts aufzunehmen und

Additional information of this book

(Die Materialbewegung in chemisch-technischen Betrieben; 978-3-662-24049-6; 978-3-662-24049-6_OSFO9) is provided:

http://Extras.Springer.com

in die Bunker über den Kesseln zu schaffen, weiterhin aber auch dazu, die abfallende Asche nach dem gleichfalls hochgelegenen Sammelbehälter zu bringen. Der durch die Örtlichkeit gegebene Verlauf des Conveyors bildet

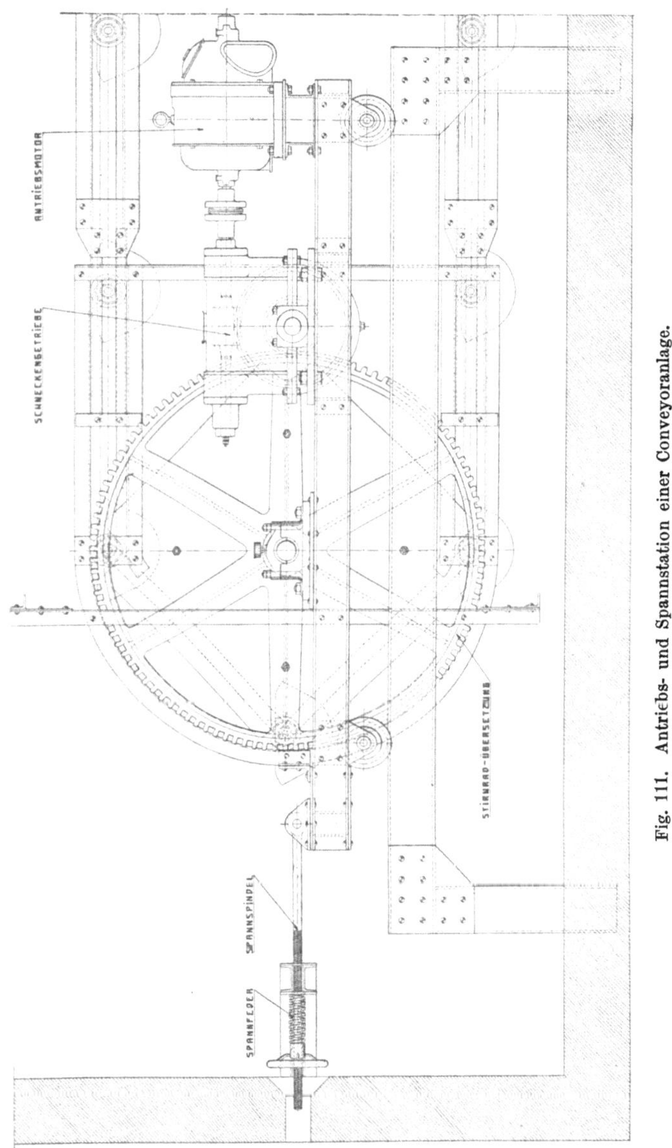

Fig. 111. Antriebs- und Spannstation einer Conveyoranlage.

bei mehrmaligen Ablenkungen einen Strang von rd. 150 m Gesamtlänge, während die zu überwindende Höhe etwa 19 m beträgt. Trotzdem stellt sich der Kraftbedarf der für eine Leistung von 25 t bemessenen Anlage mit 5 bis 6 PS außerordentlich niedrig. Der Grund dafür liegt zweifellos in der zweckmäßigen konstruktiven Ausbildung der Anlage, mit deren Hilfe allein eine solche Verminderung der Betriebskosten zu erreichen ist. Und zwar außer in bezug auf den Kraftaufwand auch in bezug auf die Wartung und Bedienung. Die ganze Anlage wird nämlich nur von einem Mann bedient bzw. überwacht, die Kohlen- sowie die Aschenförderung. Die Höhe der Ersparnisse an Löhnen wird besonders verdeutlicht, wenn man bedenkt, daß für die Aschenabfuhr und -hinaufbeförderung allein einige Mann erforderlich wären, der Transport der Kohlenmengen in das obere Stockwerk durch selbst zahlreiche Hände aber überhaupt fast undurchführbar wäre.

Die wichtigsten und auf das günstige Arbeiten der Anlage meisteinwirkenden Teile sind teils in den Dispositionszeichnungen erkennbar, teils in den folgenden Abbildungen (Fig. 111 bis 114) verdeutlicht. Soweit sie hiernach und mit Unterstützung des bereits früher Gesagten noch nicht ohne

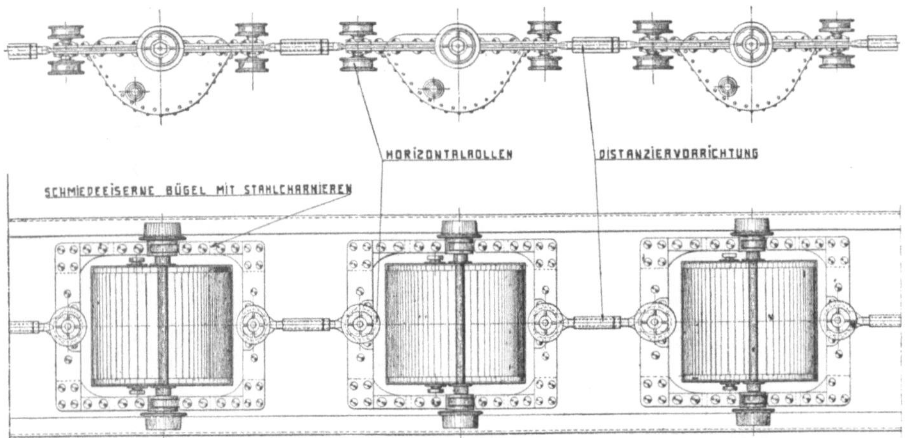

Fig. 112 u. 113. Rollenführung und Abstandsregelung von Conveyorbechern.

weiteres verständlich sind, mögen sie nachstehend noch kurz erläutert werden. Die in der Regel durch einen Elektromotor bewirkte Bewegungseinleitung erfolgt von der Antriebsstation (Fig. 111) mittels zweier Stern- oder Polygonräder. Da der ruhige Eingriff dieser Antriebsräder in das Becherwerk natürlich sehr wesentlich von dem genau entsprechenden Achsenabstand der Becherwagen abhängt, so ist zwischen den einzelnen Wagen zweckmäßig eine sog. „Distanziervorrichtung" (siehe Fig. 113) eingeschaltet, die durch spannschloßartige Gewindewirkung die unter Umständen erforderliche Nachstellung des Achsenabstandes ermöglicht. Die Fig. 111 läßt auch die gleichzeitige Ausbildung des Antriebes als Spannstation erkennen, bei der die unschädliche Aufnahme etwaiger Stöße durch Federn erfolgt. Wie auch schon an früherer Stelle angedeutet, spielt bei der großen Zahl rollender Elemente einer Conveyoranlage die Zuverlässigkeit der Schmierung eine hervorragende Rolle. Es ist einleuchtend, daß eine gut funktionierende automatische Schmierung in dieser Beziehung die größtmögliche Gewähr für ein dauernd einwandfreies Arbeiten

Additional information of this book

*(Die Materialbewegung in chemisch-technischen Betrieben;
978-3-662-24049-6; 978-3-662-24049-6_OSFO10)* is provided:

http://Extras.Springer.com

der Anlage bietet, ganz abgesehen davon, daß durch eine solche Automatisierung auch das Wartepersonal entbehrlich wird. Die von der *Conveyor-Baugesellschaft* verwendeten „Schmiermaschinen" wirken nun derart, daß eine zum Conveyorgleis streckenweise parallel geführte Schmierdüse sich automatisch mit jeder Laufrolle kuppelt, von dieser längs einer seitlichen Schlittenführung ein kleines Stück Weges mitgenommen und alsdann wieder in ihre Ursprungslage zurückgelassen wird, um mit der folgenden Laufrolle dieselbe Manipulation vorzunehmen. Die Düse wird während ihrer Mitnahme an die Rolle angepreßt, dringt dabei in den sonst durch ein Kugelventil abgeschlossenen Nabenhohlraum der Rolle ein, ein geregeltes Quantum Schmiermaterial

Fig. 114. Wagrechte Ablenkung des Becherstranges.

einspritzend. Es werden also durch diese gleichsam zentrale Schmiereinrichtung alle Einzelschmierbüchsen vermieden und damit die bei ihrer Vielheit meist so zeitraubenden Nachfüllungen und Nachstellungen derselben vermieden[1]. Wie wichtig dieser Fortfall ist, zeigt die Überlegung, daß andernfalls bei einer solchen Anlage von 150 m Länge etwa 300 bis 400 Schmierbüchsen von Hand zu bedienen wären.

Eine recht interessante Spezialanwendung des Conveyors stellen die Fig. 115 und 116 (Taf. 14) dar, und zwar in einer Ausführung der nämlichen Firma für die *Badische Anilin- & Sodafabriken* zu Ludwigshafen. Der Zweck dieser Anlage ist die Beförderung und Verteilung von Eisstücken in zwei Bottich-

---

[1] Eine andersartige, aber gleichfalls automatische Schmierung der Laufrollen wendet die Firma *Carl Schenck*, Darmstadt für die von ihr gebauten größeren Conveyoranlagen an: Die auf jeder Rollennabe axial sitzende Staufferbüchse ist an ihrem äußeren Rand verzahnt und wird beim Passieren des Antriebsrades um 2 bis 3 Zähne dadurch gedreht. daß der Zahnkranz mit einer Zahnstange in Eingriff kommt.

batterien. Die in Spezialwagen ankommenden Eisblöcke werden dem Conveyor durch einen Bandförderer zugeführt, nachdem sie eine Brech- und eine Füllmaschine passiert haben. Erstere besorgt das Zerkleinern auf die für den Bahntransport und für die Verwendung in den Bottichen erforderliche Stückgröße, letztere eine Beschickung der Becher mit jedesmal der gleichen Eismenge. Diese übereinstimmende Füllung der einzelnen Becher ermöglicht eine verläßliche Feststellung der total geförderten Eismenge lediglich durch Zählung der Becher. Ferner ist bei jedem der Bottiche eine Entladeeinrichtung angeordnet, die, nach Einstellung durch einen Arbeiter, den Inhalt der vorbeikommenden Becher über eine Schurre in den Bottich gleiten läßt. Mit jedem dieser Ablader ist weiterhin ein Zählwerk verbunden, das die einzelnen in jeden Bottich

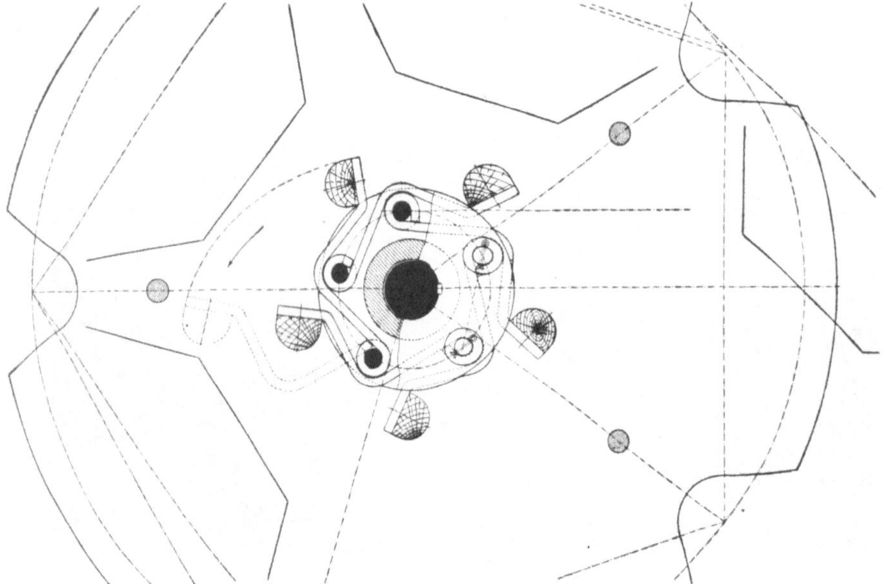

Fig. 117. Klopfvorrichtung für Becherwerke.

entleerten Eisbecher automatisch zählt und registriert. Dadurch ist eine jederzeit genaue Kontrolle der Förderung sowohl als auch besonders des die Anlage bedienenden Arbeiters geschaffen. Dieser stellt, da auch die Schmierung der Laufrollen in der zuletzt besprochenen Weise automatisch erfolgt, übrigens fast die einzige für den Betrieb nötige Arbeitskraft dar; nur hat während der Förderung zweckmäßig noch ein Mann dafür zu sorgen, daß das zu brechende Eis ständig zugeführt wird, daß also keine Betriebsunterbrechung durch Mangel an Material entsteht.

Der wirtschaftliche Einfluß der selbsttätigen Arbeitsweise findet bei dieser Anlage einen entsprechenden Ausdruck darin, daß sich die Ersparnis an Arbeitslöhnen gegen früher auf nicht weniger als etwa 10 000 M. herausgestellt hat, ein Betrag, der bei einem Gesamtpreis der Anlage von etwa 15 000 M. deren Anschaffung natürlich in sehr kurzer Zeit bezahlt gemacht hat. Der Kraftbedarf beträgt nur etwa 2 PS.

Für Anlagen, die, wie die vorbeschriebene, auch auf das Fabrikations-
erfordernis größter Reinlichkeit des Betriebes Rücksicht zu nehmen haben,
kann das Zurückbleiben von Materialresten in den Bechern — in diesem Falle

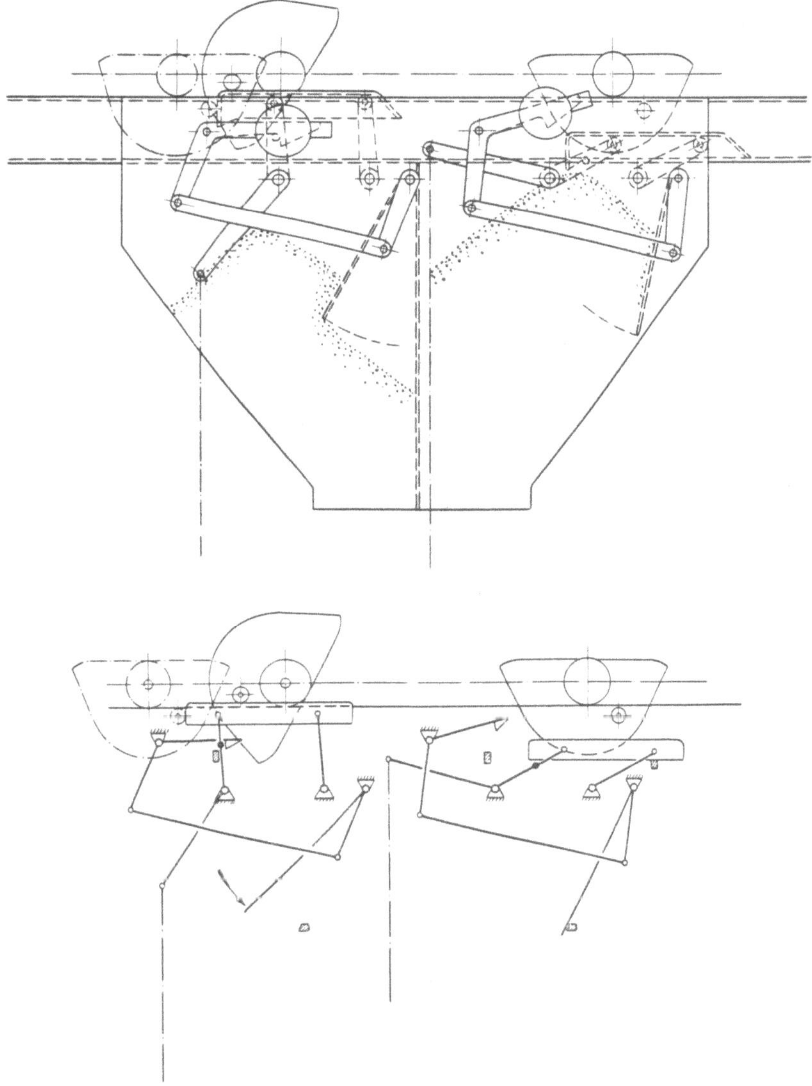

Fig. 118 u. 119. Selbsttätige Abstellvorrichtung für die Becherentladung bei Conveyoranlagen.

anhaftende Eis- oder Wasserrückstände — oft nachteilig sein. Die Fig. 117
zeigt eine Konstruktion, mit deren Hilfe das Haftenbleiben des Becherinhaltes
verhindert werden soll. Bei dieser allerdings für nicht schaukelnde Becher
gedachten Ausbildung, die sich sinngemäß aber auch auf andere übertragen
läßt, ist auf der Achse der Umführungsscheiben, und zwar zwischen diesen,

ein sich mitdrehender Mechanismus angeordnet, der auf den Rücken der auskippenden Becher Klopfhämmer wirken läßt und dadurch ein vollständiges Entleeren der Becher hervorruft.

An dieser Stelle sei noch einer anderen Konstruktion gedacht, die gleichfalls automatisch die Reinlichkeit des Betriebes erhöhen und anderenfalls entstehende Störungen ausschließen soll. Sie betrifft zwar wieder die Entleerung der Becher, bezweckt jedoch, ein Überfüllen der Entladetrichter zu verhüten. Bei Kesselbekohlungen durch Conveyor z. B. fällt bei Unachtsamkeit des Heizers, der das rechtzeitige Abstellen der Becherablader über einem vollen Bunker vergißt, die weiter ausgeschüttete Kohle auf den Kesselhausfußboden; auch liegt bei überfülltem Bunker, d. h. bei eingeschütteten Conveyorstrang die Gefahr eines Kettenbruches nahe. Diese Übelstände sucht die in Fig. 118 und 119 — in einer Doppelausführung bzw. der zugehörigen schematischen Skizze — wiedergegebene sinnreiche Einrichtung folgendermaßen auszuschalten. Der über dem Bunker neben der Fahrschiene angeordnete Ablader wird durch Handzug an der (strichpunktierten) Kette in die wirksame Stellung gebracht, d. h. die Anschlagschiene wird so weit hochgerichtet und durch Einfallen eines gewichtsbelasteten Widerhakens in dieser Stellung festgehalten, daß die Becher mit Hilfe ihrer Anschlagröllchen gekippt und entleert werden. Ist dadurch die Füllung der Bunker weit genug fortgeschritten, so soll die Außerdienststellung des Abladers selbsttätig erfolgen. Dies geschieht nun dadurch, daß die Kohlen, sobald sie in dem Behälter hoch genug aufgefüllt sind, sich mit genügendem Druck gegen eine drehbare Klappe legen, so daß diese (in Fig. 118 gestrichelt) in der Pfeilrichtung — Fig. 119 — nachgibt. Dadurch wird die Hakensperrung gelöst und schon der nächstfolgende Becherwagen legt infolge des Gegenstoßes seines Röllchens gegen die Kippschiene diese um, so daß die Becher unentleert darüber hinwegfahren können; vgl. die rechten Seiten der Abbildungen. — Die Konstruktion dieser Sicherheitsablader ist der auch auf dem Gebiete des Conveyorbaues vorteilhaft bekannten Maschinenfabrik *Carl Schenck*-Darmstadt geschützt.

Das Prinzip der Schaukelbecherförderung hat seit einiger Zeit auch im Bergbau eine neuartige Anwendung gefunden. Die Fig. 120 bis 124 (Taf. 15) lassen ein derartiges Becherwerk im Bergwerksbetriebe erkennen. Der Einführung von Becherwerken an Stelle der ehrwürdigen Schalenförderung standen im Bergwerksbetriebe zunächst allerdings außerordentliche Schwierigkeiten entgegen. Vor allem erforderten die großen Förderhöhen im Verein mit den beträchtlichen Lasten so starke Abmessungen der Achsen für die oberen Tragscheiben und die Kettenglieder, daß die praktische Verwendbarkeit einer solchen Anordnung sehr beschränkt wurde. Der Ausweg, mehrere kleinere Becherwerke übereinander anzuordnen und das Gut gleichsam absatzweise zutage zu fördern, machte wiederum die Anlage umständlicher und teurer. Das Wesentliche der skizzierten Anordnung besteht darin, daß der Antrieb des Becherwerkes statt wie bisher an der oberen Tragscheibe annähernd auf halber Höhe angeordnet wird. Diese Unterteilung der Förderhöhe durch die Antriebsstelle kann natürlich auch mehrfach wiederholt werden und dadurch

Additional information of this book

*(Die Materialbewegung in chemisch-technischen Betrieben;
978-3-662-24049-6; 978-3-662-24049-6_OSFO11)* is provided:

http://Extras.Springer.com

auch bei sehr tiefen Schächten die Anwendung eines solchen sog. Gruben-
elevators ohne die genannten Schwierigkeiten ermöglicht werden.

Den praktischen Wert dieser Neuanordnung — Bauart der Firma *Otto
Dankworth*-Magdeburg — lassen vergleichende Ermittlungen erkennen, die
man auf Grube „Johanne Henriette“ bei Förderstedt in der Provinz Sachsen
angestellt hat. Daselbst ist, wie die zugehörigen Zeichnungen erkennen lassen,
neben der elektrischen Schalenförderung seit etwa einem Jahre auch eine
Becherförderung eingebaut worden, so daß sich die Ergebnisse unter ganz
gleichen Verhältnissen feststellen ließen. Die Gesamtförderhöhe der Becher
beträgt dort, bei der Schachttiefe von 66,71 m (von der untersten Schacht-
sohle bis zur Rasensohle), 78,41 m; die Antriebsstation für das Becherwerk
liegt 29,2 m unter der Rasensohle. Es stellten sich bei der Schalenförderung
die monatlichen Förderkosten, einschließlich Verzinsung und Amortisation
der Anlage, insgesamt auf 1881,53 M., was bei einer monatlichen Fördermenge von rd. 210 000 hl die Förderkosten pro hl zu rd. 0,9 Pf. ergibt. Beim
Becherwerk dagegen betragen die gesamten Förderkosten pro Monat 1291,30 M.,
so daß sich bei einer monatlichen Leistung von rd. 225 000 hl die Förderkosten
pro hl auf 0,57 Pf. stellen. Die Ersparnis betrug bei dem Arbeiten mit dem
Becherwerk, das durch die selbsttätige Art seiner Entleerung und Speisung
ja wesentlich weniger Bedienungsmannschaften braucht, also 0,33 Pf. pro hl.

Aus der Patentliteratur über Schaukelbecherwerke:

1910.

Nr. 219 160. (*Merian & Lüthy* in Basel.) Endlose Fördervorrichtung mit pendelnden Förderbechern, d. g., daß die pendelnde Aufhängung der einzelnen Becher unter Er-
möglichung des selbsttätigen Schöpfens an einer einzigen endlosen Ringkette erfolgt,
die in den senkrechten oder annähernd senkrechten Förderwegstrecken lediglich zufolge
der gegenseitigen Verdrehbarkeit ihre Glieder derart um ihre Längsachse verdreht auf
ihre Führung aufgelegt ist, daß die Förderbecher während des Laufes auf diesen Strecken
eine schraubenförmige Bewegung um einen beliebigen Winkel um die Kettenachse ausführen, damit sie, gleichgültig wie ihre Lage zur Kette beim Einlauf in diese Förderwegstrecke sein mag, auf der folgenden wagerechten oder geneigten Förderwegstrecke unter
der Kette pendelnd frei nach unten hängen.

Nr. 221 415. (*Richard Kühn* in Zeitz.) Raumbewegliches Schaukelbecherwerk, d. g., daß
je zwei oder mehrere Becher hintereinander in einzelnen, gelenkig miteinander verbundenen
Fahrgestellen frei pendelnd aufgehängt sind, die um eine wagerechte Querachse neigbar
sind, so daß während des Durchlaufens von Krümmungen die Becher jedes Fahrgestelles
unter entsprechender Neigung desselben eine mehr oder weniger übereinanderliegende,
gegenseitige Lage einnimmt, während sie auf ebener Strecke lückenlos hintereinander liegen.

Nr. 222 545. (*Carl Schenck*, Darmstadt.) Endloses, auf zwei Schienen laufendes
Becherwerk mit kreuzgelenkartig untereinander verbundenen Fördergefäßen, d. g., daß
in die kreuzgelenkartige Verbindung Organe eingeschaltet sind, die eine Verdrehung des
Becherwerkstranges um seine Längsachse ermöglichen, zu dem Zweck, das Becherwerk
nach jeder beliebigen Richtung durch eine einzige Kurve ablenken zu können.

1911.

Nr. 230 921. (*Fritz Baumann*, Mannheim.) Um seine Längsachse verdrehbares
raumbewegliches Schaukelbecherwerk, d. g., daß die einachsigen, die Becher tragenden
Kettenglieder in der Weise miteinander verbunden sind, daß die Längsachse jedes Ketten-

gliedes mit der zugehörigen Laufrollenachse und mit den Achsen der jedes Kettenglied in den wagerechten Kurven führenden Rolle und des je zwei benachbarte Kettenglieder verbindenden Kuppelbolzens sich in einem Punkt oder nahezu in einem Punkt schneiden.

Nr. 234 407. (*Julius Detlef Petersen* in St. Jürgen b. Schleswig.) Raumbewegliches Schaukelbecherwerk, d. g., daß die Becherkette aus gebogenen Stäben hergestellt ist, deren freie Enden durch einen den Becher tragenden Bolzen verbunden sind, auf dem gleichzeitig ein den Becher umgreifendes Kreisbogenstück drehbar befestigt ist, das der Biegung des nächsten Stabes zur Führung dient.

1912.

Nr. 248 238. (*Julius Detlef Petersen*, St. Jürgen b. Schleswig.) Schaukelbecherwerk, bei dem die Becher zwischen zwei Zugsträngen drehbar angeordnet sind, d. g., daß die beiden aus Kreuzgelenkketten, Seilen oder dgl. bestehenden Zugstränge an den Horizontalkurven zwangläufig derart einander genähert werden, daß der äußere und innere Strang im Kurvenbogen gleiche Länge erhalten, während die Aufhängeglieder der Becher so ausgebildet sind, daß sie die gegenseitige Lagenänderung der Zugstränge nicht hindern.

1913.

Nr. 257 954. (*Katharine Hunt*, New York.) Endloser Förderer für Stückgüter u. dgl., bestehend aus einer Reihe auf Schienen laufender Plattformwagen, d. g., daß die Wagen untereinander durch elastische, gegebenenfalls regelbare Kupplungen verbunden sind und mittels der Umführungsscheiben durch Reibung angetrieben werden.

Nr. 260 457. (*J. Pohlig A.-G.*, Köln.) Raumbewegliches, auf Schienen laufendes Becherwerk mit einem einzigen Zugorgan und zu dessen beiden Seiten angeordneten Bechern, d. g., daß die Becher in Bügeln gelagert sind, durch die das Zugorgan hindurchgeführt ist.

Nr. 266 113. (G. *Luther A.-G.*, Braunschweig.) Um seine Längsachse verdrehbares, raumbewegliches Schaukelbecherwerk, dadurch gekennzeichnet, daß die die Becher tragenden Rahmen durch eine kugelgelenkartige Verbindung miteinander verbunden sind, die alle Ablenkungen und Verdrehungen mit nur einer Bewegungs- und Schmierstelle möglich macht.

Aus der Zeitschriftenliteratur über Schaukelbecherwerke:

v. Hanffstengel: Raumbewegliche Förderer. Zeitschr. d. Ver. deutsch. Ing. 1908, Nr. 4, S. 121—129 (Beschreib. m. Z. u. Ph.).

— — Einschienenförderer. Zeitschr. d. Ver. deutsch. Ing. 1908, Nr. 8, S. 313—316 (Beschreib. m. Z. u. Ph.).

Hermanns: Die Entwicklung des Becherförderers. Fördertechnik 1909, Heft 6, S. 141 bis 147 (Beschreib. m. Z. u. Ph.).

Wille: Füllvorrichtungen für Becherwerke. Fördertechnik 1909, Heft 7, S. 173—178; Heft 8, S. 201—207; Heft 9, S. 237—241; Heft 10, S. 271—275 (Beschreib. m. Z.).

Hermanns: Einiges über die Förderung mittels Becherwerken. Fördertechnik 1910, Heft 4, S. 89—92; Heft 5, S. 118—122 (Allgem., Beschreib. m. Z. u. Ph.).

Michenfelder: Transportvorrichtungen für Brauereien und ähnliche Betriebe. Allgem. Zeitschr. f. Bierbrauerei u. Malzfabrikation 1910, Nr. 29, S. 327—328 (Beschreib. eines Pendelaufzuges m. Ph.).

Wille: Entladevorrichtungen für Becherwerke. Fördertechnik 1910, Heft 7, S. 168—170 (Beschreib. m. Z.).

Stephan: Die Massentransportvorrichtungen auf der Brüsseler Weltausstellung. Fördertechnik 1911, Heft 1, S. 2—5 (Beschreib. m. Z.).

Michenfelder: Aus der Entwicklung der Förder- und Lademittel für Kohle. Feuerungstechnik 1913, Heft 11, S. 199—201 (Verschiedenes m. Z.).

Lehrmann: Neuere Conveyor-Anlagen. Dinglers Polytechn. Journal 1913, Heft 5.

v. Heys: Das neue Elektrizitätswerk der Residenzstadt Kassel, Verkehrstechnische Woche 1913, Nr. 16, S. 282—287 (Beschreib. m. Z.).

— Kurvenkonveyor. Süddeutsches Industrieblatt 1914, Heft 1, S. 9—10 (Beschreib. m. Z.).

Kremer: Konveyor-Anlagen. Braunkohle 1914, Heft 7, S. 99—101 (Beschreib. m. Ph.).

Kreistransporteure.[1]
(Schaukeltransporteure, Schaukelförderer.)

Die meistens wohl als Kreistransporteure bezeichneten Transportvorrichtungen der nachbeschriebenen Art sind als selbständige Gruppe, auf Grund der Eigenart ihrer Arbeitsweise, eigentlich nicht zu behandeln. Sie gleichen im wesentlichen sowohl hinsichtlich der Wirkungsweise als auch hinsichtlich der Anordnung den zuletzt betrachteten Conveyors. Die diesen gegenüber veränderte Ausbildung der Tragelemente — Bügel statt Becher — oder die unterschiedliche Art der Materialentnahme rechtfertigt kaum die Selbständigkeit. Wenn ihnen auch an dieser Stelle eine besondere Behandlung zuteil wird, so geschieht dies mehr in Anpassung an das in der Praxis geübte Verfahren als in Rücksichtnahme auf die äußerliche Unterscheidung, daß die Kreistransporteure allgemein nur für regelmäßig geformte, schichtbare Körper, die Conveyor dagegen in der Regel für fließbare Materialien benutzt werden. Auf Grund der Wesensübereinstimmung beider Fördermittel können sich auch die Kreistransporteure der gleich günstigen Beurteilung, auch in bezug auf die voraussichtlich immer mehr zunehmende Anwendung, wie die Conveyor erfreuen.

Wesen der Konstruktion. Ein Kreistransporteur besteht aus einem nach beliebigem Lauf in sich zurückgeführten Zugorgan (meist einer gewöhnlichen Gliederkette), in das in regelmäßigen kleineren Abständen die Tragbehälter für die Förderlast eingeschaltet sind. Die Anpassung des Zugmittels an den vorgeschriebenen Förderverlauf wird dadurch erzielt, daß die an ersteres angeschlossenen Tragbehälter mittels Rollen an der Schienenfahrbahn aufgehängt sind.

Arbeitsweise. Die Förderung erfolgt dadurch, daß das durch eine Antriebsscheibe in Umlauf versetzte Zugmittel die Lastgehänge mitnimmt, wobei Steigungen durch die pendelnde Aufhängung der Gehänge überwunden werden können. Die Auf- und Abnahme der Förderlasten erfolgt zweckmäßig an Führungsstellen der Schaukelgehänge, in der Regel von Hand.

Anwendbarkeit. Wegen der plattformartigen Ausbildung der Lastträger und auch wegen der Einlegung der Lasten von Hand während der Bewegung des Kreistransporteurs eignet sich ein solcher besonders für die Beförderung von gut schicht- oder stapelbaren Körpern, wie Formsteinen, Kisten u. dgl. Die beliebig vorzunehmende Verlegung des Laufes eines Kreistransporteurs gestattet seine Anwendung für Transporte zwischen mehreren Stockwerken eines Gebäudes, zur Verbindung mehrerer Gebäude untereinander oder mit Lagerplätzen u. a. m.

---

[1] Die Bezeichnung „Kreistransporteur", die bei dem in der Regel ganz beliebig gestellten räumlichen Verlauf der Förderung und auch sonst durch nichts gerechtfertigt ist, erscheint nur dann einigermaßen verständlich, wenn der Begriff Kreis in der Bedeutung von Kreislauf, d. h. etwas Geschlossenem, In-sich-Zurückkehrendem aufgefaßt wird.

Vorteile. Außer der Biegsamkeit eines Kreistransporteurstranges, die seinen Einbau eben in fast allen Fällen zuläßt, ist seine verhältnismäßig große Leistungsfähigkeit sowie Billigkeit ein besonderer Vorzug. Die Leistungsfähigkeit ist begründet in der bei dicht angeordneten Lastträgern kontinuierlichen Förderweise, die Billigkeit in der Einfachheit der Konstruktion. Unter Umständen kann für den Kreistransporteur auch noch vorteilhaft ins Gewicht fallen, daß der ganze Betrieb — die Konstruktionsteile sowohl als auch das Fördergut — jederzeit und vollständig übersichtlich sind.

Ausführungsbeispiele.

Die Fig. 125 bis 127 zeigen einen Kreistransporteur für eine Ziegelei mit reichlicher Ausnutzung seiner Laufablenkbarkeit in wagerechter wie auch in senkrechter Ebene. Die Kettenbahn dieses Transporteurs ist zunächst an

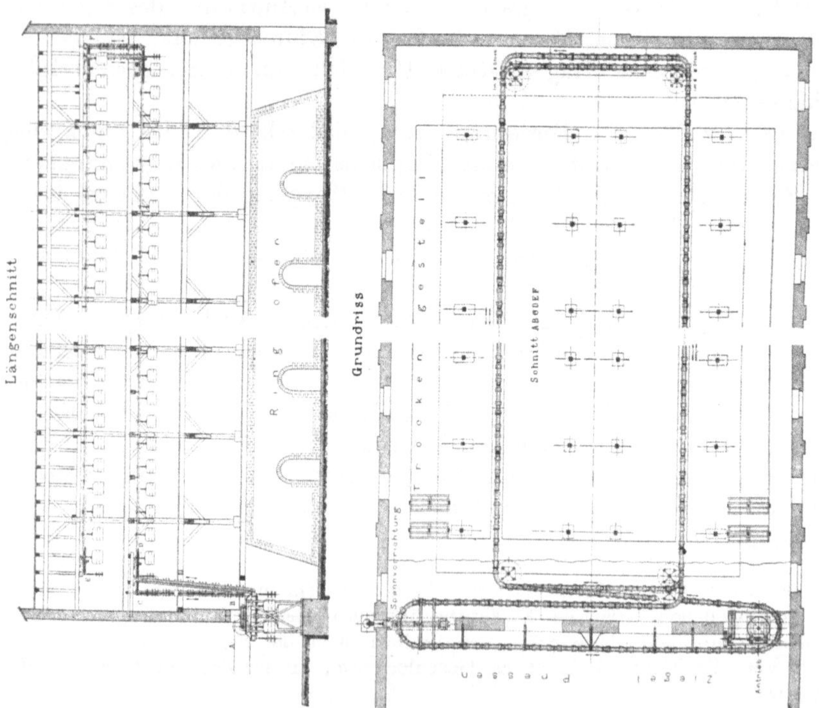

Fig. 125 bis 127. Schaukelförderer in einer Ziegelei.

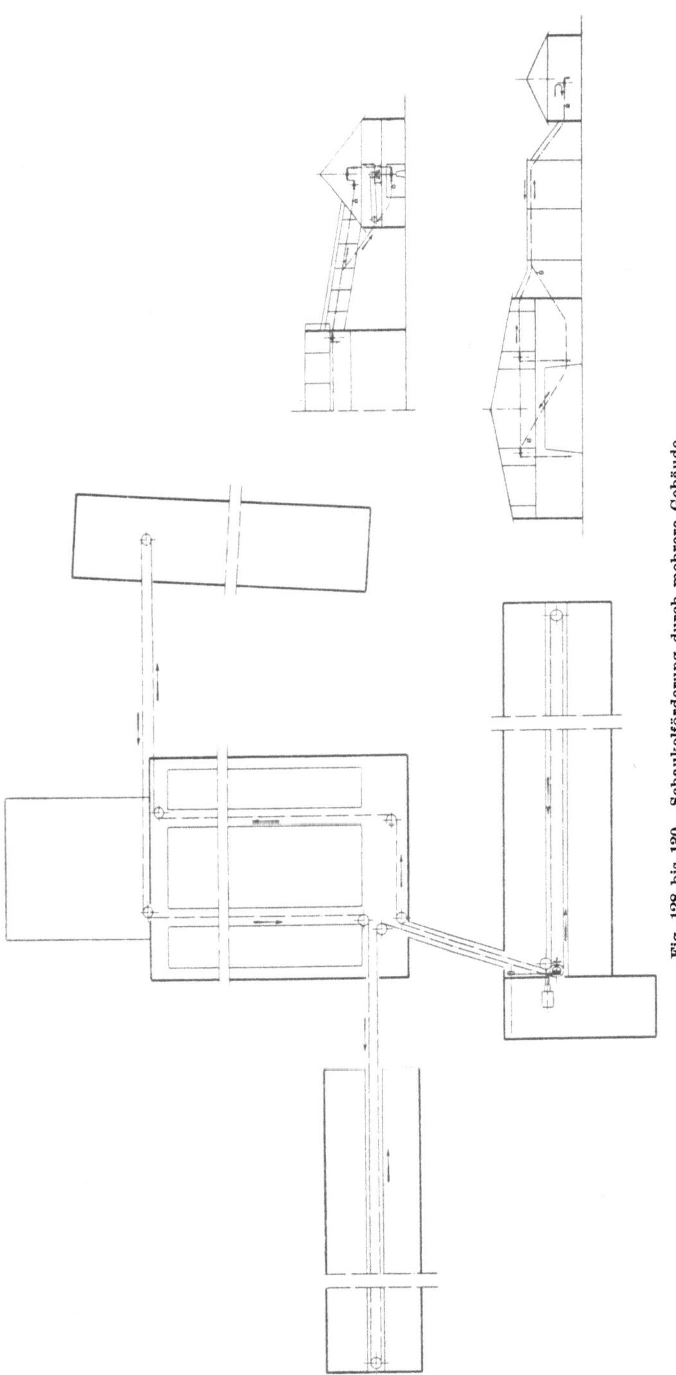

Fig. 128 bis 130. Schaukelförderung durch mehrere Gebäude.

den im Erdgeschoß gelegenen Pressen horizontal vorbeigeführt, und zwar so,
daß die Formlinge von der Maschine auf die vorüberlaufenden Schaukelböden
abgesetzt werden können, ohne daß der an dem Abschneidetisch beschäftigte
Arbeiter auch nur einen Schritt zu machen braucht. Nach dem Aufstieg vom
Erdgeschoß ins zweite Stockwerk wird dann die Förderkette um horizontale
Ablenkrollen durch den Trockenraum nach der hinteren Giebelseite geführt.
Hier schwenkt die Kettenbahn wiederum rechtwinklig ab und wird schräg
nach oben ins letzte Stockwerk geleitet, wo sie den oberen Trockenraum in
umgekehrter Richtung durchläuft. Im weiteren beschreibt die Förderbahn
dann mit senkrechten und wagerechten Abbiegungen einen dem vorbeschriebenen Aufstieg analogen Abstieg, bis sie wieder an dem Ausgangspunkt vor
den Ziegelpressen anlangt.

Die Erbauerin dieser Anlage, die *A. Stotz A. G.* in Stuttgart, führt in ähnlichen Fällen neuerdings die Kreistransporte außer mit den gewöhnlichen
Pendelgehängen auch noch — in Abständen von 20 bis 30 m — mit besonderen
Kippschaukeln aus, die den in den Trockengestellen entstehenden Bruch
nach den Sammelstellen bringen. Daselbst entleeren sich diese Kippschaukeln
automatisch, so daß also auch für das Wegschaffen der Bruch- und Abfall-
stücke keine Arbeiter mehr erforderlich sind.

Die Benutzung eines Kreistransporteurs zur transportmaschinellen Verbindung mehrerer getrennt gelegener Baulichkeiten ist mit der Disposition
des Förderverlaufes in den Fig. 128 bis 130 veranschaulicht. In größerem
Maßstab ist ferner eine ähnliche Anlage, die wie die vorhergehende von der
Firma *Wilhelm Stöhr* in Offenbach herrührt, in den Fig. 131 bis 133 (Taf. 16)
wiedergegeben. Diese lassen außer dem zentralen Antrieb mit genügender
Deutlichkeit auch noch die Schienenführung der Schaukelkästen erkennen.

Endlich möge an dieser Stelle noch mit den Fig. 134 bis 136 (Taf. 16) eine
Transportanlage für einen ungewöhnlicheren Sonderzweck kurz besprochen
werden, die wenigstens in Form und Verhalten der Lastbehälter am meisten noch
an die Schaukeltransporteure erinnert. Die Anlage, die zum Speisentransport
aus der Küche über den Hof nach dem Speisesaal (des Städt. Krankenhauses
zu Frankfurt a. M.) dient, aber natürlich ebensogut zur Überleitung beliebiger
anderer sorgsam zu behandelnder Lasten dienen könnte, hat folgende Arbeitsweise: Eine durch Elektromotor angetriebene Schneckenradwelle treibt zwei
(neben der wagerechten Tragkonstruktion ersichtliche) Kettenräder an und
damit eine über letztere horizontal und vertikal geführte endlose Kette (in
der Figur strichpunktiert). An diesem Kettenstrang ist nun der kastenförmige
Lastbehälter — in der bei Paternosteraufzügen bekannten Art — über Eck
aufgehängt (siehe die untere Querschnittsfigur). Setzt sich durch Zug an dem
außen liegenden Steuerseil die Schneckenwinde bzw. der Kettenstrang in
Bewegung, so wird der Kasten aus der gezeichneten tiefsten Stellung zunächst
längs der Führungsschiene nach oben gezogen, verläßt dann, oben angekom-
men, die Führungsschiene und wird freischwebend über die Antriebsketten-
räder hinweg in nunmehr horizontaler Richtung weitergezogen, wobei die

Additional information of this book

*(Die Materialbewegung in chemisch-technischen Betrieben;
978-3-662-24049-6; 978-3-662-24049-6_OSFO12)* is provided:

http://Extras.Springer.com

Führungsrollen des Fahrkastens sich auf Horizontalschienen abstützen (siehe die obere Querschnittsfigur). Am anderen Ende der Überbrückung, vor dem Bestimmungsorte, angelangt, bleibt der Kasten automatisch stehen, damit ihm vor seinem Rückgang die Speisen entnommen werden können. Darauf wird er durch Drehung des dortseitigen Steuerrades auf demselben Wege wieder zurückbefördert.

Aus der Zeitschriftenliteratur über Kreistransporteure:

v. Hanffstengel: Raumbewegliche Förderer. Zeitschr. d. Ver. deutsch. Ing. 1908, Nr. 4, S. 126—129 (Beschreib. m. Z. u. Ph.).

Wettich: Einige besondere Formen von Transportanlagen für Brauereien, Brennereien und Kellereien. Fördertechnik 1910, Heft 12, S. 277—281 (Beschreib. m. Z. u. Ph.).

Michenfelder: Transportvorrichtungen für Brauereien und ähnliche Betriebe. Allgem. Zeitschr. f. Bierbrauerei u. Malzfabrikation 1910, Nr. 29, S. 328—329 (Beschreib. m. Ph.).

Maus: Schaukeltransporteur. Fördertechnik 1912, Heft 9, S. 207—208 (Beschreib. m. Ph.).

Jokl: Transport und Stapeln gleichgeformter Massengüter. Techn. Rundschau 1912, Nr. 6, S. 61 (Beschreib. m. Ph.).

— Der Erweiterungsbau der Wanderer-Werke A.-G., Schönau bei Chemnitz. Zeitschr. d. Ver. deutsch. Ing. 1914, Nr. 8, S. 286—287 (Beschreib. m. Z.).

Pneumatische Förderer.

(Luftförderer, Saugluftförderer, Druckluftförderer.)

Die **pneumatische Förderung** ist fraglos die modernste Erscheinung auf dem vielgestaltigen Gebiete der maschinellen Materialbewegung. Modern nicht nur in der Bedeutung von neuartig in der äußeren Form, sondern auch im Sinne von fortschrittlich nach Maßgabe der innerlich begründeten Forderungen der Neuzeit. So wie etwa der Hebemagnet dem heutigen Kranbau, soweit die Bewegung eiserner Lasten in Betracht kommt, mit seinem unsichtbaren Wirken den Stempel des Modernen, des verblüffend Neuen aufdrückt, so und noch mehr charakterisiert der pneumatische Förderer mit seiner Dienstbarmachung des unwahrnehmbaren Elementes Luft das Moderne, das Staunenswerte in der Fördertechnik! Wenn auch in beiden Fällen eine unverkennbare Analogie besteht, so ist im letzten Fall das für alles „Moderne" in der Technik heutzutage neben dem Neuartigen eigentümliche Staunenswerte doch noch in wesentlich höherem Maße vorhanden, da hier die geheimnisvolle Wirkung der Kräfte sich nicht nur in einem scheinbar rätselhaften ruhenden Zustand der Körper äußert, sondern in einer lebhaften Bewegung derselben. Es erscheint bei der Entwicklung der Fördertechnik, die gleichsam nach jahrhundertelangem Kindheitsschlaf erst in der Letztzeit zusehends sich entfaltet hat, selbstverständlich, daß die pneumatischen Förderer ein Produkt dieser Zeit sind. Kaum 30 Jahre sind es denn her, daß das Prinzip der Luftförderung

seine erste Verkörperung erfahren hat. England, das früher auch für die
Fördertechnik so förderliche, in dem die Wiege der vormals weltbeherrschenden hydraulischen und der dampfbetriebenen Hebezeuge gestanden, war
auch die Geburtsstätte des pneumatischen Förderers. An dessen weiterer
Ausbildung jedoch und für dessen schon heute internationale Ausbreitung
hat den größten Anteil Deutschland. Deutsche Firmen erst — genannt seien
hier nur *Hartmann*-Offenbach, *Luther*-Braunschweig und *Seck*-Dresden —
haben alle Teile der verzweigten pneumatischen Förderanlagen so vervollkommnet, daß diese technisch und auch wirtschaftlich befriedigende Ergebnisse auch dort liefern, wo es die Art des Materials anfangs ausgeschlossen erscheinen ließ. Dem Getreide, das einzig mögliche Fördergut der
englischen Ursprungsanlagen, stellen sich bei den neueren deutschen Bauarten die meisten Materialien, selbst backender oder glühender Art, gleichwertig zur Seite. Den pneumatischen Förderern steht deshalb ein weites
Anwendungsfeld auch in chemisch-technischen Betrieben offen, sowohl bei
neuzuschaffenden als auch bei nachträglich einzubauenden Anlagen. Bei
letzteren wird sich die durch die besondere Kleinheit und den beliebigen
Verlauf gegebene unübertreffbare Anpassungsfähigkeit als einzigartiger Vorzug erweisen.

Wesen der Konstruktion. Ein pneumatischer Förderer besteht in der
Hauptsache aus einer Rohrleitung, deren eines Ende zur Einnahme des Fördergutes eine Düse trägt, deren anderes Ende zur Materialabgabe an einen Behälter (Rezipient) angeschlossen ist, der seinerseits wieder mit einer Luftpumpe in Verbindung steht.

Arbeitsweise. Die Förderung erfolgt dadurch, daß durch den mit der
Pumpe erzeugten Luftstrom das Fördergut in dessen Bewegungsrichtung
mitgenommen wird. In den meisten Fällen bewirkt die Pumpe eine Luftverdünnung in dem Rezipienten und der anschließenden Rohrleitung, infolgedeeren die das Gut umgebende Außenluft in das Mundstück der Leitung einströmt und dabei das Material mitreißt (Saugluftförderung). Das in dem
Rezipienten sich ablagernde Material wird dann mittelst luftdichter Schleusen
oder Zellenräder abgezogen.

Anwendbarkeit. Die gleichsam fliegende Mitnahme des Gutes durch
den Luftstrom beschränkt die Anwendbarkeit der pneumatischen Beförderung
im allgemeinen auf leichtere Materialien. Mit Rücksicht auf das leichte Eindringen in die Einströmungsdüse, auf das Passieren der Rohrkrümmungen und
auf das Abziehen durch das Zellenrad sind körnige oder schüttbare Materialien
für die pneumatische Förderung besonders geeignet. Aus dem gleichen Grunde
werden feuchte oder backende Materialien sich weniger eignen als trockene,
bei denen Verstopfungen nicht so leicht vorkommen. Der bei der Saugluftförderung praktisch nur in der Größe eines Bruchteiles einer Atmosphäre zur
Verfügung stehende Druck läßt die Anwendung dieser Förderart bei sehr
weiten Transportstrecken nicht mehr zu; in solchen Fällen wird die Druckluftförderung, bei der die Arbeitspressung nach Bedarf steigerbar ist, zweckmäßig
sein können.

Vorteile. Der Hauptvorteil eines pneumatischen Förderers liegt in seiner unübertreffbaren Anpassungsfähigkeit an selbst ungünstigste Orts- und Raumverhältnisse. Die nur aus einem einfachen Rohr bestehende Förderstrecke läßt sich in ganz beliebigem Laufe führen und benötigt dazu nur sehr geringe Durchgangsquerschnitte, so daß sie ebensogut über, als unter oder auch durch die Gebäude, Straßen oder a. m. verlegt werden kann. Eine pneumatische Förderanlage macht kraft dieser Fähigkeit bei Neuanlagen von Betrieben die Rücksichtnahme auf die Lage der Zufahrtswege, auf ev. spätere Betriebserweiterungen u. dgl. überflüssig. In vielen Fällen bewirkt ferner der **Angriff** des Luftstromes eine erwünschte Entstaubung, Reinigung und Lüftung des Fördergutes und weiterhin auch des Arbeitsraumes. Die vollkommen kontinuierliche Förderung endlich läßt die Leistungsfähigkeit einer pneumatischen Anlage im Verhältnis zur Rauminanspruchnahme der Förderstrecke recht groß sein. Der Bedarf an Bedienungs- und Wartepersonal ist besonders bei langer Förderstrecke infolge des gänzlichen Fehlens bewegter Konstruktionsteile auf letzterer recht gering.

Nachteile. Durch den starken Anteil der nutzlos und mit sehr großer Geschwindigkeit mitgerissenen Luft und mehr oder weniger auch durch Dichtungsverluste ist der Kraftverbrauch pneumatischer Förderung ein recht beträchtlicher. Die Wartung und Bedienung der maschinellen Teile und der Düsen ist nicht einfach bzw. der Gesundheit der Arbeiter durch den sich gerade dort entwickelnden Staub nicht zuträglich.

Ausführungsbeispiele.

Die Eigenart der pneumatischen Förderung, die die Last in dem Fördermittel gleichsam zwanglos schweben läßt, läßt folgerichtig für diese Transportart im allgemeinen die Körper um so geeigneter erscheinen, je leichter schwebbar sie sind. Am prädestiniertesten sind sonach Stoffe von geringer spezifischer Dichte, z. B. Asche, Holzspäne u. dgl. oder doch von solcher Form, daß die Angriffsfläche für den Luftstrom relativ groß und letzterer daher entsprechend wirksam ist, wie bei pulverförmigem oder kleinstückigem Gut.

Die in Fig. 137 veranschaulichte Anlage — gebaut von *Amme, Giesecke & Konegen*, Braunschweig für die *Witkowitzer Zementfabrik Ad. Suess & Co.* — dient zur Förderung pulverförmigen Kalkhydrates aus einem ebenerdigen Lagerraum zu einer Sackierstation. Angewendet ist das Saugluftverfahren, wobei das Vakuum in dem Rezipienten durch ein Rotationsgebläse erzeugt wird. An die vom Rezipienten in den langen Lagerschuppen — er hat bei 7,5 m Breite etwa 52 m Länge — geführte Rohrleitung läßt sich an verschiedenen Stellen ein biegsamer Schlauch ankuppeln, der an seinem freien Ende mit einer von Hand leicht versetzbaren Saugdüse ausgerüstet ist. Auf diese Weise ist mit wenigen Mitteln erreicht, daß von einem jeweils gewünschten Lagerhaufen des ganzen Schuppens das Material nach dem Rezipienten getragen wird. Hier trennt es sich von dem Luftstrom und gelangt durch eine Zellenradrotationsschleuse über einem Absackstutzen in den darunter ge-

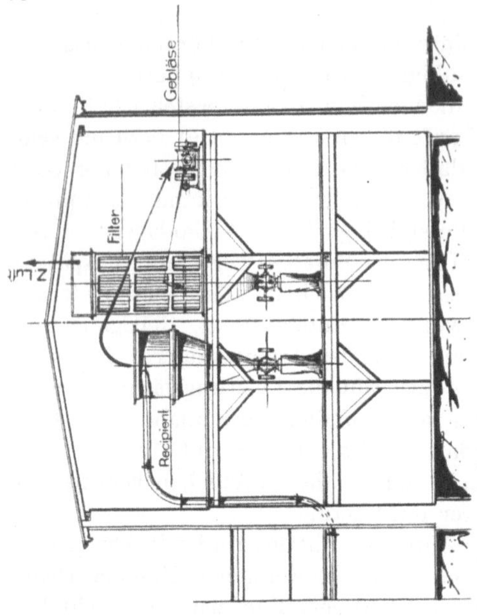

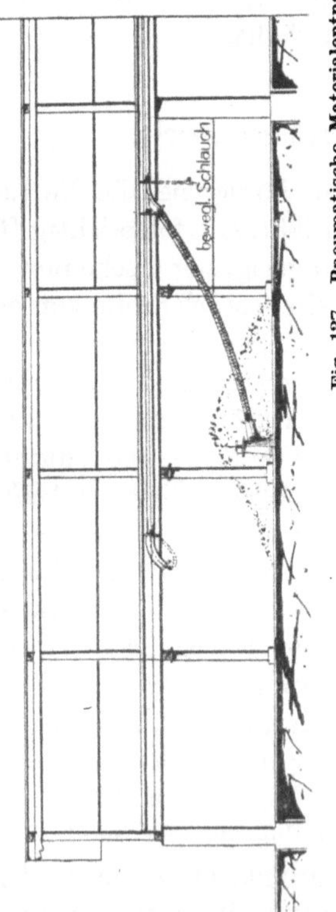

Fig. 137. Pneumatische Materialentnahme aus einem Schuppen.

hängten Sack. Die durch das Gebläse hindurchgehende Luft wird vor dem Austritt ins Freie durch eine besondere Filtriereinrichtung nochmals gereinigt und der so gewonnene Staub in analoger Weise wieder abgesackt. Die Anlage ist imstande, stündlich 1500 bis 2000 kg Kalkstaub zu fördern bzw. 15 bis 20 Sack à 100 kg zu liefern; zu ihrem Betriebe sind etwa 5 bis 6 PS nötig, außerdem ein Mann zur Wartung.

Eine besondere praktische Bedeutung, auf Grund der zahllos möglichen Verwendungsfälle, kommt der pneumatischen Förderung für den Transport von Kohle zu. Doch nicht allein wegen der Tatsache, daß größere Mengen Kohle fast in jedem größeren Betriebe zu bewegen sind, sondern auch deswegen, weil gerade bei der Kohlenbewegung die Staubentwickelung als ebenso heftige wie lästige Begleiterscheinung auftritt. Die in Fig. 138 dargestellte Anlage gibt ein Beispiel für die mit pneumatischem Kohlentransport in dieser Beziehung zu schaffende Besserung der Zustände. Sie dient zur Entladung und Weiterbeförderung der mit der Eisenbahn angefahrenen Feinkohle in der Zementfabrik der *Deutschen Solvay-Werke*, *A.-G.* zu Bernburg. Der Entwurf und die Ausführung stammt von der Maschinenfabrik *Luther* in Braunschweig. Früher wurde dort die aus der Brikettfabrik herrührende Braunkohle von Hand aus den Eisenbahnwaggons in Kippwagen geladen und mit diesen, um das im Wege stehende Betriebsgebäude herum, nach der Zementfabrik gefahren. Den weiteren Weg in die Roulette-Mühlen legte die Kohle dann über einen Becher- und einen Schneckenförderer zurück. Da sich bei diesen mehrmaligen Umladungen natürlicherweise stets sehr viel Staub entwickelte, so wurde eine Umänderung des Kohlentransportes nach der in der Skizze angegebenen Weise vorgenommen. Die Förderrohrleitung ist von der Anfahrstelle der Eisenbahnwagen, wo ein Auslegermast für den Düsenausleger aufgestellt wurde, auf direktestem Wege, durch den Dachboden des Betriebsgebäudes, nach dem Roulettemühlengebäude geführt worden. Und zwar zunächst wieder nach dem Rezipienten und dem mit ihm verbundenen Zentrifugalstaubausscheider. Die auf Flur angeordnete Luftpumpe, stehender Bauart und doppeltwirkend, wird von einer Transmission angetrieben. Die Pumpe ist durch die Saugluftrohrleitung mit dem

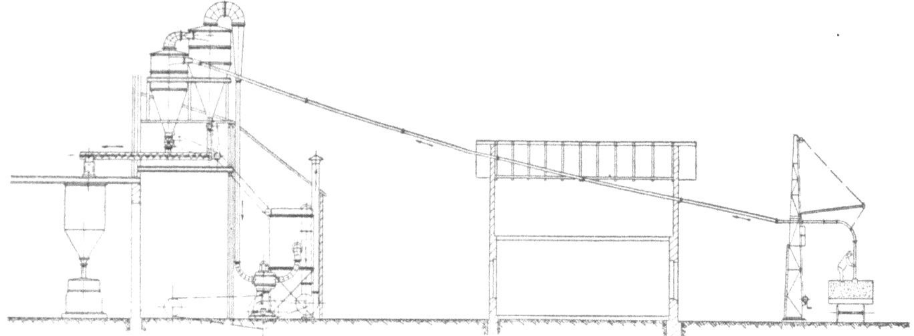

Fig. 138. Pneumatische Waggonentladung.

Staubabscheider verbunden; neben der Pumpe, und mit ihr gleichfalls durch eine Rohrleitung verbunden, ist ein Saugschlauchfilter aufgestellt. Von diesem endlich führt eine Rohrleitung nach einem Exhaustor, durch den die Luft dann in einem Abzugsrohr ins Freie entweicht. Der mittels dieser maschinellen Einrichtung erzielte Arbeitsvorgang ist folgender: Die Luftpumpe erzeugt in dem Zentrifugalstaubfänger und Rezipienten eine Luftverdünnung; hierdurch strömt die Außenluft durch die Saugdüse und die Förderrohrleitung mit großer Geschwindigkeit nach, wobei die im Waggon um den Düsenrand lagernde Staubkohle ebenfalls mitgerissen und in den Rezipienten geführt wird. Hier, wo sich die Geschwindigkeit des Luft-Kohlen-Stroms plötzlich mäßigt, trennt sich die Kohle von dem fördernden Luftstrom. Erstere wird durch die Kohlenschleuse unter Luftabschluß ausgelassen und gelangt in eine Transportschnecke, welche das Material einer zweiten zuführt, und diese verteilt die Kohle in die einzelnen Behälter über den Roulettemühlen. Die Luft dagegen geht vom Rezipienten nach dem Zentrifugalausscheider, der durch Zentrifugalkraft noch die feineren Staubbeimengungen von der Luft scheidet. Der Staub wird durch die Staubschleuse der vorstehend genannten Transportschnecke zugeführt, gelangt also auf dem gleichen Weg nach den Roulettemühlen. Die Luft zieht oben vom Zentrifugalausscheider nach der Luftpumpe und wird von dieser in den Staubfilter gefördert. Der Exhaustor saugt die reine Luft aus dem Staubfilter wieder ab und drückt diese durch das Abzugsrohr ins Freie.

Es ist in der Natur der Wirkungsweise von Saug- oder Druckluft begründet, daß sich fast beliebige Variationen und Kombinationen in der Förderung mit verhältnismäßig sehr einfachen Mitteln, hauptsächlich nur durch entsprechende Rohrleitungsverlegung, herstellen lassen, jedenfalls in einem Maße, wie es auch nur angenähert mit anderen Transportsystemen nicht möglich ist. Die folgenden Ausführungen mögen dies dartun. Die in den Fig. 139 u. 140 (Taf. 17) wiedergegebene Anlage dient zur Bewegung körnigen Materiales mittels Saugluft und hat die nachgenannten Transportaufgaben zu erfüllen: 1. Das Umschlagen des Gutes aus Seeschiffen in Flußschiffe und umgekehrt; 2. das Einlagern des Materiales in den Speicher, und zwar sowohl bei einer Anfuhr desselben im Schiff als auch mit der Bahn oder auch von dem am Wasser gelegenen Stapelplatz bzw. von gemauerten Grubenbehältern an der Außenseite des Speichers aus; 3. das Beladen der Schiffe wieder von allen den genannten Orten aus, und endlich soll auch noch das Umlagern des Gutes innerhalb des Speichers und der Gruben mit der gleichen Anlage vorzunehmen sein. Die für diese vielartigen Manipulationen getroffene Anordnung des Rohrnetzes — es sind zwar kombinierte, aber völlig selbständige Fördersysteme vorhanden — geht im wesentlichen aus der Dispositionszeichnung hervor. Der am Kai aufgestellte Turm trägt oben zwei Rezipienten, unter denen sich zwei Ausgleichsbehälter mit automatischen Wagen befinden; von diesen führen für die Beladung der Schiffe ein paar Fallrohre abwärts. Von den Deckeln der Rezipienten sind die Saugrohre frei über den Stapelplatz und die benachbarten Gleise und Straßen nach den Windkesseln im Maschinenraum geleitet, die den beiden in diesem Fall verwendeten Zweizylinder-Ventil-Luftpumpen vorgeschaltet sind. Von den Böden der Rezipienten zweigen andererseits für das Entladen der Schiffe je zwei Saugleitungen ab. Diese sind an schwenkbaren Auslegern des Kaiturmes aufgehängt, so daß sie den wechselnden Lagen der Entnahmestellen leicht angepaßt werden können. Von dem unteren Teile der Rezipienten führen ferner je zwei weitere Förderrohre nach einem hohen Siloturm des Speichers, der, wie erkenntlich, wieder zwei Rezipienten enthält, in deren Böden diese Rohre münden. Für gewisse Förderungen können die im kaiseitigen Turm mündenden Leitungen durch Rohrstücke auch direkt verbunden werden. Die Rezipienten des Speicherturmes sind an die nämlichen Luftpumpen bzw. Windkessel angeschlossen. Für die Bedienung einesteils des Lagerplatzes und anderenteils der Eisenbahnwagen ist ein kleiner Schlauchturm errichtet, der gleichzeitig zur Stützung der vorher genannten langen Rohrleitungen dient. Für die Bearbeitung endlich der äußeren Lagergruben sowie der eigentlichen Speicherzellen sind von der Hauptförderleitung mehrere Nebenleitungen entsprechend abgezweigt. An allen Zweigstellen sind in die Leitungen Abstellvorrichtungen eingeschaltet, so daß man die einzelnen Leitungen ganz beliebig, je nach der gerade erwünschten Förderung,

Additional information of this book

(Die Materialbewegung in chemisch-technischen Betrieben;
978-3-662-24049-6; 978-3-662-24049-6_OSFO13) is provided:

http://Extras.Springer.com

miteinander kombinieren oder gegeneinander ausschalten kann. So ist es durch Anwendung der pneumatischen Förderweise, und zwar wegen der leicht durchführbaren Disposition des Rohrnetzes, möglich geworden, mit verhältnismäßig einfachen Mitteln die Schwierigkeiten zu überwinden, die durch die große Zahl der Annahme- und Entnahmestellen und durch den mannigfaltigen Wechsel der Förderaufgaben vorhanden waren. Eine weitere Schwierigkeit war bei der Projektierung der Anlage übrigens noch dadurch gegeben, daß alles dem bereits vorhandenen niedrigen Speichergebäude, den Straßen, Gleisen und Stapelplätzen angepaßt werden mußte. Die stündliche Leistung jedes der beiden Fördersysteme beträgt 80 t, bei einer größten Länge der Förderstrecke von etwa 140 m.

In der Art und der Mannigfaltigkeit der letztbeschriebenen Anlage ähnlich, in der Leistungsfähigkeit sie aber noch beträchtlich übertreffend, ist die in den Fig. 141 bis 144 (Taf. 18) eingehend illustrierte Förderanlage der *Amsterdamer Silo- und Speichergesellschaft*, die gleichfalls von der *Dresdener Maschinenfabrik Gebr. Seck* ausgeführt worden ist. Die ganze Einrichtung besteht wieder aus zwei getrennten Systemen und dient zur Entladung von Massengut aus Schiffen, Einlagerung desselben in Speicher und Verladung in Eisenbahnwagen oder in Schuten. Wie die verschiedenen Schnittzeichnungen ersehen lassen, besteht die Anlage in der Hauptsache aus den beiden Pumpstationen (P) an der Giebelseite des Speichers, aus den Rezipienten (R) mit den Wiegeeinrichtungen und aus den Förderleitungen. Diese sind für die Schiffslöschung wieder schwenkbar an eisernen Ufergerüsten (t_1 bis t_7) angeordnet, so daß sie den Schiffsluken entsprechend leicht und ohne Verholen des Schiffes selbst eingestellt werden können. Dabei läßt sich — je nach Größe des Schiffes und der erwünschten Entladeleistung — entweder nur mit einer oder auch mit beiden Anlagen gleichzeitig arbeiten. Unter Umständen kann man die Löschleistung für eine Schiffsabteilung auch noch dadurch forcieren, daß man die in der Mitte des Speichers zusammentreffenden Schwenkrohre beider Anlagen auf die eine Schiffsluke arbeiten läßt. Natürlich ist jede Abzweigleitung für sich abstellbar und außer Wirksamkeit zu setzen. Das nach dem zugehörigen Rezipienten geförderte Gut fällt, nachdem es verwogen worden ist (Fig. 144), in einen Vorratsbehälter (V), von wo es mittels Transportbändern (b_1 bzw. b_2) weitergeschafft wird. Diese führen das Material entweder Elevatoren (E) zur Einlagerung in den Speicher zu oder geben es für die Schiffsbeladung unmittelbar weiter (b_2 bzw. b_a).

In den Fig. 145 bis 148 sind noch zwei weitere beispielsweise Ausführungen pneumatischer Förderungen dargestellt, die nicht nur die eingangs erwähnten allgemeinen Vorteile der Verwendung von Luft als Fördermittel illustrieren, sondern im speziellen noch deren unvergleichliche Eignung gerade zur Entleerung großer Seeschiffe. In die dunklen, nur durch die Lukenöffnungen erhellten Räume dieser riesigen Transportbehälter vermag kein anderes Förderorgan so allseitig wirksam einzudringen als gerade die engen und biegsamen Schlauchleitungen. Als ein weiteres vorteilhaftes Moment kommt hier, wo das Transportgut während oft monatelanger Fahrt in dumpfen Räumen ausdunsten

mußte, im besonderen noch der Umstand in Betracht, daß die Saugentleerung
gleichzeitig eine gründliche Durchlüftung und Reinigung der Schiffsinnen-
räume bewirkt. — Die in den Fig. 146 bis 148 dargestellte Saugtransport-
anlage — von *Luther* für eine große Mälzerei in Amsterdam errichtet — dient
zur Überführung des Malzes aus den Silozellen nach der hochgelegenen Putzerei,

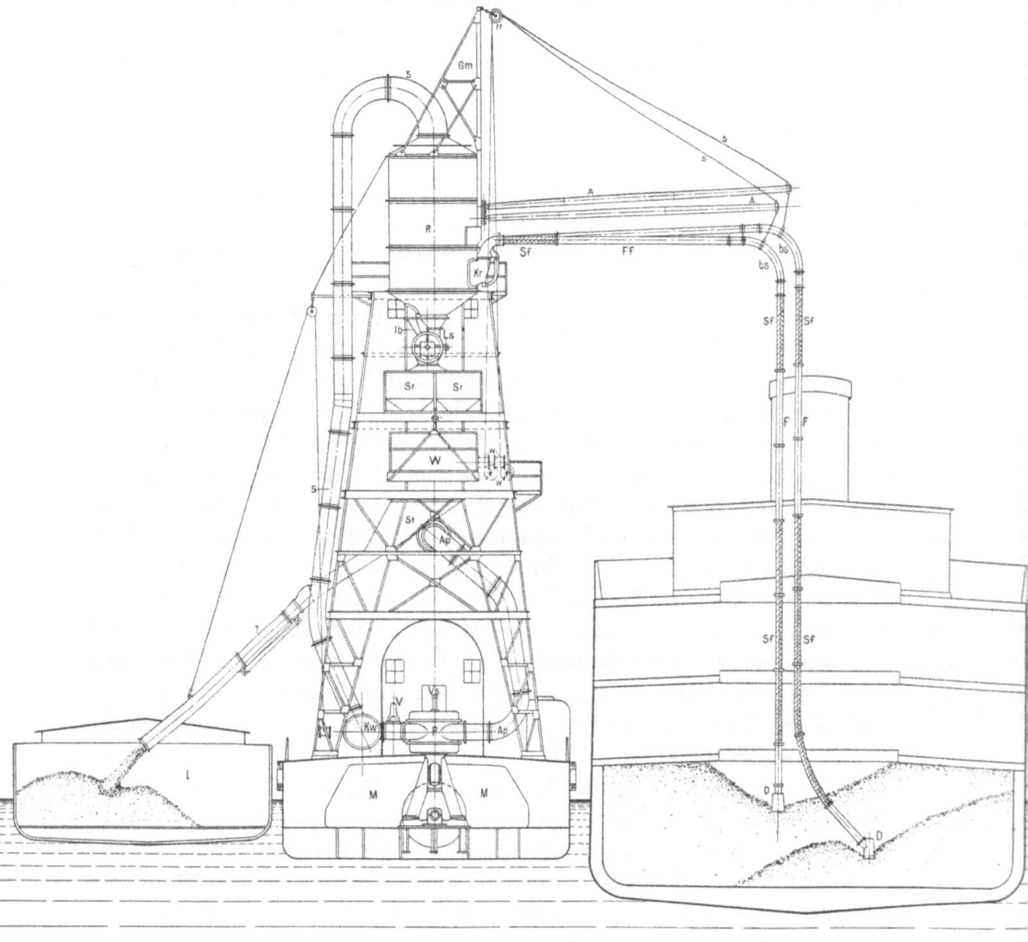

Fig. 145. Pneumatische Schiffsumladung.

wobei das Vakuum durch ein dreifach dichtendes Hochdruckgebläse erzeugt
wird. Die Fördermenge beträgt 140 Zentner pro Stunde.

Neben dem gasförmig-flüssigen Medium Luft und gleichzeitig mit diesem
wird auch das tropfbar-flüssige Wasser neuerdings in steigendem Maße für
die Zwecke der Materialbeförderung in chemisch-technischen Betrieben
herangezogen. Bei der Gleichheit vieler Eigenschaften beider — z. B. der

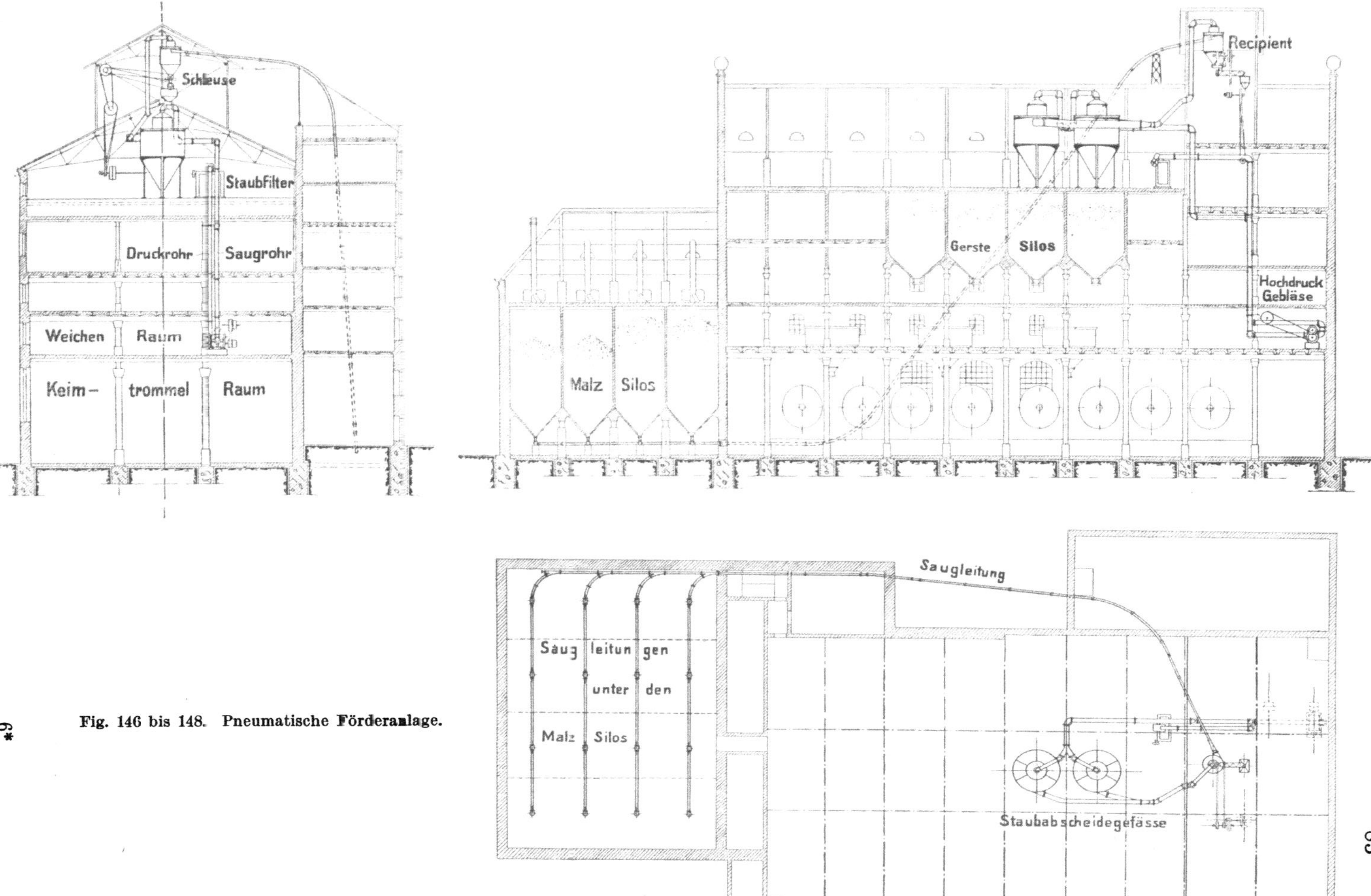

Fig. 146 bis 148. Pneumatische Förderanlage.

Leitungsfähigkeit in kleinen und beliebig verlegbaren Rohren, der Kontinuier-
lichkeit der Förderung u. a. — werden auch die durch den hydraulischen bzw.
pneumatisch-hydraulischen Transport erzielbaren Vorteile denen des
pneumatischen Transportes ähnlich sein können: so die außerordentliche Anpassungsfähigkeit des Förderverlaufes an die gegebene Örtlichkeit, die relativ
große Leistungsfähigkeit u. a. Ein nicht seltenes Beispiel dieser Art veranschaulicht die in Fig. 149 wiedergegebene Anlage zur Hebung der Rüben aus
einer Schwemme in die Rübenwäsche einer Zuckerfabrik. Als Antriebs-

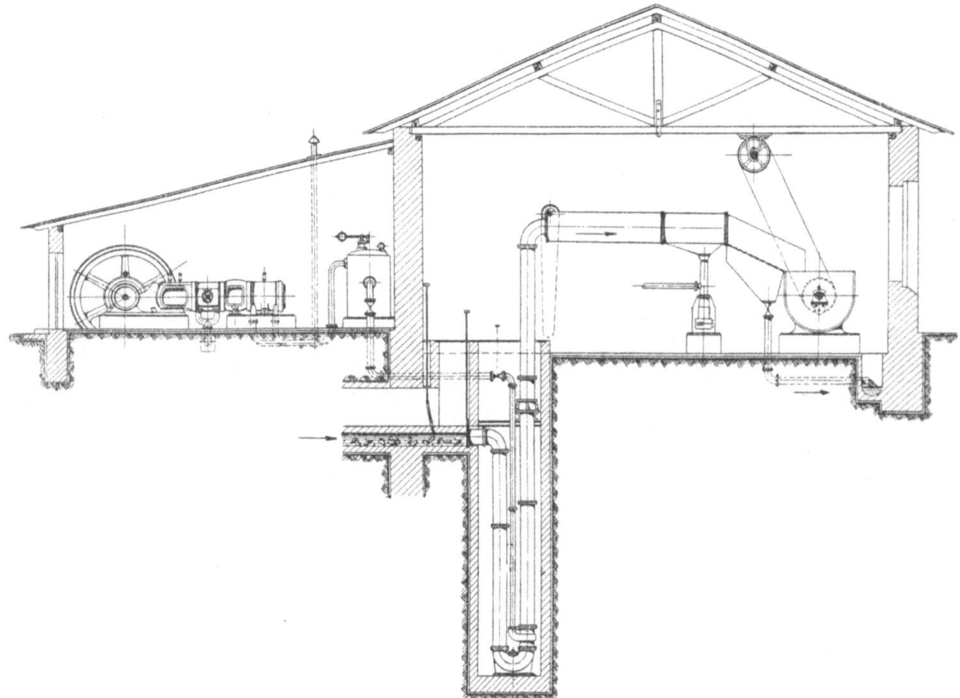

Fig. 149. Pneumatisch-hydraulische Förderung.

maschine ist hierbei eine *Borsig*sche sog. Mammutpumpe gewählt. Die
wesentlichen Bestandteile der Anlage sind die Förder- und Druckluftleitung,
welch letztere im vorliegenden Fall von einem dampfbetriebenen Luftkom-
pressor mit zwischengeschaltetem Windkessel gespeist wird. Die Hebung der
aus dem Schwemmkanal in die Förderleitung einfließenden Rüben kommt nun
dadurch zustande, daß durch den Kompressor Druckluft von unten in die
aufsteigende Förderleitung geschickt wird, die das Schwemmwasser mit den
darin schwimmenden Rüben nach oben in die Ablaufrinne treibt, durch die
sie der Wäsche zugeführt werden, während das Schmutzwasser vorher ab-
läuft. Das Prinzip der Materialbewegung ist bei dieser Förderart also ganz
analog dem des mit Druckluft allein arbeitenden Transportes, mit dem

äußerlichen Unterschiede, daß das Fördergut bei seiner Fortbewegung im Wasser anstatt in Luft schwebt.

Die Vorteile einer derartigen Rübenförderung bestehen zunächst darin, daß mangels irgendwelcher mit dem Fördergut in Berührung kommender mechanischer Förderorgane eine Beschädigung der Rüben auf das Mindestmaß beschränkt ist. Dadurch wächst natürlich die insgesamt zu verarbeitende Rübenmenge (nach fachmännischer Schätzung um etwa 2 Proz.). Da der Druckluftheber keine beweglichen Konstruktionsteile, insbesondere auch keine Ventile, aufweist, so ist auch die Betriebssicherheit einer solchen Anlage recht groß, d. h. Betriebsstörungen sind fast ausgeschlossen. Als ein weiterer Vorteil kommt für das in Rede stehende Anwendungsgebiet noch der Umstand in Betracht, daß durch die Benutzung einer Mammutpumpenanlage unter Umständen die Aufstellung einer besonderen Rübenwäsche unterbleiben kann, da infolge des Wühlens der in das Wasser eingeführten Preßluft einesteils und des wiederholten Wechsels in der Förderrichtung, beim Passieren der Rohrleitung, andernteils bereits eine sehr gründliche Reinigung der Rüben stattfindet. Für die Beurteilung der Wirtschaftlichkeit einer hydraulisch-pneumatischen Rübenförderanlage kann die beifolgende Betriebskostenberechnung einen Anhalt bieten: Für die Hebung von 800 kg Rüben pro Minute (welche in einer siebenmal größeren Wassermenge schwimmen), auf eine Höhe von 5 m beträgt der Arbeitsverbrauch des Luftkompressors der Mammutpumpe effektiv etwa 27,5 PS oder etwa 32,5 im Dampfzylinder indizierte PS. Bei Verwendung eines schwach überhitzten Dampfes mit einer Spannung von 10 Atm. stellt sich der Dampfverbrauch auf etwa 12,6 kg pro PS und Stunde. Der Gesamtdampfverbrauch beträgt demnach pro Stunde $32,5 \cdot 12,6 = $ rd. 410 kg.

Die Wärmemenge dieses Dampfes stellt sich auf $663 \cdot 410 = 271\,830$ Kalorien. Da nun der Abdampf der Kompressormaschinen zu Heizzwecken Verwendung findet, sei ein Gegendruck am Auslaßstutzen von 0,5 Atm. angenommen. Die aus dem Dampfzylinder austretende Wärmemenge stellt sich demnach auf $640 \cdot 410 = 262\,400$ Kalorien. Für die Hebung der Rüben sind demnach im Innern des Dampfzylinders $271\,830 - 262\,400 = 9430$ Kalorien aufgewendet worden. Bei Voraussetzung, daß 1 kg Kohlen etwa 6800 Kalorien entwickelt und im Dampfkessel eine Ausnutzung der Kohlen von 70 Proz. stattfindet, ergibt sich ein effektiver Kohlenverbrauch von $\dfrac{9430}{6800} \cdot 0,7$ = rd. 2 kg Kohlen.

Bei Berücksichtigung eines Kohlenpreises von 2 M. pro 100 kg stellen sich die Betriebskosten für die Hebung von 100 Zentner Rüben auf eine Höhe von 5 m demnach auf 0,4 Pf. oder rd. $^1/_2$ Pf.

Die pneumatische Förderung hat in neuerer Zeit auch zur Bewegung schlammiger Materialien Verwendung gefunden. Im Vergleich zu den mechanischen Verfahren der Schlammförderung ist dem pneumatischen eigentümlich, daß der Schlamm nicht in dünnflüssiger Form durch Abflußrohre weggeleitet oder durch Schlammpumpen gefördert zu werden braucht, sondern in möglichst dicker, schwerflüssiger Form. Die Fig. 150 und 151 geben die schema-

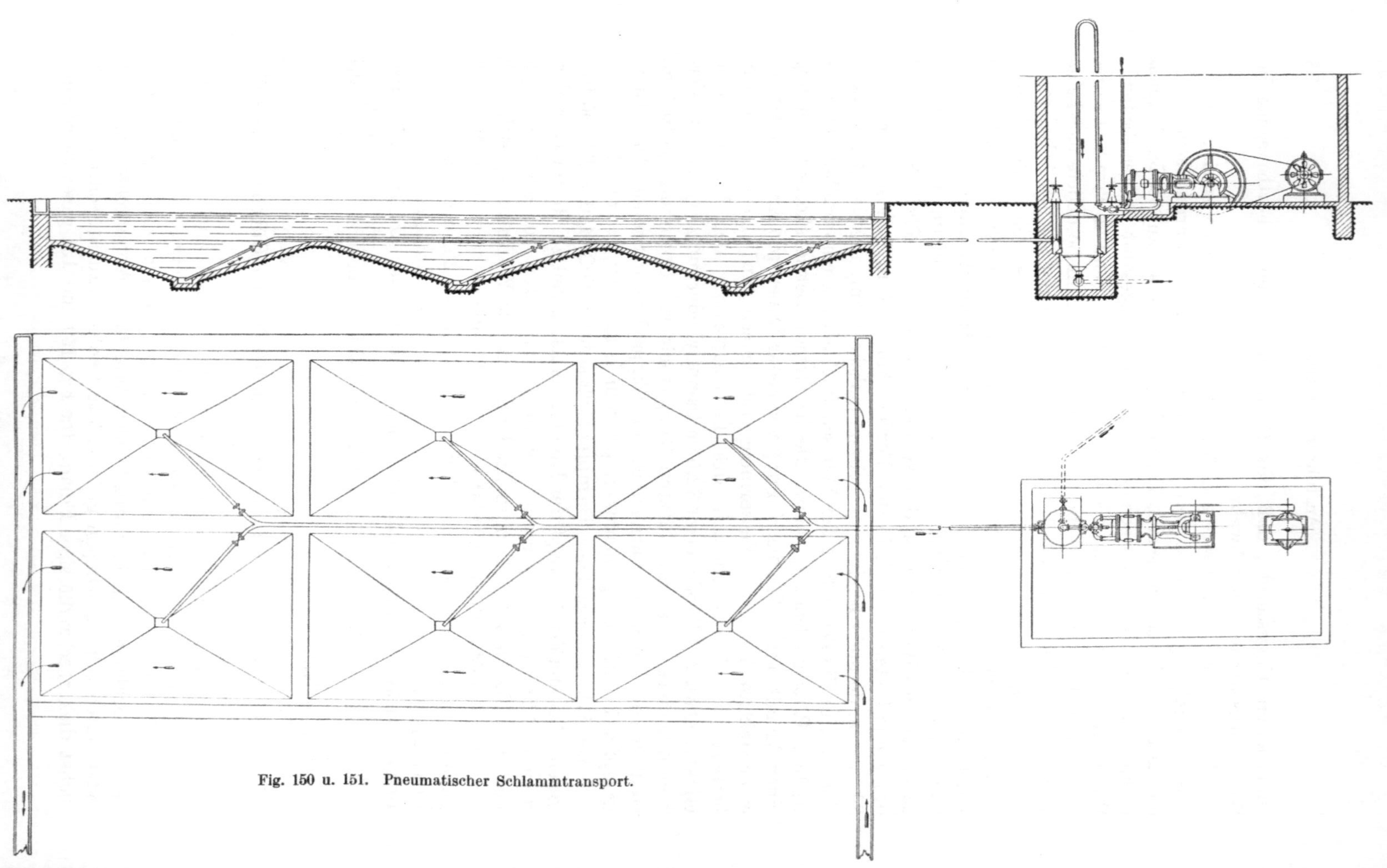

Fig. 150 u. 151. Pneumatischer Schlammtransport.

tische Anordnung einer solchen pneumatischen Schlammförderung nach der Bauart von *A. Borsig*-Berlin wieder. Bei dieser als Mammutbagger bezeichneten Einrichtung erfolgt der Transport des Schlammes dadurch, daß dieser unter Einwirkung eines in einem Kessel erzeugten Vakuums zunächst in diesen gleichsam „hineingezogen" wird. Nachdem der Rezipient so mit Schlamm gefüllt ist, wird dieser mittels eingeführter Preßluft durch eine besondere Rohrleitung der Ablagerungsstelle zugeführt. Die Abbildungen, die den pneumatischen Schlammtransport aus einem Klärteich darstellen, lassen erkennen, daß im Boden des Beckens trichterförmige Vertiefungen vorgesehen sind, in denen sich der aus der Trübe gefällte Schlamm absetzen und durch die Saugzweigleitungen gut abgesogen werden kann. Als besondere Vorteile einer derartigen Schlammförderung werden u. a. geringe Kosten für die Beseitigung der aus dem Wasser gefällten Materialien sowie eine vollkommene und gleichmäßige Klärung der Schwemmwasser angegeben. Eine beispielsweise Betriebskostenrechnung ist nachstehend durchgeführt: Für die Hebung von 10 cbm Schlamm pro Stunde auf eine Höhe von etwa 10 m und eine horizontale Entfernung von etwa 500 m beträgt der Arbeitsverbrauch des Luftkompressors während der Saugperiode etwa 4 PS, während der Druckperiode etwa 11 PS, so daß sich ein mittlerer Kraftbedarf von 7,5 PS ergibt, gemessen am Umfang der Riemenscheibe des Kompressors.

Berücksichtigt man, daß der Abdampf zu Koch- und Heizzwecken Verwendung findet, so kostet die Kilowattstunde etwa 2,5 Pf. Also betragen die Stromkosten pro Stunde für 7,5 PS $\dfrac{7,5 \cdot 2,5}{1,36} = 14$ Pf. Demnach stellen sich die Betriebskosten für die Hebung von 1 cbm Schlamm auf eine Höhe von etwa 10 m und eine horizontale Entfernung von etwa 500 m auf 1,4 Pf. oder rd. $1^{1}/_{2}$ Pf.

Im Anschluß an diese mit Druckluft arbeitende Förderung soll noch eines Transportmittels kurz gedacht sein, das, wenn auch nur mittelbar, gleichfalls mit einem im Rezipienten unter Druck stehenden Agens arbeitet, der feuerlosen Lokomotive. Die Berücksichtigung dieses scheinbar außerhalb des Rahmens dieses Buches gelegenen Fördermittels ist hier indes dadurch gerechtfertigt, daß es sich gerade für Nahtransporte und besonders für feuergefährliche Betriebe chemisch-technischer Art, wie Papierfabriken, Pulverfabriken und sonstige chemischen Werke hervorragend eignet. Das Wesen einer feuerlosen Lokomotive läßt sich am leichtesten durch Gegenüberstellung mit den gewöhnlichen gefeuerten Lokomotiven damit erklären, daß die feuerlose Lokomotive den zur Speisung der Zylinder erforderlichen Dampf nicht selbst, über einer Feuerung, erzeugt, sondern ihn in ihrem kesselförmigen Rezipienten einer abseitigen, selbständigen Dampfquelle entnimmt und ihn nur in dem eigenen Zylinder, wie bei der normalen Lokomotive, zur Wirkung kommen läßt. In Bezug auf die Trennung von Erzeugungs- und Verwendungsort des Treibmittels gleicht die feuerlose Lokomotive also ganz der Druckluftlokomotive. Diese hat sich allerdings nicht so recht einzuführen vermocht; erst in neuerer Zeit werden wieder, und zwar unter Anwendung sehr

hoher Betriebsspannungen (100 bis 150 Atm.) erfolgversprechendere Versuche
zur Einführung von Druckluftlokomotiven — speziell in den Bergwerksbetrieb — unternommen. Bei der feuerlosen Lokomotive dient als Dampf-
entnahmestelle in der Regel eine stationäre Kesselanlage, unter Umständen
auch eine Lokomobile. Die Fig. 152 läßt die übliche Art der Füllung
einer feuerlosen Lokomotive, an einer am Kesselhause befindlichen Rohrleitung, erkennen (Bauart *Orenstein & Koppel — Arthur Koppel*, Berlin).
Ein Haupterfordernis für ein befriedigendes Arbeiten einer solchen Lokomotive ist begreiflicherweise die gute Isolierung des Kessels. Bei guter

Fig. 152. Feuerlose Lokomotive.

und zweckmäßiger Isolierung läßt sich der Dampfverlust durch Wärmeaus-
strahlung außerordentlich beschränken. Für die Dauer der Betriebsfähigkeit
mit einer Füllung sind natürlich die jeweiligen Verhältnisse maßgebend. In
nicht außergewöhnlich ungünstigen Fällen hält eine Füllung etwa einen halben
Tag vor; sie muß erst wieder erneuert werden, sobald der Dampfdruck auf
etwa 1 Atm. gesunken ist. Bei dieser Spannung ist sie im allgemeinen noch
imstande, sich selbst mehrere hundert Meter weit fortzubewegen. Außer dem
bereits genannten wesentlichen Vorzug der feuerlosen Lokomotive, ihrer Verwendbarkeit in feuergefährlichen Betrieben, bietet sie noch weitere Vorteile
wirtschaftlicher und betriebstechnischer Art: Ersparnis eines Heizers (da die
Maschine keinen geprüften Führer erfordert, vielmehr von jedermann leicht
bedient werden kann), sofortige Betriebsbereitschaft (da ein Anheizen in Wegfall kommt und sie selbst, einmal gefüllt, nach Verlauf von Stunden noch ohne

weiteres in Betrieb gesetzt werden kann), schadlose Verwendbarkeit in Werkstätten, Hallen und sonstigen geschlossenen Räumen (da bei ihr keinerlei Rauchentwicklung stattfindet) u. a. m.

Aus der Patentliteratur über Pneumatische Förderer:

1908.

Nr. 199 611. (*Alvin Care Mc. Cord* in Chikago.) Druckluftförderung, bei welcher die Wandung des Förderrohres mit einer Reihe Einlaßöffnungen zur Zuführung der Druckluft versehen ist, d. g., daß die Achsen der Einlaßöffnungen in der Förderrohrwandung annähernd tangential und in einem spitzen Winkel zum Rohrquerschnitt angeordnet sind, so daß die Druckluft in einer Spirallinie an der Innenwand des Förderrohres entlang streicht.

Nr. 196 557. (*Wilhelm Hartmann*, Offenbach.) Um- und Ausschaltvorrichtung für die Rohrleitungen pneumatischer Fördervorrichtungen, d. g., daß zwischen die gegenüberliegenden Enden mehrerer Rohrleitungen zwei miteinander verbundene Verbindungsstücke eingeschaltet sind, die einerseits gegeneinander drehbar abgedichtet sind und andererseits an ihren freien Enden entsprechend gestaltete — z. B. kugelförmige oder flachkugelförmige — Abschlußstücke tragen, so daß durch Drehung der Verbindungsstücke um eine symmetrisch zu den zu verbindenden Rohrstücken liegende Achse jedes beliebige Rohr der einen Seite mit jedem beliebigen Rohr der anderen Seite verbunden werden kann.

Nr. 194 700. (*C. G. Leonhardt*, Crossen a. Mulde.) Vorrichtung zum Zuführen von Holz- oder Papierstoffen in pneumatische Förderanlagen, d. g., daß in den Fülltrichter oberhalb der eigentlichen Zuführungsvorrichtung Walzen mit scharfkantigen Stacheln oder Stiften angeordnet sind, die den Stoff vor seinem Eintritt in die Zuführungsvorrichtung nochmals zerreißen.

1909.

Nr. 213 121. (*Jan van Rode* in Rotterdam.) Saugdüse für Saugluftfördervorrichtungen, d. g., daß der angesaugte Luftstrom in der Düse in zwei Teile geteilt wird, von denen der eine Teil des Saugluftstromes das zu fördernde Schüttgut von der Seite in das Düseninnere hineinbläst, während der andere Teil des Saugluftstromes unterhalb dieser Schüttgutsströmungen in die Düse mündet und das Schüttgut hebt.

1910.

Nr. 227 984. (*Mühlenbauanstalt und Maschinenfabrik, vorm. Gebr. Seck*, Dresden.) Pneumatische Förderanlage mit einer Vorrichtung zum Abscheiden des Staubes aus der Förderluft, bestehend aus mehreren, in getrennten Kammern untergebrachten Filterschlauchgruppen, g. durch eine Regelungsvorrichtung, mittels deren der Förderluftstrom in den einzelnen Schlauchkammern während des Betriebes geregelt oder ganz abgestellt werden kann, zu dem Zweck, die Stärke des Förderluftstromes dem verschiedenen Zustande der einzelnen Filterschlauchgruppen besser anpassen, einzelne Gruppen herausnehmen, reinigen und wieder einsetzen oder durch neue ersetzen zu können, ohne den Betrieb des Staubscheiders zu stören.

Nr. 224 618. (*Walter Reinhardt*, Frankfurt a. M.) Saugrüssel für pneumatische Förderanlagen, d. g., daß die Zuführung des Fördergutes in den Saugrüssel durch eine in Richtung der Längsachse des Saugrüssels liegende Schnecke erfolgt, die mit solcher Geschwindigkeit umläuft, daß das Fördergut möglichst mit der Geschwindigkeit des Luftstromes in diese eintritt.

Nr. 229 020. (*Louis Gaston Rohde* und *Henry Johannes Rohde*, Paris.) Druckluftfördervorrichtung für körnige und pulverförmige Stoffe, bei der das Fördergut in zwei Längsröhren abwechselnd durch die Druckluft weitergeleitet wird, d. g., daß die zwei Förderleitungen in ihrem wagerechten am tiefsten gelegenen Teil oben eine Anzahl Öffnungen aufweisen, die in ihrem Querschnitt gemeinsam regelbar sind.

Nr. 219 986. (*François Alexander Mertens* in Brüssel.) Druckluftfördervorrichtung für körniges oder pulverförmiges Schüttgut, auf der dicht vor dem konischen Ende des Elevatorrohres das Druckluftrohr endet, d. g., daß das Druckluftrohr in axialer Richtung verschiebbar ist, zu dem Zweck, durch Verschieben des Druckluftrohres die Zutrittsöffnung zur Elevatorrohrmündung für das zu fördernde Schüttgut vergrößern oder verkleinern zu können.

1911.

Nr. 233 458. (*Phillip van Berendanck* in Brüssel.) Pneumatische Fördervorrichtung für Schüttgut, bei der das Gut mittels Saugluft in einen Behälter gesaugt und aus ihm mittels Druckluft weiter befördert wird, g. durch ein in einem Gange schraubenförmig gewundenes Rohr, zwischen dessen oberen und unteren Rohrkrümmern eine Ventilklappe eingeschaltet ist, die abwechselnd sowohl die Verbindung zwischen den beiden Krümmern, als auch die Luftleitung freigibt und absperrt, die durch ein Nebenrohr dauernd mit dem unteren Rohrkrümmer verbunden ist, dessen freies, schräg abgeschnittenes Ende mit einer nach außen sich öffnenden Ventilklappe versehen ist.

Nr. 234 456. (*Hermann Schubert* in Beuthen, O.-S.) Pneumatische Schlammförderung in Bergwerksbetrieben, d. g., daß sie zu dem oder von dem Arbeitskessel gehenden Saug- und Druckleitungen zu einem einzigen Rohrstrang vereinigt ist, von dem zu den einzelnen Klärtaschen absperrbare Öffnungen abzweigen und der hinter den letzten Stutzen absperrbar ist.

Nr. 236 371. *Maschinenfabrik und Mühlenbauanstalt G. Luther A.-G.*, Braunschweig.) Vorrichtung zur besseren Staubabscheidung im Zentrifugul-Staubsammler einer Saugluftförderanlage für Massengüter, d. g., daß um den Luftaustritt im Innern des Staubsammlers Luft spiralenförmig eingezogen und infolgedessen die kreisende Staubluftsäule im Staubsammler von innen her stärker umgetrieben wird.

Nr. 241 258. (*Wilhelm Hartmann*, Offenbach.) Saugluftförderanlage, d. g., daß die das Vakuum erzeugende Luftpumpe so eingerichtet ist, daß sie mit ihren beiden Seiten auf je eine selbständige Leitung wirkt, von denen jede mit einem gleichzeitig als Ausgleicher wirkenden Filter versehen und durch einen Dreiweghahn derart mit einer dritten Leitung verbunden ist, daß nach Bedarf entweder auf beide Leitungen oder nur auf eine dieser Leitungen oder auf die dritte Leitung gemeinsam gearbeitet werden kann.

Nr. 241 699. (*Wilhelm Hartmann*, Offenbach a. M.) Vorrichtung zum Entladen und Beladen von Schiffen mittels Saugluftförderung, d. g., daß sowohl das Saugluftförderrohr, wie auch das zum Beladen des Schiffes dienende Schüttrohr gemeinsam auf einen kranartigen Ausleger derart drehbar angeordnet ist, daß ihre Verbindung einerseits mit der Saugkammer, andererseits mit dem Einschüttrichter in jeder Stellung des Auslegers erhalten bleibt, wobei das Schüttrohr zwecks gleichmäßiger Abnutzung um seine eigene Achse drehbar ist.

1912.

Nr. 243 420. (*Johann Sigismund Fastung*, Frederiksberg b. Kopenhagen.) Saugluftfördereinrichtung zum Füllen von Behältern mit feinkörnigem Schüttgut, d. g., daß die zu füllenden Behälter in luftdichten, mit den Einsaugrohren verbundenen Kammern untergebracht sind.

Nr. 243 628. (*Gesellschaft Gebrüder Sfaello, E. Koltschanoff u. V. Diamantidi* in Taganrog, Rußland.) Vorrichtung zur Förderung körnigen Gutes, insbesondere Getreide, auf pneumatischem Wege, g. durch eine rotierende Pumpe, welche durch den angesaugten Luftstrom das körnige Gut mitreißt und in den Saugraum der Pumpe befördert, aus welchem es, nachdem der Unterdruck im Pumpensaugraum beseitigt worden ist, durch die anschließende Druckleitung hindurch weitergedrückt bzw. weiter gehoben wird.

1913.

Nr. 260 220. (*Wilhelm Hartmann*, Offenbach a. M.) Vorrichtung zum Entleeren der Saugkammern von Saugluftförderern, d. g., daß die Entladevorrichtung als Kapselräderwerk ausgebildet ist, dessen beide Zahnräder das Fördergut aus der Saugkammer heraussaugen, dabei aber gleichzeitig das Eindringen atmosphärischer Luft in die Saugkammer verhindern.

Nr. 255 849. (*Wilhelm aus den Ruthen*, Bremen.) Pneumatische Fördervorrichtung für Massengüter, bei der das Gut durch Saugluft in einen Sammelbehälter gefördert und aus diesem durch Druckluft herausgedrückt wird, d. g., daß der Sammelbehälter heb- und senkbar ist und aus zwei konzentrischen, durch ein Filterband voneinander getrennten Räumen besteht, von denen der äußere abwechselnd mit einer Saug- und Druckpumpe verbunden wird, derart, daß bei Hochstellung des Sammelbehälters die Verbindung mit der Saugpumpe hergestellt und dadurch der innere mit einer Einlaß- und Auslaßklappe versehene Sammelraum mit Massengut gefüllt wird, während nach erfolgtem Füllen des Sammelraumes der Sammelbehälter sinkt und während des Sinkens das Gut durch Anschluß des Raumes an die Druckluftpumpe durch Druckluft weiterbefördert und gleichzeitig der Staub auf der Innenseite der Filterwand abgeblasen wird, worauf der Sammelbehälter sich selbsttätig wieder hebt und nach Abstellung der Verbindung mit der Druckluftpumpe sich selbsttätig wieder einschaltet.

Nr. 256 385. (*Carl Scherf*, Bad Ems.) Einrichtung zur Förderung von Kohle und anderen Materialien während der Bearbeitung, d. g., daß das Material in geschlossener Leitung von der ersten Bearbeitungsstelle bis zur letzten durch einen Saugluftstrom befördert wird und dabei durch die in beliebiger Anzahl hintereinander geschalteten und mit einem luftdichten Mantel umgebenen Bearbeitungsvorrichtungen geführt wird.

Nr. 256 512. (*Paul Elle* in Altwasser i. S.) Druckluftmörtelbeförderungsanlage, bei welcher der Mörtel aus einem ein Rührwerk enthaltenden Behälter durch Druckluft zur Verbrauchsstelle gebracht wird, d. g., daß die Rührwerkschaufeln tangential zu einem konzentrisch zur Drehachse gelegenen Kreise gerichtet sind und mit ihrer in der Drehrichtung gelegenen Seiten das Fördergut fassen und nach der Achse drängen.

Nr. 261 540. (*G. Luther*, *A.-G.*, Braunschweig.) Rohrleitung für Luftförderer zur Förderung heißen Schüttguts, d. g., daß das Förderrohr in eine Anzahl Förderrohre von kleinerem Durchmesser geteilt ist zu dem Zweck, das Schüttgut auf dem Förderwege stark abkühlen zu können.

Nr. 262 276. (*Gebr. Seck*, Dresden.) Speisevorrichtung für Saugluftförderer, bestehend in einer geneigten Fläche, auf der das Fördergut einer Saugöffnung zuläuft, d. g., daß die Saugöffnung mit einer ungefähr senkrecht zur geneigten Fläche angeordneten, regelbaren Stauwand versehen ist.

Nr. 262 819. (*Wilh. Grundmann*, Beienrode.) Luftförderer für Schüttgut, insbesondere Chlorkalium, bei welchem eine die Förderluft in das Förderrohr einleitende Düse in ihrer Längsrichtung verschiebbar angeordnet ist, d. g., daß die Düse neigbar gelagert ist.

Nr. 263 644. (*F. Hartmann*, Darmstadt.) Saugluftförderanlage für Schüttgut, insbesondere heiße Asche, Schlacke u. dgl., d. g., daß das Förderrohr in ein entsprechend hohes, oben mit dem Saugrohr verbundenes, unten offen in einen offenen Wasserbehälter eintauchendes Rohr von größerem Querschnitt in solcher Höhe mündet, daß beim Betrieb der Anlage das Rohr stets bis über der Mündungsstelle des Förderrohres mit Wasser gefüllt ist, wodurch das in das Rohr eintretende Gemisch von Fördergut und Luft stets vollständig gelöscht bzw. entstaubt wird.

Nr. 261 584. (*Alb. Sauer*, Dessau.) Zerteilvorrichtung in dem Absaugtrichter eines Luftförderers, gekennzeichnet durch einen Stöpsel, der, von Hand oder auf beliebige andere Weise bewegt, das vor die Mündung des Förderrohres fallende Gut bei vollständig geschlossenem Trichter zerkleinert und gleichzeitig dabei den Zutritt der zum Fördern des Guts erforderlichen Luft in den Trichter vermittelt.

1914.

Nr. 272 075. (*Wilh. Hartmann*, Offenbach.) Saugkammer bei Saugluftförderern für feuchtes Schüttgut, d. g., daß der Deckel der Saugkammer eine nach einer Sammelstelle hin so stark abfallende, vorteilhaft zunehmende Neigung erhält, daß die an der

Innenfläche sich niederschlagenden Wassertropfen nicht abfallen können, sondern an ihm entlang bis zu dem Sammelbehälter laufen, von wo sie nach außen abgeleitet werden.

Nr. 273 300. (*J. A. Topf & Söhne*, Erfurt.) 1. Aufgabevorrichtung für Luftförderer, d. g., daß über der Öffnung des Einlauftrichters ein besonderer Einschütttrichter angeordnet ist, der mit dem Einlauftrichter federnd verbunden ist.

2. Aufgabevorrichtung nach Anspruch 1, d. g., daß unter dem Einschütttrichter eine Rührvorrichtung angeordnet ist, die durch das eingeworfene Gut in Bewegung versetzt wird.

Aus der Zeitschriftenliteratur über Pneumatische Förderer:

Adelsberger: Druckluft-Wasserheber. Kohle u. Kali 1907, Nr. 8 u. 9 (Beschreib. m. Z. u. Ph.).

Meyer: Die Schlammförderung auf pneumatischem Wege und ihre Vorteile für den Bergwerksbetrieb. Glückauf 1911, Nr. 8 (Beschreib. u. Kosten m. Z. u. Ph.).

Kröning: Druckluft-Hebezeuge. Zeitschr. f. prakt. Maschinenbau 1911, Heft 4 (Beschreib. m. Z. u. Ph.).

— Eine pneumatische Getreideförderanlage in zeitgemäßer Bauart. S. B. B.-Ztg. 1911, Heft 6, S. 280—283 (Beschreib. m. Ph.).

Spalek: Transporteinrichtungen in Brauereianlagen. Zeitschr. d. österr. Ing.- u. Arch.-Ver. 1912, Nr. 18, S. 283—284 (Beschreib. o. Abb.).

— Eine pneumatische Schiffsentladeanlage für eine abseits gelegene Mühle. S. B. B.-Ztg. 1912, Heft 5/6, S. 257—259 (Beschreib. m. Ph.).

— Pneumatische Förderanlagen für Teigwaren. S. B. B.-Ztg. 1912, Heft 5/6, S. 259 (Beschr. m. Ph.).

Schäfer: Pneumatische Förderung heißer Flugstaubmassen. Rauch u. Staub 1912, Nr. 3, S. 63—68 (Beschreib. m. Z. u. Ph.).

Kasten: Die technischen Einrichtungen des Briefverkehrs. Verkehrstechnische Woche 1913, Nr. 12, S. 192—194 (Beschreib. m. Z.).

Herzog: Pneumatische Schiffsentlade- u. Beladeanlage in zwei getrennten Systemen für eine stündliche Leistung von 160 t. Mühlen- u. Speicherbau 1913, Heft 5, S. 61—64 (Beschreib. m. Z.).

— Kohlenförderung mit Saugluft. Zeitschr. d. Ver. deutsch. Ing. 1913, Nr. 12, S. 474 bis 476 (Beschreib. m. Z.).

Buhle: Zur Frage der mechanischen und pneumatischen Förderer. Industriebau 1913, Heft 7, S. 159—167 (Beschreib. u. Wirtschaftl. m. Z. u. Ph.).

Hermanns: Saugluft-Förderanlage für Schwerfrucht. Zeitschr. d. Ver. deutsch. Ing. 1913, Nr. 5, S. 194 (Beschreib. m. Z.).

Schröder: Pneumatische Förderanlagen für Kohle. Braunkohle 1913, Heft 43, S. 684 bis 686 (Allgem. o. Abb.).

Buhle: Zur Entwicklung der pneumatischen Kornförderung. Technische Rundschau 1913, Nr. 7, S. 85—87 (Verschied. m. Z. u. Ph.).

Herzog: Entstaubung und Späneförderung mit Saugluft. Zeitschr. d. Ver. deutsch. Ing. 1913, Nr. 44, S. 1763—1764 (Beschreib. m. Z. u. Ph.).

Schorrig: Pneumatische Braunkohlenförderanlage. Braunkohle 1913, Nr. 26, S. 447—451 (Allgem. u. Beschreib. m. Z. u. Ph.).

Lufft: Pneumatische Getreideförderanlage an der Magistratsstrecke in Magdeburg. Fördertechnik 1913, Heft 1, S. 12—14; Heft 2, S. 34—38 (Beschreib. m. Z. u. Ph.).

Herzog: Pneumatischer schwimmender Getreideheber. Fördertechnik 1913, Heft 4, S. 73 bis 75 (Beschreib. m. Z. u. Ph.).

— Bietet das Zusammenarbeiten von pneumatischen und mechanischen Fördermitteln wirtschaftliche Vorteile? Fördertechnik 1913, Heft 6, S. 130—136 (Beschreib. m. Z. u. Ph.).

Blau: Mammutpumpen und Mammutbagger für Bauzwecke. Baumaschine 1913, Heft 1, S. 6—8; Heft 2, S. 19—22 (Beschreib. m. Z. u. Ph.).

Michenfelder: Fortschritte und Bestrebungen auf dem Gebiete der Fördertechnik in Häfen. Zeitschr. d. Ver. deutsch. Ing. 1913, Nr. 9, S. 332 u. 333, Nr. 21, S. 835 u. 836 (Beschreib. u. Betriebl. m. Z.).

Buhle: Neue Saugluft-Getreideheber und andere Förder- und Lageranlagen. Zeitschr. d. Ver. deutsch. Ing. 1913, Nr. 10, S. 362—365 (Beschreib. m. Z. u. Ph.).

Greiner: Ein neues Maschinenelement zur Förderung von körnigen Massengütern. Zeitschr. d. Ver. deutsch. Ing. 1914, Nr. 4, S. 154 (Beschreib. u. Tabelle von Schuppenpanzerschlauch m. Z.).

Briem: Pneumatische Materialförderung in industriellen Anlagen. Technische Mitteilungen u. Nachrichten vom Ver. deutsch. Chemiker usw. 1914, S. 250—254 (Beschreib. u. Betriebl., bes. d. Pumpe, o. Abb.).

— Kohle- und Aschetransport in der Kraftanlage der Pierce-Arrow Motor Car Co. Feuerungstechnik 1914, S. 244 (Beschreib. o. Abb.).

— Einrichtungen zur mechanischen Abfuhr der Kesselschlacke. Feuerungstechnik 1914, S. 208 (Beschreib. m. Ph.).

— Über die Verwendung der Mammutpumpe in der chemischen Industrie. Braunkohle 1914, Heft 8, S. 120 u. 121 (Refer. o. Abb.).

— Saugförderanlage, die gleichzeitig Kohle und Asche fördert. Zeitschr. d. Ver. deutsch. Ing. 1914, Nr. 11, S. 434—435 (Beschreib. o. Abb.).

Hängebahnen.

(Einschienenbahn, Elektrohängebahn, Elektrowindenbahn, Schienenhängebahn (im Gegensatz zur Seilhängebahn), Schwebebahn, Elektroschwebebahn.)

Das auf dem Gebiete der Fördertechnik immer mehr auftretende Bestreben, die unproduktiven Arbeiten der Materialbewegung, die nun einmal ein notwendiges Übel bei jeder Fabrikation sind, wenigstens so rationell als möglich vor sich gehen zu lassen, hat eine seiner bemerkenswerten Verkörperungen in den Hängebahnen gefunden. Tritt doch bei ihnen zunächst deutlich das Ziel in die Erscheinung, das Eigengewicht der Transportvorrichtung, das als toter Ballast die Ortsveränderung jeder Last schwerfälliger und teurer macht, nach Möglichkeit kleinzuhalten und dadurch außer der Manövrierfähigkeit auch die Wirtschaftlichkeit der Einrichtung zu heben. Die mit der Reduktion der Masse gleichzeitig erreichte Beschränkung der äußeren Form erweitert fernerhin das Verwendungsgebiet von Hängebahnen ungemein: denn dadurch ist ihre Anpassungsfähigkeit nicht nur an selbst sehr kleine Durchgangsprofile geschaffen, sondern auch an fast alle durch die Örtlichkeit oft bedingten Richtungsänderungen der Fahrbahn. Allein diese Vorzüge dürfen zur Erklärung dafür ausreichen, daß die Hängebahnen heute zu den meistverbreiteten Fördermitteln gehören.

Wesen der Konstruktion. Eine Hängebahn besteht in der Hauptsache aus einer hochliegenden, einfachen Schienenstrecke, die für an ihr hängende, durch Hand oder Elektromotor bewegte Wagen als Fahrbahn dient.

Arbeitsweise. Die Förderung erfolgt, indem das an beliebiger Stelle in die Hängebahnwagen aufgegebene Material längs der Schienenbahn transportiert und an gleichfalls beliebigen Stellen durch Umkippen oder Öffnen des Bodens der Transportgefäße, von Hand oder selbsttätig, abgegeben wird.

Anwendbarkeit. Die Hängebahnen sind je nach der Ausbildung der Fördergefäße zum Transport der verschiedenartigsten Materialien geeignet. Die Hochlage der Fahrbahn macht sie besonders geeignet für solche Fälle, in denen der Flur für andere Zwecke benutzt oder benötigt wird oder auch, wenn die Beschaffenheit des Terrains, sei es durch Unebenheit, durch zwischenliegende Hindernisse oder dgl. die Aufstellung bodenständiger Fördervorrichtungen verbietet. In bezug auf den Verlauf der Transportvorrichtung ist man bei den Hängebahnen ziemlich unabhängig, da wagrechte Laufänderungen und sogar Abzweigungen hier ohne weiteres bzw. mit Hilfe von Drehscheiben oder Weichen vorgenommen werden können, auch solche in senkrechter Ebene gleichfalls in weitgehendem Maße, besonders bei Zuhilfenahme besonderer Einrichtungen für das Überwinden der Schrägstrecken durch Seilzüge, Schienenverzahnungen oder dgl.

Vorteile. Neben der vorstehend ausgedrückten recht universellen Verwendbarkeit ist ein besonderer betrieblicher Vorzug der Hängebahn, vor allem der Elektrohängebahn, die vollkommene Selbständigkeit des Antriebes. Diese ermöglicht es einesteils, die Leistungsfähigkeit der Anlage in einfacher Weise und in beliebigem Maße durch Hinzunahme weiterer Wagen jedem noch so starken Anwachsen der diesbezüglichen Betriebserfordernisse anzupassen, sie ermöglicht anderenteils — dieses Moment kommt allen zentral angetriebenen Transportvorrichtungen gegenüber in Betracht. — Reparaturen am Antriebsmechanismus auf den davon betroffenen Wagen zu beschränken, ohne daß die übrige Förderung darunter leidet.

Nachteile. Die Selbständigkeit des Antriebes, die bei maschineller Ausbildung die Anschaffungskosten jedes Wagens, bei Handbetätigung die Bedienungsmannschaft naturgemäß wesentlich erhöht, zieht der Ausdehnung des Bahnnetzes bei entsprechender Vergrößerung des Wagenparkes aus wirtschaftlichen Gründen Grenzen. Die für die Stützung der Schienenbahn in geringerem Abstand erforderlichen Ständer können dadurch u. U. ein Verkehrshindernis sein. Jedenfalls sind größere Spannweiten — wie bei Drahtseilbahnen — d. h. weitere Überbrückungen nicht möglich.

Ausführungsbeispiele.

Die folgenden Beispiele sollen die zweckmäßige Verwendbarkeit von Hängebahnen in verschiedenartigen chemisch-technischen Betrieben vor Augen führen und insbesondere ihre Anpassungsfähigkeit an alle modernen Anforderungen in technisch-konstruktiver wie -wirtschaftlicher Hinsicht erkennen lassen. Sie zeigen, wie gerade die Hängebahn geeignet ist, die Materialbewegung — gleichgültig ob in Massen- oder Stückgut — nicht nur bei einfachen Bedingungen, etwa zwischen zwei benachbarten Plätzen, zu übernehmen, sondern auch unter schwierigeren Verhältnissen, wo neben komplizierten Arbeitsbedingungen noch örtliche Hindernisse und beengte Raumverhältnisse vorliegen. Sie beweisen ferner, daß insbesondere auch zur Lösung so spezialisierter Transportfragen, wie sie in der Entladung von Schiffen gegeben sind, die

Additional information of this book

(Die Materialbewegung in chemisch-technischen Betrieben; 978-3-662-24049-6; 978-3-662-24049-6_OSFO14) is provided:

http://Extras.Springer.com

Hängebahn in hervorragendem Maße befähigt ist. Oft stellt, bei mehr oder weniger vielseitigen Arbeitsbedingungen, eine Hängebahn in der Tat das einzige Mittel dar, allen geforderten Transportmöglichkeiten in einheitlicher und einfachster Weise zu genügen. Während sonst ein umständliches Zusammenarbeiten verschiedenartiger Fördermittel nötig wäre, beispielsweise von Kranen, Bändern, Elevatoren usw., vermag eine zweckentsprechende Disposition und Konstruktion einer Hängebahnanlage deren gesamte Arbeitsbestimmungen meist allein auszuführen.

Die in Fig. 153 und 154 bis 157 (Taf. 19) abgebildete Anlage dient einesteils dazu, die für den Betrieb zweier Koksofenbatterien benötigten Kohlen von

Fig. 153. Hängebahnanlage für Schiffsentladung und Lagerplatzbedienung.

dem Lager der Mischanlage zuzuführen, andernteils soll sie auch die in Schiffen ankommende Kohle zu den beiden vorgenannten Stellen schaffen können. Zur Lösung dieser drei Transportaufgaben ist eine Hängebahn gewählt worden, deren Fahrschiene sämtliche für die Bearbeitung in Betracht kommenden Punkte in einem fortlaufenden Strange verbindet, so daß es möglich ist, mit jeder der beiden Hängebahnkatzen den Betrieb zwischen beliebigen Punkten durchzuführen. Die Katzen, die in der Regel mit einfach pendelnd aufgehängten Kübeln (Fig. 158 und 159), seltener noch mit eigener Heb- und Senkvorrichtung (Fig. 160 und 161) ausgeführt werden, sind hier überdies mit Selbstgreifern ausgestattet, wodurch sie sich die Kohle aus den Schiffen und vom Lager ohne Bedarf an Schauflern aufnehmen können. Die jeweils richtige Einstellung der Katze und die Steuerung deren Bewegungen besorgt der in dem angebauten Führerhäuschen mitfahrende Bedienungsmann. Die Leistung einer jeden Katze beträgt je nach der Länge der Fahrstrecke bis zu 50 t in der Stunde; dabei ist der Inhalt des Greifers 1,75 cbm, die Hubgeschwindigkeit 0,5 und die Fahrgeschwindigkeit 3 m pro Sekunde. Die ganze Anlage ist unlängst von *Luther*, Braunschweig für die Entreprises de Constructions de Fowes à coke in Douai ausgeführt worden.

Eine bemerkenswerte Hängebahnanlage, die bereits an früherer Stelle (Fig. 25 bis 28) in ihrer späteren Erweiterung behandelt worden ist, ist die in Fig. 162 bis 167 (Taf. 20) veranschaulichte Rübentransportanlage der Zuckerfabrik in Sas van Gent, die gleichfalls von *Luther* stammt. Die Disposition geht aus

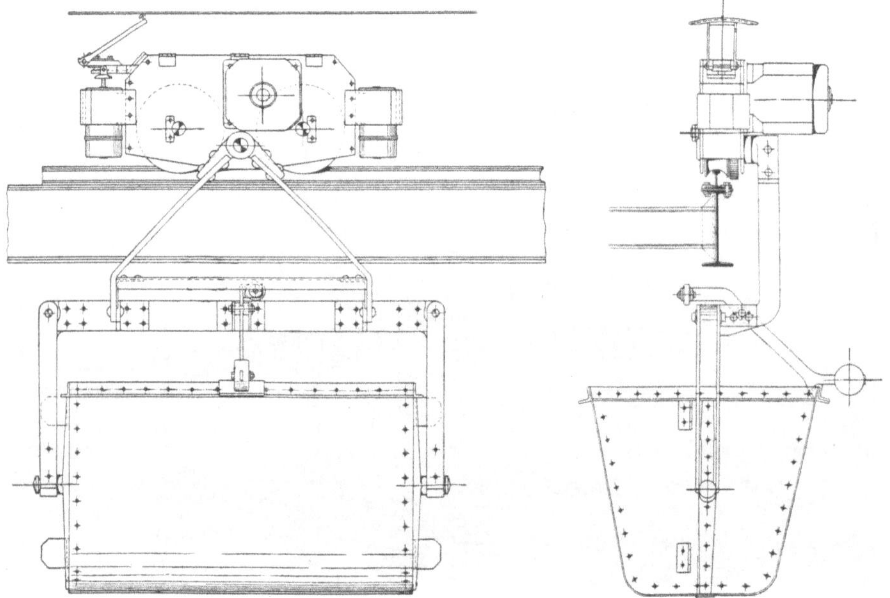

Fig. 158 u. 159. Elektrohängebahnwagen.

den Zeichnungen zur Genüge hervor. Der Grund für die Zweiteiligkeit der Anlage ist einesteils darin zu suchen, daß man die anschließende lange Strecke wesentlich niedriger machen konnte als das schiffsseitige Entladegerüst und anderenteils darin, daß man in der regelmäßigen Schiffsabfertigung nicht von dem Verlauf auf der langen Förderstrecke abhängig sein wollte. Eigenartig ist ferner die Hochklappbarkeit der über Schiff geführten Hängebahnstrecke, wodurch die auskragenden Konstruktionen bei Nichtbenutzung der Anlage aus dem Kanalprofil entfernt und der Schiffahrt nicht hinderlich werden können.

Gaben die bisherigen Beispiele einen Hinweis auf die Benutzbarkeit von Hängebahnen für die unmittelbare Schiffsentladung und die Abstürzung des Gutes auf freien Lagerpläzten durch Greifer oder Kippkübelentleerung, so ist die Anlage nach Fig. 168 bis 172 (Taf. 21) eine lehrreiche Illustration für die

Additional information of this book

(Die Materialbewegung in chemisch-technischen Betrieben; 978-3-662-24049-6; 978-3-662-24049-6_OSFO15) is provided:

http://Extras.Springer.com

maschinelle Bedienung von Lagerschuppen durch Hängebahnen. Es ist diese
Verwendung um so interessanter, als dieses Gebiet bisher von den Fortschritten
transportmaschineller Bearbeitung noch ziemlich unberührt geblieben ist.
Ist es doch ebenso bekannt wie es auffallend sein muß, daß die Auf- und Ent-
stapelung, namentlich von Stückgütern (Säcken, Ballen, Kisten, Fässern

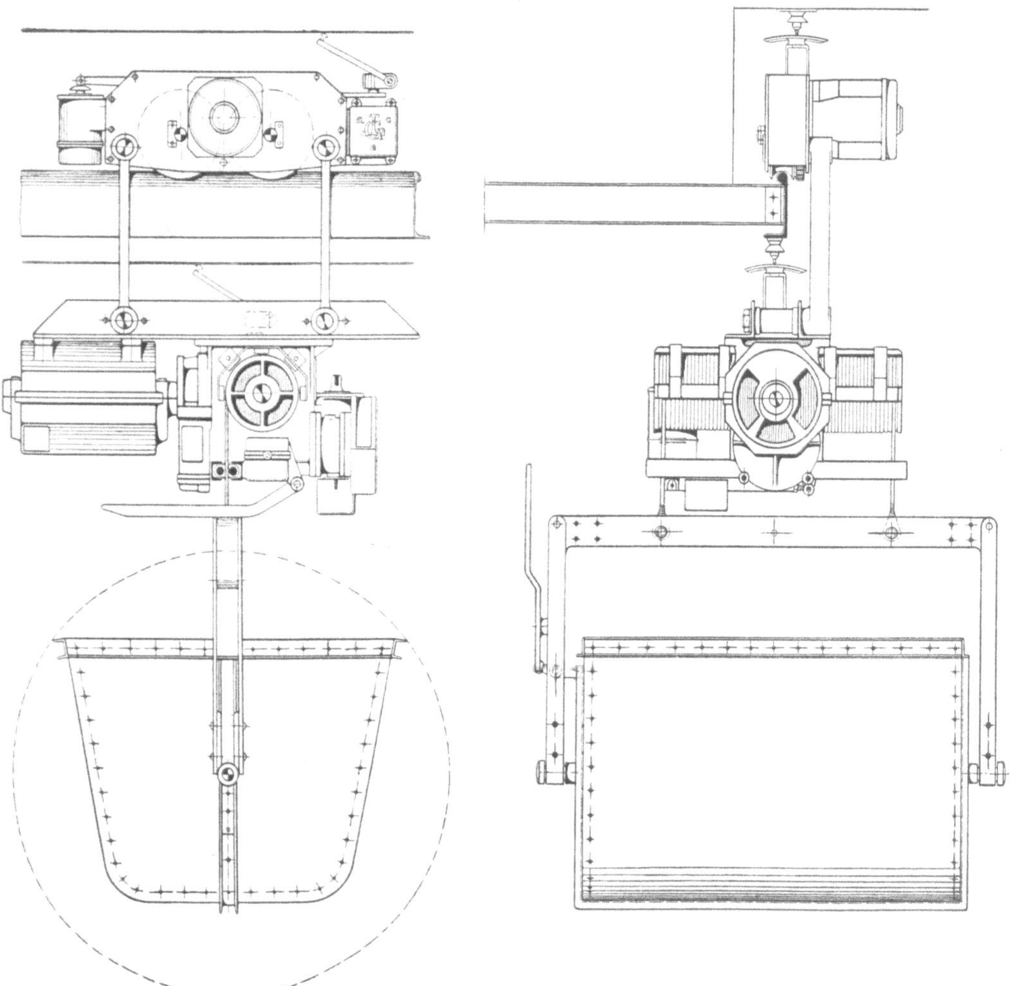

Fig. 160 u. 161. Elektrohängebahnwagen mit Windeneinrichtung.

u. dgl.) in den allermeisten Fällen mühsam noch von Hand erfolgt, auch dann,
wenn — wie in den modernen Häfen — die übrige Bewegung dieser Güter in
der vollkommensten Weise maschinell stattfindet. Es erscheint diese Tatsache
um so weniger erklärlich, wenn man bedenkt, daß durch die Mechanisierung
der Arbeiten hier nicht nur die gleichen wirtschaftlichen und sozialen Vorteile
erreicht würden wie dort, sondern daß hier, durch eine maschinelle Aufstape-

lung des Lagergutes, auch noch eine ungleich intensivere Ausnutzung der Schuppen bzw. Bodenflächen erreicht würde. Denn es ist ohne weiteres einleuchtend, daß die mit Handarbeit größtmögliche Stapelhöhe durch die Stapelungsschwierigkeit selbst ihre sehr beschränkte Grenze findet.

Die beistehend abgebildete Anlage dient zur Förderung von Salpeter in Säcken, aus Segelschiffen, und speziell zu deren Einlagerung in Schuppen. Die allgemeine Situation, besonders die Führung der Hängebahn ist aus der Zeichnung gut entnehmbar. Die Aufbauten der Seeschiffe ließen eine unmittelbare Entnahme der Säcke durch die Hängebahn nicht zu, erforderten vielmehr eine solche durch schwenkbare Auslegerkrane in der vom normalen Löschbetrieb in Häfen her bekannten Art. Die Salpetersäcke werden im Schiff zu je 12 Stück auf Plattformen gelegt und so von den Kranen hochgenommen und auf einer unter der wasserseitigen Hängebahnstrecke angeordneten Bühne abgesetzt. Hier werden dann die Plateaus an die Elektroschwebebahnwagen, die wieder mit Windvorrichtung versehen sind, zum Weitertransport in den Schuppen angeschlagen. Jede Katze fährt mit zwei beladenen Plattformen nach dem Schuppen, wo durch entsprechende Weichenstellung die Fahrstrecke für die jeweils zu belegende Abteilung eingestellt ist. Die Leistung der Anlage, die die Maschinenfabrik *G. Luther* vor kurzem für die Speditionsfirma *J. Müller* in Brake errichtet hat, ist pro Katze etwa 300 Sack stündlich.

Eine weitere Vervollkommnung von Hängebahnanlagen für die Bedienung breiterer Lagerplätze weist die in den Fig. 173 und 174 skizzierte Elektrohängebahn auf. Sie dient einesteils zur Beförderung von Kohlen von einer Schiffsanlegestelle nach dem jenseits von Straßen und Gleisen gelegenen Kesselhaus bzw. Lagerplatz, andernteils zum Transport der fertigen Erzeugnisse des Werkes, d. h. von Papierballen, aus der Fabrik nach der Schiffsverladestelle. Die dieser Anlage im Vergleich mit der vorher besprochenen eigentümliche Art der Beschüttung des Lagers bzw. der Materialaufnahme von diesem (zum Zwecke der Kohlenabgabe in den Kesselhaustrichter) besteht nun darin, daß die Hängebahnwagen den jeweils zu bedienenden Lagerstreifen mit Hilfe einer entsprechend einstellbaren Brücke erreichen. Durch eine solche Maßnahme ist erreicht, daß selbst sehr breite und beliebig lange Lagerplätze mit dem geringsten Aufwand an Fahrbahnkonstruktionen zu bedienen sind und daß jeder Punkt des Lagers auf dem kürzesten Wege, also ohne Zeitverlust zu erreichen ist. Damit die Löschung der Schiffe unabhängig von der Abfertigung der Hängebahnwagen in der Fabrik ist, erfolgt sie durch einen besonderen Uferkran, der das Schiffsgut in größerer Menge in einen Einwurftrichter über der Hängebahnumkehrstelle abgeben kann. Die Weiterbeförderung der durch die Hängebahn vor dem Kesselhaus abgegebenen Kohle in die Bunker selbst besorgt aber zweckmäßig nicht auch die Hängebahn, sondern ein Conveyor, infolgedessen die horizontale Fahrbahn bzw. die Stützen der ausgedehnten Hängebahn wieder um ein beträchtliches Maß niedriger gehalten werden konnten. In Anwendung sind auf der ganzen Strecke sechs Fahrzeuge, und zwar teils mit und teils ohne Hubwerk. Die mit Kippgefäßen

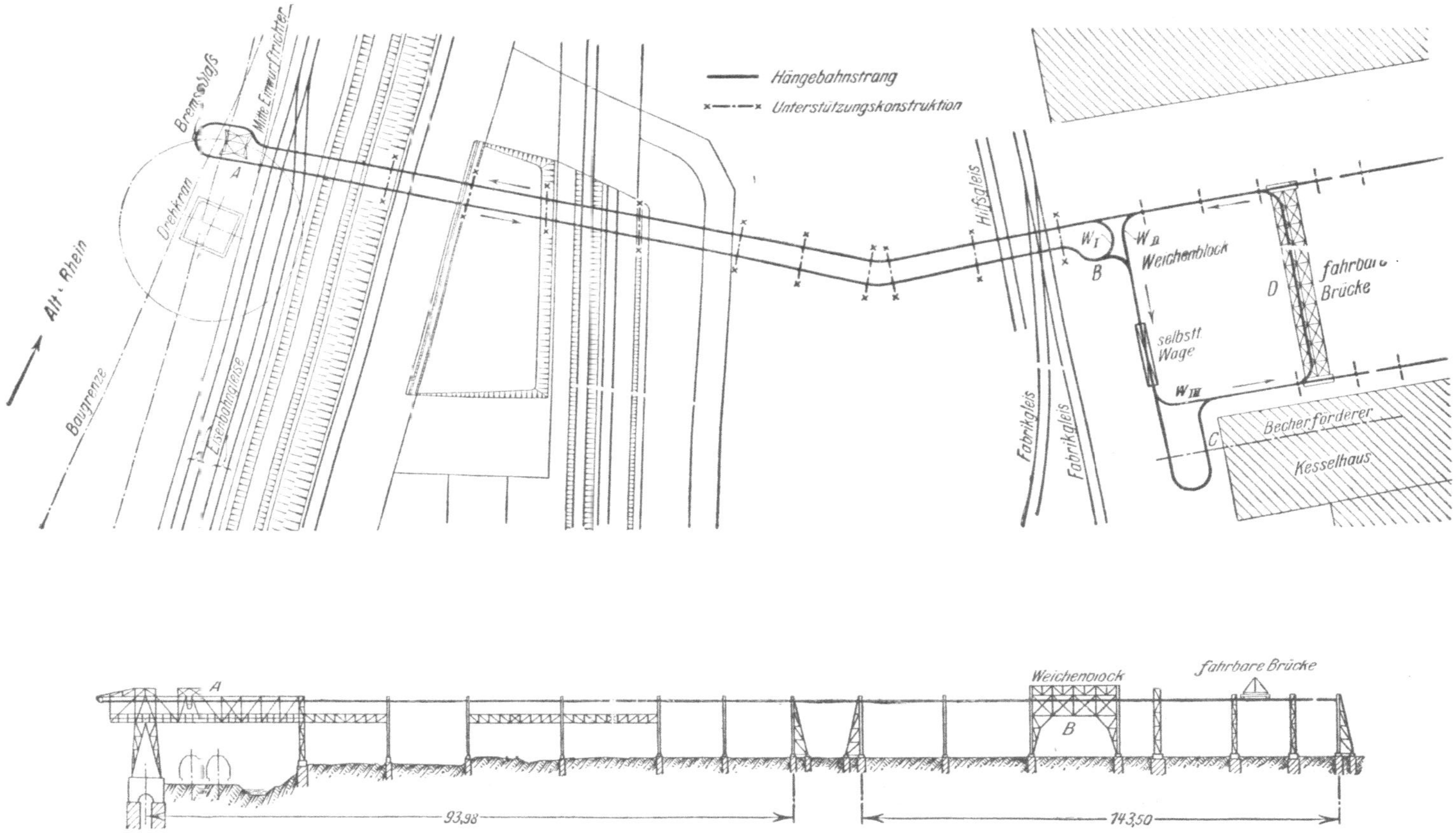

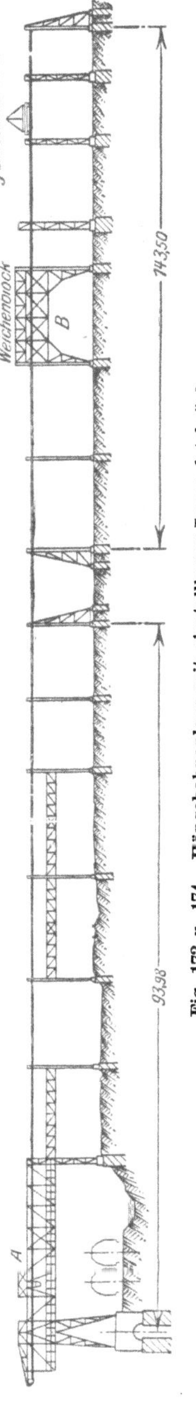

Fig. 173 u. 174. Hängebahnanlage mit einstellbarer Lagerplatzbrücke.

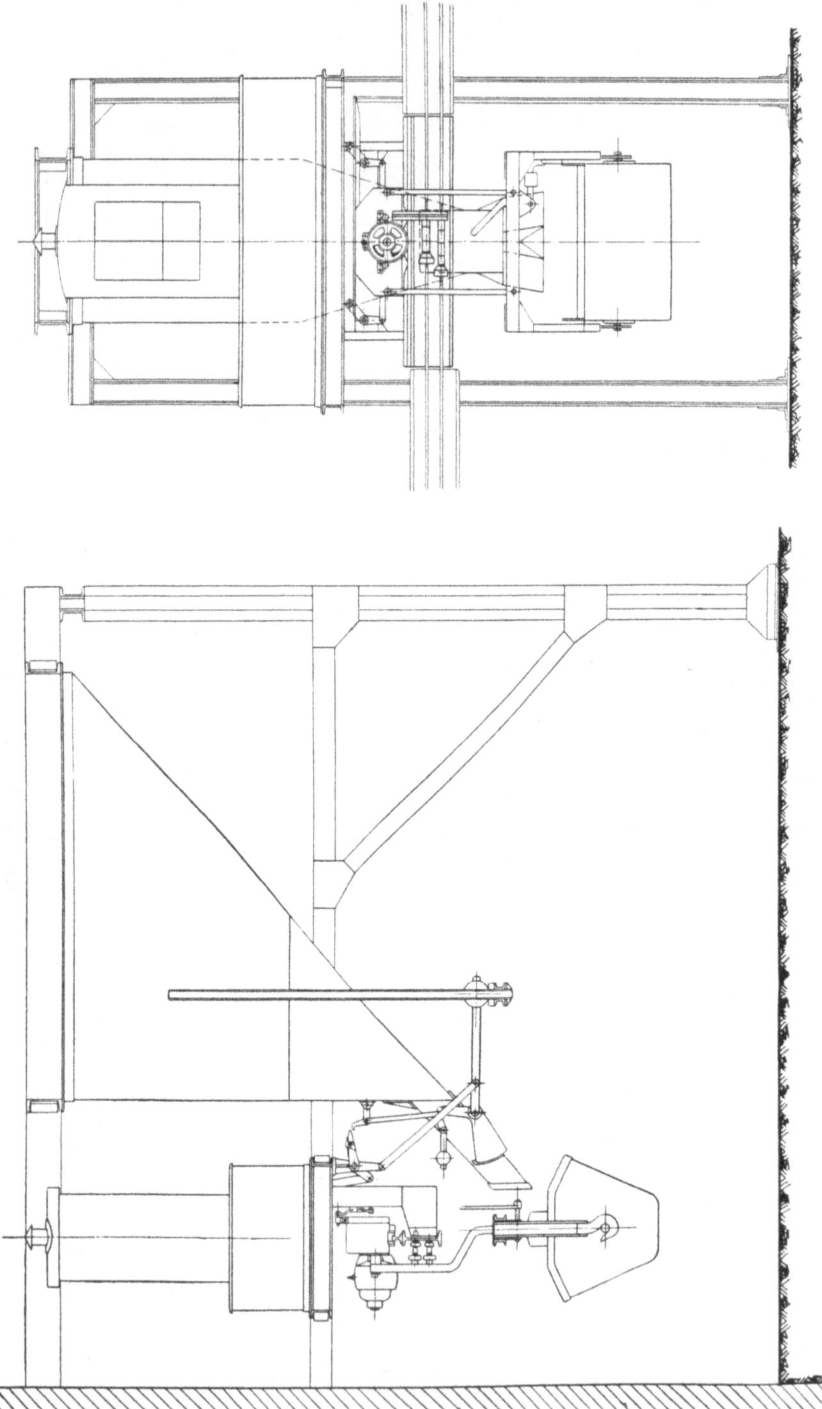

Fig. 175 u. 176. Selbsttätige Füll- und Wiegevorrichtung für Hängebahnwagen.

Additional information of this book

(Die Materialbewegung in chemisch-technischen Betrieben; 978-3-662-24049-6; 978-3-662-24049-6_OSFO16) is provided:

http://Extras.Springer.com

von 1,75 cbm ausgestatteten Wagen können durch je einen 1,7-PS-Motor mit 1 m/Sek. Geschwindigkeit verfahren werden, wobei die Leistung einer Katze etwa 10 t in der Stunde beträgt. Die Anlage ist von der Darmstädter Maschinenfabrik *Carl Schenck* für die Papyrus-A.-G. in Mannheim-Waldhof gebaut worden.

Erfolgt, wie in diesem Fall und auch sonst häufig, das Füllen der Hängebahnwagen aus einem darüber angeordneten Behälter, so muß ein Arbeiter dessen Abschlußschieber betätigen. Zur Ersparung dieses Bedienungsmannes trifft die Firma *Schenck* die in Fig. 175 und 176 gezeichnete Anordnung, die das Beladen und gleichzeitig auch das Wiegen der Ladung der Hängebahnwagen vollkommen automatisch in folgender Weise bewirkt: Durch Auflaufen des leeren Wagens auf die Wiegeschiene senkt sich diese ein Stück und öffnet dadurch den Abschlußschieber des Hochbehälters, infolgedessen das Material unter zunehmender Senkung der Schiene in den Wagenkasten einläuft. Kurz bevor dieser seine volle Füllung erreicht hat, wird durch die Bewegung der Schiene der Zulaufschieber automatisch geschlossen. Nachdem das Einströmen von Material abgesperrt ist, tritt die über der Wiegeschiene angeordnete automatische Wage in Tätigkeit, worauf das Fahrzeug automatisch Strom zur Weiterfahrt erhält. Durch den Einbau einer solchen kombinierten Füll- und Wiegevorrichtung ist man also in der Lage, das Beladen und Verwiegen der Hängebahnwagen unabhängig von Bedienungsmannschaften auszuführen.

Durch die Fig. 177 und 178 (Taf. 22) ist noch die Verwendung einer *Luther*schen Elektrohängebahn für den Innentransport einer Gasanstalt, die mit Großkammeröfen ausgerüstet ist, zur Anschauung gebracht. Sie hatte in der Hauptsache folgende Ansprüche zu erfüllen: Die mit der Bahn — wie rechts ersichtlich — ankommende Kohle soll entweder auf einem Lagerplatz hinter den Ofenblöcken oder nach einer Kohlenbrecheranlage unter den Öfen gebracht werden und von hier in einen über den Öfen stehenden Hochbehälter. Ferner soll der aus den Öfen ausgestoßene und gelöschte Koks von dem Koksplateau nach einer neben dem Eisenbahngleis liegenden Koksseparation geschafft werden.

Wie sehr eine Hängebahn sich gegebenen Konstruktionen, auch recht beschränkter Ausdehnung, einordnen läßt, ist deutlich aus der in Fig. 179 und 180 skizzierten Anlage zu entnehmen. Diese besteht lediglich aus einem Bockkran, der mit mehreren Lasthaken zum Abheben der Reinigerdeckel (im Gaswerk der Stadt Wien) ausgestattet ist, aber gleichzeitig eine geschlossene Hängebahnschleife trägt, auf der im Kreislauf zwei Hängebahnwagen für den Transport der Reinigermasse verkehren. Für später ist allerdings beabsichtigt, diese ungewöhnlich eng begrenzte Hängebahnstrecke durch Weichen mit einer größeren, durch die Reinigerschuppen führenden Bahn in Verbindung zu bringen. Jetzt dient die Kranhängebahn nur zur Beförderung der Reinigermasse von der neben der Kranfahrbahn verlegten Feldbahn nach den Reinigern und umgekehrt. Mit der getroffenen Anordnung der Hängebahn ist im Gegensatz zur Wahl gewöhnlicher hin und her laufender Krankatzen erreicht, daß beide Katzen im Parallellauf völlig unabhängig voneinander das ganze Arbeitsfeld

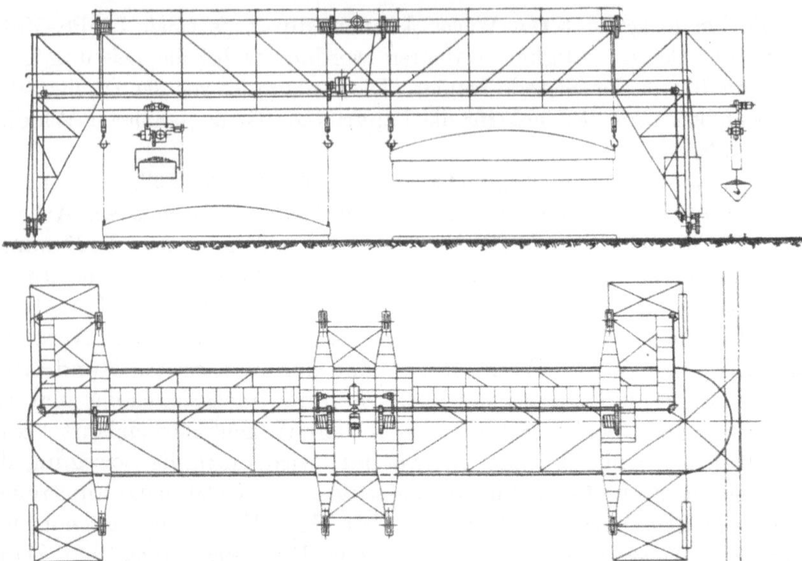

Fig. 179 u. 180. Hängebahn an einem fahrbaren Bockkran.

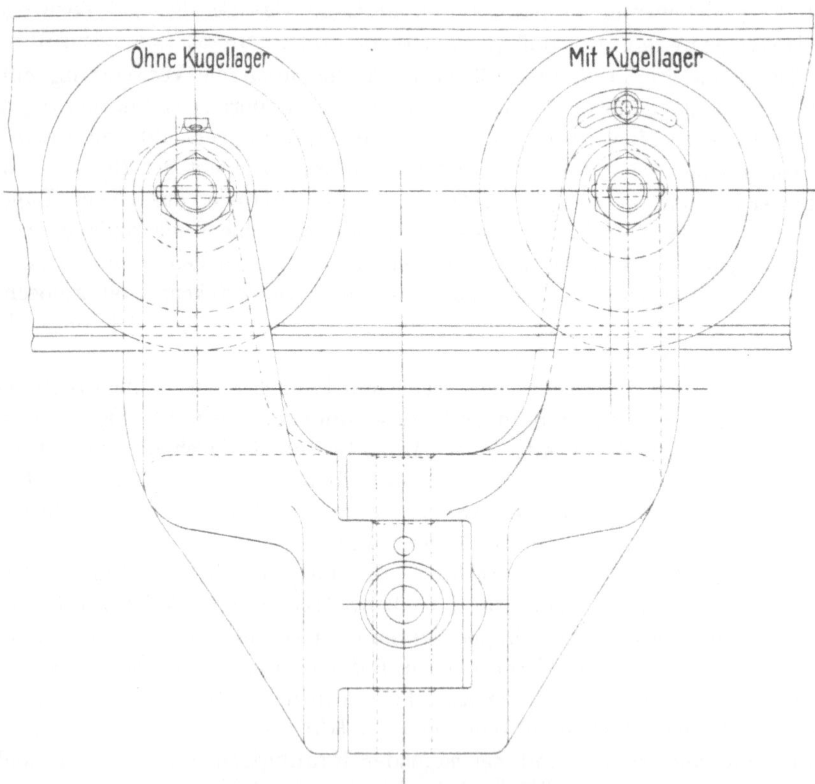

Fig. 181. Kurvenbewegliche Hängebahnkatze.

bedienen können und daß sie beim Kreislauf, ev. unter Einfügung weiterer Elemente, eine beliebig steigerbare Leistung ergeben. Der Ersatz gewöhnlicher Laufkatzenbahnen durch derartige Hängebahnen dürfte deshalb auch im Kranbau, besonders bei Verladebrücken, in manchen Fällen nachahmenswert sein. Die vorliegende Ausführung stammt von der Maschinenfabrik *J. von Petravič & Co.* in Wien.

Die in dem Prinzip der Hängebahnen begründeten Vorteile betrieblicher und wirtschaftlicher Natur haben begreiflicherweise zu mannigfachen Vervollkommnungsbestrebungen angeregt, die sich teils auf die Ausbildung der Wagen, teils auf die der Fahrbahn erstrecken. Außer den für Großbetriebe, für große Leistungen und für große Ausdehnungen der Anlage naturgemäß in erster Linie in Betracht kommenden Elektrohängebahnen sind doch auch die Handhängebahnen in den letzten Jahren nach mancher Richtung hin verbessert worden. Erwähnt seien z. B. die Hängebahnsysteme von *Tourtellier & Fils*, Mülhausen und *Kaiser & Co.*, A.-G., Kassel, die durch eigenartige Ausbildung der Fahrschienen — aus gepreßtem Stahlblech bzw. doppelten Trägern — die Sicherheit und Leichtigkeit der Fahrbewegung zu

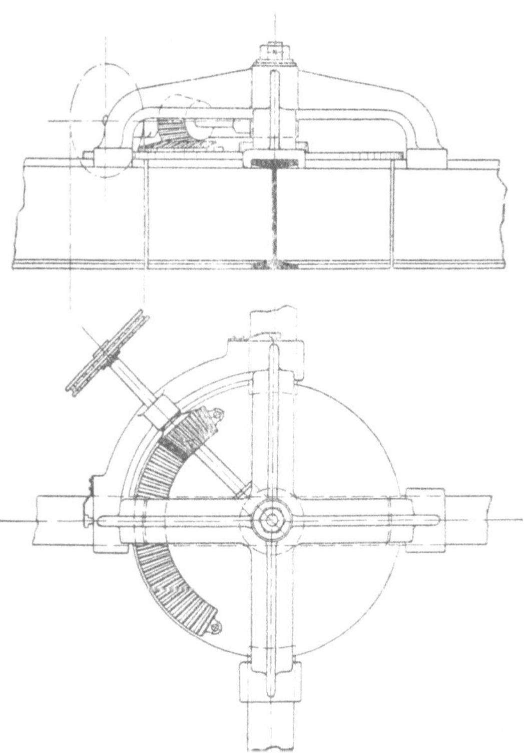

Fig. 182 u. 183. Drehscheibe für Hängebahnwagen.

erhöhen suchen. Die in Fig. 181 dargestellte Hängebahnkatze für Handbetrieb weist nach dem Entwurf der Firma *Carl Rein*, Hannover, in der horizontalen Gelenkigkeit des Gehänges eine Verbesserung auf, die ein Befahren auch der kleinsten Kurven ohne Mehraufwand von Kraft bzw. ohne Vergrößerung der Abnutzung ermöglichen soll. Das Wesen der Konstruktion besteht in der ersichtlichen Weise darin, daß die Laufrollenpaare um einen vertikalen Bolzen drehbar sind, in dessen Achse die Last aufgehängt ist. Es ist einleuchtend, daß sich dadurch die Rollenpaare beim Durchfahren von Kurven der Krümmung ohne schädliches Ecken anpassen können. In der Fig. 182 und 183 ist der Vollständigkeit halber noch eine durch Handkettenzug von unten zu bedienende Drehscheibe für solch kleine Hängebahnwagen wiedergegeben.

Im Anschluß hieran dürfte eine, zwar bodenständige, Einschienenbahn
Beachtung verdienen, die in der gelenkigen Ausbildung der Fahrzeuge eine
gewisse Ähnlichkeit mit der zuletzt betrachteten Einschienenhängebahn hat.
Sie dient speziell zur Beförderung der Batteurwickel und Spinnkannen in Baum-
wollspinnereien. Die Wagen bestehen — nach Fig. 184 bis **186** aus einem
gelenkigen Gestell, dessen jedes Glied ein Laufrad und eine Führungsstange
besitzt. Die Laufräder sind auch um einen vertikalen Zapfen drehbar gelagert;

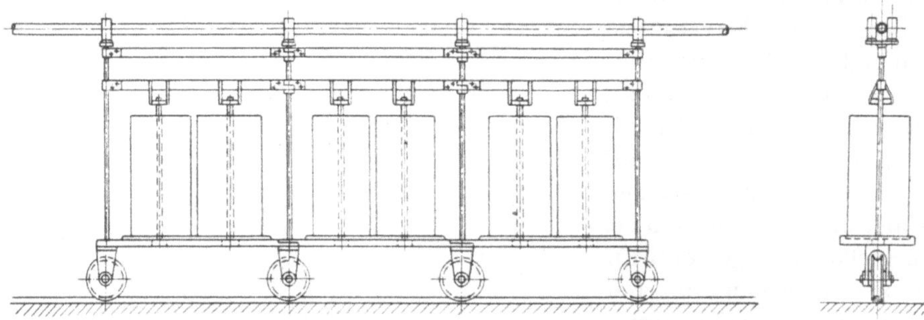

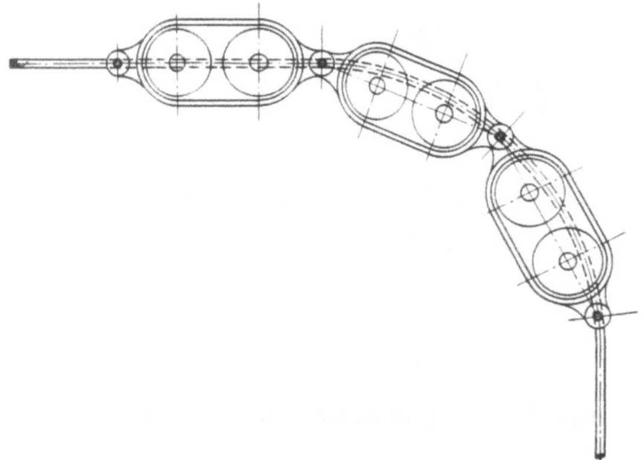

Fig. 184 bis 186. Einschienige Kurventransportbahn.

die Führungsstangen erhalten oben zwei die Leitschiene umfassende Führungs-
röllchen. Diese Leitschiene, aus Profileisen oder aus Rohr bestehend, wird
bei größerer Freilänge durch Konsolen an der Wand oder an Säulen getragen.
Es ist ersichtlich, daß eine solche Ausbildung der Bahn den Vorteil mit sich
bringt, bei geringster Rauminanspruchnahme selbst sehr kleine Kurven durchfahren zu können. Die Ausführung stammt von der *Alpinen Maschinenfabrik*
in Augsburg.

Endlich scheint hier noch ein Hinweis auf eine Maßnahme angezeigt, die
in letzter Zeit zur Erweiterung des Arbeitsbereiches von Hängebahnkatzen

getroffen worden ist. Es ist dies deren Ausstattung mit schwenkbarem Ausleger, also ein Vorgehen, das bekanntlich bei gewöhnlichen, auf breitem Doppelgleise fahrenden Laufkatzen der Kranen schon längst sich bewährt hat und vielfach angewendet wird. Eine einfache Übertragung auf die einschienigen Hängebahnkatzen war indes mit Rücksicht auf die exzentrischen Kraftwirkungen und deren nachteilige Folgen auf die Fahrbahn praktisch nicht durchführbar. Das von dem Ingenieur *Dahlheim* in Frankfurt vorgeschlagene Verfahren besteht darin, eine solche schädliche Beanspruchung der Konstruktionsteile dadurch auszuschalten, daß an den Stellen, wo das Schwenken des Auslegers in der Regel vorzunehmen ist (an einzelnen Aufnahme- und Abgabestellen der Last), neben der Fahrschiene noch eine feste Gegenschiene zur schadlosen Aufnahme der gefährlichen Momente angeordnet wird. Dieses Verfahren dürfte in manchen Fällen eine recht erwünschte Verbreiterung des Wirkungsfeldes einer Hängebahn ergeben.

Aus der Patentliteratur über Hängebahnen:

1908.

Nr. 197 164. (*J. Pohlig A.-G.*, Cöln.) Sperrarm zur Regelung der Wagenfolge bei Förderhängebahnen, d. g., daß der Sperrarm in gleichen Zeitabständen durch ein von der Bahnanlage unabhängiges Triebwerk ausgelöst wird.

Nr. 200 155. (*Leo Jolles* in Köln.) Hängebahnwagen, d. g., daß zwischen die Laufrollen und den Wagenkasten eine Nürnberger Schere eingebaut ist, die durch ein Schraubengestell in ihrer jeweiligen Stellung gesichert wird.

Nr. 207 046. (*Adolf Tourtellier* in Mülhausen i. E.) Selbsttätig verriegelnde Fähre zur Überführung der Lasten an Gleisunterbrechungen bei Hängebahnen, d. g., daß das in einem höher gelegenen Hilfsgleise fahrbare Gleisstück durch das durch Anschläge bewirkte Einhaken von Sperrbalken des Hauptgleises in Schließbleche des fahrbaren Gleisstückes an den sich gegenüberliegenden Enden des Hauptgleises festgelegt werden kann, wobei gleichzeitig der Sperrbalken des fahrbaren Gleises durch den am Ende des Hauptgleises befestigten Anschlag so hoch gehoben wird, daß die Räder der Katze frei unter dem Sperrbalken hindurchgehen können, während der am anderen Ende des fahrbaren Gleises hängende Sperrbalken das Herausfahren der Last aus der Fähre verhindert.

1911.

Nr. 232 661. (*G. Luther, A.-G.*, Braunschweig.) Verfahren zum maschinellen Fortbewegen von Hängebahnen auf Strecken, auf denen sie nicht durch Zugseil oder bei Elektrohangebahnwagen durch den eigenen Motor fortbewegt werden, d. g., daß ein besonderer Triebwagen, der auf der gleichen oder einer von der Hauptstrecke getrennt angeordneten Bahn läuft, für den Teil der Strecke, auf welchem er die Mitnahme des Hängebahnwagens bewirken soll, in kraft- oder zwangschlüssige Verbindung mit dem Hängebahnwagen gebracht wird.

1912.

Nr. 247 498. (*Carl Rein*, Hannover.) Aufhängevorrichtung für die Laufrollen von Hängebahnwagen mit doppelseitiger Laufbahn, d. g., daß die Wangen je zweier auf den beiden Fahrbahnen gegenüber- jedoch versetzt liegender Laufrollen unterhalb der Mitte der beiden Rollenpaare zu einem Gelenk vereinigt sind, an dessen senkrechter Drehachse die Last aufgehängt wird.

Nr. 249 414. (*Adolf Bleichert & Co.*, Leipzig-Gohlis.) Vorrichtung zum Einstellen von an bestimmten, verschiedenen Stellen der Fahrstrecke vorzunehmenden Arbeits-

vorgängen an Hängewagen, d. g., daß das Auslösen des Arbeitsvorganges durch ein Fall-
gewicht erfolgt, wobei das Auslöseorgan schrittweise freigegeben wird.

Nr. 249 415. (*Adolf Bleichert & Co.*, Leipzig-Gohlis.) Vorrichtung zum Einstellen
von an bestimmten, verschiedenen Stellen der Förderstrecke vorzunehmenden Arbeits-
vorgängen an Hängebahnwagen, d. g., daß bei der Ausführung des Arbeitsvorganges
das Schaltorgan so weit gesenkt wird, daß es bei der Weiterfahrt nicht mehr an die Anschläge anstößt, bzw. keine Schaltungen mehr vornimmt.

Nr. 252 506. (*J. Pohlig, A.-G.*, Köln-Zollstock und *Wilhelm Ellingen*, Köln.) Ent-
lastungsvorrichtung für die Laufräder von Hängebahnwagen, d. g., daß zu beiden Seiten
des Gleises auf und ab bewegliche Hubstücke angeordnet sind, die unter die seitlichen
Teile des Laufwerkrahmens der Hängebahnwagen fassen.

1914.

Nr. 269 299. (*Unruh & Liebig A.-G.*, Leipzig.) Laufwerk für Hängebahnen mit
drei in gleicher Ebene liegenden Laufrädern und unterteiltem Fahrgestell, d. g., daß die
äußeren Laufräder mit dem mittlern Triebrad durch die Fahrgestellteile kreuzgelenkartig
verbunden sind, wobei die Last in den Gelenkpunkten der Fahrgestellteile zwischen
den beiden äußeren Laufrädern und dem mittleren Triebrad aufgehängt ist.

Nr. 272 988. (*Fühles & Schulze*, München.) Vierräderiges Laufwerk für Hängebahnwagen, d. g., daß die beiden äußeren Laufräder mit einer Vorrichtung verbunden sind,
durch die sie von der Schiene abgehoben werden können, zum Zwecke, wagrechte oder
gering geneigte Schienenbogen von kleinerem Radius befahren zu können.

Aus der Zeitschriftenliteratur über Hängebahnen:

v. Hanffstengel: Wie sind Flußschiffe bei kleinem und mittlerem Jahresumschlag am
　　billigsten zu entladen? Fördertechnik 1910, Heft 5, S. 109—110 (Wirtschaftl. m.
　　Z. u. Ph.).
— Eine neue Methode des Ent- und Beladens von Schiffen. Fördertechnik 1910, Heft 7,
　　S. 175 (Beschreib. m. Z.).
Clapp: Freight handling in warehouses. Commercial America 1912, S. 15—17 (Beschreib.
　　m. Ph.).
— Hängebahnen aus Stahlblech. Elsässisches Textilblatt 1912, Nr. 41, S. 1039—1040
　　(Beschreib. m. Ph.).
— Hängebahnen aus Stahlblech gepreßt mit Laufkatzen fahrend. Fördertechnik 1912,
　　Heft 3, S. 59—60 (Beschreib. m. Ph.).
Pietrkowski: Die Kesselbekohlanlage der Zeche Zollern II der Gelsenkirchener Bergwerks-
　　A.-G. Zeitschr. d. Ver. deutsch. Ing. 1912, Nr. 29, S. 1164—1168 (Beschreib. m. Z.
　　u. Ph.).
— Elektro-Hängebahnen. Technische Rundschau 1909, Nr. 48, S. 743—745 (Allg., Be-
　　schreib. m. Z. u. Ph.).
Leber: Das Eisengießereiwesen in den letzten zehn Jahren. Stahl u. Eisen 1912, S. 1996
　　(Beschreib. m. Ph.).
Jokl: Transport und Stapeln gleichgeformter Massengüter. Technische Rundschau 1912,
　　Nr. 6, S. 61—62 (Beschreib. m. Ph.).
Buhle: Neue Saugluft-Getreideheber und andere Förder- und Baggeranlagen. Zeitschr.
　　d. Ver. deutsch. Ing. 1913, Nr. 11, S. 407—410 (Beschreib. m. Z. u. Ph.).
Hermanns: Eine Schubvorrichtung für Hängebahnen mit zahlreichen Seitenstrecken.
　　Stahl u. Eisen 1913, Nr. 15 (Beschreib. m. Z. u. Ph.).
Brix: Kontrolleinrichtungen und selbsttätige Wagen für Förderanlagen. Fördertechnik
　　1913, Heft 12, S. 280—283 (Beschreib. m. Ph.).
Leber: Verwendung und neuere Anordnung der Zweischienenhängebahn. Stahl u. Eisen
　　1913, Nr. 22, S. 899—904 (Beschreib. m. Z. u. Ph.).
Hermanns: Kohlenlager mit Elektrohängebahn. Die Maschinenwelt 1914, Nr. 8, S. 115
　　bis 116 (Beschreib. m. Ph.).

Hermanns: Schienenlose Hängebahn. Deutsche Technik 1914, Nr. 7, S. 231—233 (Beschreib. m. Z. u. Ph.).

Wettich: Neuere Elektrohängebahnen in Gießereien. Stahl u. Eisen 1914, Nr. 9, S. 345 bis 349 (Beschreib. m. Z. u. Ph.).

Gerold: Elektrohängebahnen in Zementwerken und anderen keramischen Fabriken. Cement 1914, Nr. 7—9 (Beschreib. m. Z. u. Ph.).

— Die Zweischienen-Hängebahn. Praktische Fördertechnik 1914, Nr. 1 (Beschreib. m. Z. u. Ph.).

— Einiges über die Verwendung von Motorlaufwinden mit Führerbegleitung. Fördertechnik 1914, Heft 2, S. 22—23 (Beschreib. m. Z.).

— Hängebahnen in Eisengießereien. Kohle u. Erz 1914, Nr. 19, S. 463—470 (Beschreib. m. Z. u. Ph.).

Drahtseilbahnen.

(Seilbahn, Schwebebahn, Seilschwebebahn, Seilhängebahn [im Gegensatz zu Schienenhängebahn], Luftseilbahn, Kabelbahn, Kabelkran.)

Die zweckmäßige Ausnutzung der Festigkeitseigenschaften eines **Drahtseiles** läßt eine Drahtseilbahn für Nahtransporte von vornherein nicht sonderlich in Betracht kommen; ihr gegebenes Feld sind die Ferntransporte, wobei mit Hilfe großer Spannweiten einerseits die Förderstrecke mit dem geringsten Aufwand kostspieliger Konstruktionsteile, Gerüste u. dgl. überwunden werden kann, andererseits Terrainhindernisse, Täler, Flüsse, Gebäude u. a. m., dadurch ohne weiteres ihren störenden Einfluß verlieren. Wenn trotzdem in diesem Buche, das nur die Innentransporte behandeln will, die Drahtseilbahnen nicht völlig übergangen werden, so ist das damit zu erklären, daß die Anwendung von Drahtseilbahnen — von den drahtseilbahnähnlichen Kabelkranen ganz abgesehen — mitunter doch auch für kurzstreckige Förderungen angebracht sein können, z. B. für die Überwindung größerer Steigungen auf hügeligem Untergrund, zur Verbindung von Stand- oder Hängebahnen auf stark verschiedenen Niveaus. Dann wird eine Drahtseilbahn auch für den Innenverkehr an Stelle von Adhäsions- oder von bodenständigen Bahnen, Schrägaufzügen oder dgl., am Platze sein.

Wesen der Konstruktion. Eine Drahtseilbahn besteht im wesentlichen aus einem hochgespannten Drahtseil, das als Fahrbahn für die mittels Rädern angehängten Förderbehälter dient, die ihrerseits an ein längs jenem Tragseil umlaufendes Zugseil an- und abgekuppelt werden können.

Arbeitsweise. Die Förderung geschieht dadurch, daß die in beliebiger Weise beladenen Gefäße an das stetig bewegte Zugseil angeschlossen und von diesem auf dem festverlegten Tragseil mitgenommen werden. Die Entladung der Fördergefäße erfolgt entweder, nach Lösen derselben vom Zugmittel, durch Hand oder, während der Fahrt, durch selbsttätiges Ausschütten infolge einer Anschlagsentriegelung.

Anwendbarkeit. Mit entsprechender Ausbildung der Transportgefäße ist die Drahtseilbahn für die Förderung beliebig beschaffenen Materials befähigt. In bezug auf die Beschaffenheit der Förderstrecke sind Ablenkungen von dem geraden horizontalen Lauf sowohl in der wagerechten als auch in der senkrechten Ebene möglich. Die Größe der letzteren, d. h. die überwindbare Steigung, kann bis zu etwa 45° angenommen werden.

Vorteile. Die speziellen Festigkeitseigenschaften des Drahtseiles ermöglichen außerordentlich große freitragende Förderstrecken und lassen dadurch die Drahtseilbahn allen anderen Fördereinrichtungen in dem Falle überlegen sein, wo eine engere Stützung oder Auflagerung der Fahrbahn bzw. Förderstrecke unmöglich ist oder doch nur mit großen Kosten oder mit einer störenden Verkehrsbehinderung verbunden ist.

Ausführungsbeispiele.

Zwei Fälle kurzstreckiger Drahtseilbahn, wie sie für die Materialbewegung innerhalb größerer Betriebe vorkommen, sind in der Fig. 187 und 188 (Taf. 23) illustriert. Erstere zeigt die Seilbahn als Verbindungsmittel einer tief- und einer hochgelegenen Hängebahn in einer Ausführung von *Carstens & Fabian*, Magdeburg; Fig. 188 stellt eine schlechthin als „Kabelkran" bezeichnete Drahtseilbahn der Firma *Louis Neubauer* in Chemnitz dar. Die Verbindungsdrahtseilbahn (Fig. 187) hat die vordem daselbst — in einem Kalksteinbruch der *Portland-Cementfabrik Balingen* in Württemberg — bestehenden Transportzustände erheblich verbessert. Früher ließ man nämlich die Steine, die mit Wagen von der Bruchstelle bis an den Abhang geschafft waren, einfach den Berg herunterrutschen. Es ist klar, daß diese rohe Transportmethode nicht nur gefährlich für die Arbeiter und gesundheitsschädlich durch die Staubentwicklung war, sondern auch recht unwirtschaftlich durch die vielfache Zertrümmerung der Steine. Jetzt werden die Kalksteine mit Hilfe der drei direkt ineinander arbeitenden Schwebebahnen ohne Umladung von dem oberen Bruch in die untere Fabrik befördert. Die Leistung der Bahn beträgt 30000 kg Kalksteine in der Stunde.

Aus der Patentliteratur über Drahtseilbahnen:

1908.

Nr. 196 884. (*J. Pohlig A.-G.*, Köln-Zollstock.) Vierrädriges Laufwerk für Drahtseilbahnen, d. g., daß über den einzelnen Laufwerken ein auf diese sich stützender Längsträger angeordnet ist, an dem zwischen den beiden Einzellaufwerken in der ungefähren Höhe der Laufradmitte der Lastbehälter pendelnd aufgehängt ist.

Nr. 197 179. (*A. Bleichert & Co.*, Leipzig-Gohlis.) Aus mehreren Einzelfuhrwerken bestehendes Hängebahnfahrzeug zum Transport langer Gegenstände, d. g., daß die die Last aufnehmenden, quer zur Seilrichtung und wagerecht liegenden Gehängearme mit besonderen, in der Bahnachse schwingenden Lastträgern, die gleichzeitig die Befestigungseinrichtung für die Last tragen, versehen sind.

1909.

Nr. 211 184. (*A. Bleichert & Co.*, Leipzig-Gohlis.) Vorrichtung zur Erzielung eines ununterbrochenen Betriebes bei Drahtseilbahnen, d. g., daß an den Stationen, an Abzweigungen usw. ein zwangläufiges Um- bzw. Rückfahren der Wagen durch ein Zugorgan erfolgt, das unmittelbar nach selbsttätig bewirkter Lösung der bisherigen Kupplung auf den Wagen gleichfalls selbsttätig einwirkt.

Additional information of this book

(Die Materialbewegung in chemisch-technischen Betrieben;
978-3-662-24049-6; 978-3-662-24049-6_OSFO17) is provided:

http://Extras.Springer.com

1910.

Nr. 217 727. (*J. Pohlig* in Köln und *W. Ellingen* in Köln-Lindenthal.) Hängebahnen für Personen- und Gütertransport, d. g., daß sich die Wagen mit ihren Laufwerken an zwei oder mehreren Fahrbahnen fortbewegen, deren gegenseitiger Abstand in der Vertikalen sich längs der Strecke je nach der Neigung der letzteren ändert, zu dem Zweck, auch bei starrer Verbindung der Laufwerke mit dem Wagen ein ständiges Senkrechthängen der letzteren zu erreichen.

Nr. 223 504. (*Adolf Bleichert & Co.*, Leipzig-Gohlis.) Einrichtung zur Steigerung der Leistungsfähigkeit bei Drahtseilbahnen, d. g., daß mehrere Laufbahnen für den Verkehr voneinander getrennter Wagen in einer senkrechten Ebene übereinander angeordnet sind, wobei nur die auf einem Seil fahrenden Wagen an einem Zugseil unmittelbar angeschlossen sind, während die übrigen durch Ankuppeln an den angetriebenen Wagen nach Bedarf mitgeführt werden können.

Nr. 225 315. (*Adolf Bleichert & Co.*, Leipzig-Gohlis.) Vorrichtung zum Überleiten der Wagen zwischen Tragseilen und festen Schienen bei Drahtseilbahnen, bei der die mittleren Laufflächen der Räder an der Übergangsstelle von den Seilen abgehoben werden, d. g., daß an der Übergangsstelle gelenkig befestigte Auflaufzangen angeordnet sind, die sich der wechselnden Neigung des Seiles anpassen können.

Nr. 227 663. (*Heinrich Aumund* in Danzig-Langfuhr.) Schwebebahn für Seilbahnrundbetrieb, d. g., daß die einzelnen durch ein gemeinsames, in sich geschlossenes Seil verbundenen Wagen durch besondere Motoren angetrieben werden und die Bewegung des Zugseiles bewirken.

Nr. 211 407. (*Adolf Bleichert & Co.*, Leipzig-Gohlis.) Drehbarer Auflagerschuh für Drahtseilbahnen, d. g., daß der Schuh eine Öffnung besitzt, mit welcher er in einer von der Gebrauchslage abweichenden Stellung über den Kopf des Tragbalkens geschoben werden kann, während dieser den Schuh nach dessen Zurückdrehung in die Gebrauchslage am Abgleiten hindert.

Nr. 217 726. (*Gießerei Bern* in Bern, Schweiz.) Bremsvorrichtung an Wagen von Luftseilbahnen mit Keil als Bremsen, d. g., daß die Keile in den Keillagern derart gelagert sind, daß sie nach Lösen einer Sperrstange von Hand oder bei Seilbruch vermittels unter Einwirkung einer Feder stehender Exzenter zunächst senkrecht zur Gleit- und Bremsbahn bewegt werden, zwecks Anschlusses an diese, und dann erst durch Federn und Hebel in der Keil- und Bremsrichtung zur Erzeugung der Bremskraft vorbewegt werden, so daß die die letztere Bewegung einleitende Kraft nicht einen langen, sie teilweise aufzehrenden Weg zurückzulegen braucht und eine rasch eintretende und kräftige Bremsung erzielen kann.

Nr. 221 377. (*H. H. Peter* in Zürich.) Seilhängebahn mit mindestens zwei Tragseilen für jedes Fahrzeug, d. g., daß jedes einzelne Tragseil durch ein ihm zugehöriges Spanngewicht und alle Tragseile eines Fahrzeuges durch ein mit denselben selbsttätig lösbar verbundenes gemeinsames Spanngewicht belastet sind, so daß bei Bruch eines Tragseiles dessen ihm zugehöriges Spanngewicht für die übrigbleibenden Tragseile in Wegfall kommt und sich der von dem gebrochenen Tragseil vor dem Bruch getragene Teil des gemeinsamen Spanngewichtes auf die anderen Tragseile überträgt, zu dem Zweck, die Gleichgewichtslage des Fahrzeuges nach Bruch eines Tragseiles praktisch gleich zu erhalten wie vor dem Bruch des letzteren.

Nr. 227 494. (*Adolf Bleichert & Co.* und *Wilhelm Eichner*, Leipzig-Gohlis.) Einrichtung zum Umfahren von Kurven mit Drahtseilbahnwagen, bei denen die Zugseilklemme des Kipp- und Laufwerkes geöffnet wird, d. g., daß in Kurven, deren Krümmungsmittelpunkt auf der dem Zugseil entgegengesetzten Seite der Mittelebene des Laufwerkes liegt, die Fahrschiene mit einem oder mehreren Schlitzen versehen ist, durch welche die Leitrollen mit ihren Rädern hindurchtreten, zu dem Zweck, das Zugseil nicht tiefer als die Fahrschiene legen zu müssen.

Nr. 229 784. (*Ceretti & Tanfani*, Mailand-Bovisa.) Sicherheitsbremse für Seilhängebahnwagen mit Zugseilantrieb, d. g., daß bei Seilbruch des Zugseiles der Zug des unterhalb des Wagens befindlichen Gegenseiles zur Anstellung der Bremse mitbenutzt wird.

Nr. 231 502. (*Thomas Spencer Miller*, New York-City.) Hebeseilbahn, bei welcher zur Verhinderung des zu tiefen Durchhängens der losen Seile bei jeder Fahrt Hängestützen über die Fahrstrecke verteilt und von der Laufkatze wieder aufgenommen werden, d. g., daß die Hängestützen an ihrem das Stütztragseil umfassenden oberen Ende oder die Knöpfe des Tragseiles mit einer Stoßfangvorrichtung ausgerüstet sind.

1911.

Nr. 231 888. (*Adolf Bleichert & Co.*, Leipzig-Gohlis.) Fangvorrichtung für Seilschwebebahnwagen, d. g., daß Gehänge und Laufwerk gegeneinander beweglich sind und im normalen Betrieb durch die Seilspannung in einer solchen Lage gehalten werden, daß die Klemme nicht eingerückt ist, während die bei einem Seilbruch eintretende gegenseitige Verschiebung zum Einrücken der Klemmvorrichtung führt.

Nr. 232 091. (*Ludwig Heisse*, Dortmund.) Antrieb von Laufkatzen für Seilbahnen, bei welchem die Adhäsion entsprechend der wachsenden Belastung oder dem Widerstand der Fahrbahn vergrößert wird, d. g., daß ein zwangläufig miteinander verbundenes Rollenpaar an dessen die Rollen verbindendem Balancier der Laufkatzenrahmen einseitig aufgehängt ist, den Spannungsausgleich des über jene Rollen und eine mit dem Rahmen fest verbundene Rolle geführten endlosen Zug mittels der jeweiligen Belastung entsprechend bewirkt.

Nr. 232 221. (*Ad. Bleichert & Co.*, Leipzig.) Spannvorrichtung für die Tragseile von Seilbahnen mit einer oder mehreren Pendelstützen, d. g., daß das Spanngewicht nicht frei herabhängt, sondern auf einer festen Gleitbahn geführt ist.

Nr. 234 595. (*Georg Benoit*, Karlsruhe i. B.) Einrichtung an Seilhängebahn, insbesondere zum Personentransport mit zwei übereinander auf Masten aufliegenden Tragseilen zur Überleitung der Laufwerke über die Tragschuhe und zur Schonung der Tragseile, d. g., daß entweder die auf dem oberen Tragseil laufenden Laufräder mit den auf dem unteren Tragseil laufenden Rädern oder die beiden übereinander liegenden Seilauflagerschuhe miteinander durch Zahnradsegmente oder durch winkelförmige Hebel entweder direkt oder unter Zwischenschaltung von Zug- bzw. Druckstangen verbunden sind, so daß entweder eine Einstellung der senkrechten Spurweite am Laufwerk auf den genauen, jeweilig durch die Entfernung der übereinanderbefindlichen festen Auflagerschuhe gegebenen Betrag oder eine Einstellung der Auflagerschuhe auf die feste Spurweite des Laufwerkes selbsttätig erfolgt, und zwar entweder unter gleichmäßiger oder unter ungleichmäßiger, den etwa verschiedenen Tragseilstärken angepaßter Lastverteilung auf die beiden Tragseile.

Nr. 238 377. (*Adolf Bleichert & Co.*, Leipzig-Gohlis.) Drahtseilbahn mit mehreren Tragseilen, d. g., daß zwischen Wagengehänge und Stütze ein Auflager eingeschaltet ist, das bei Schwankungen des Gehänges quer zur Bahnrichtung eine gleichmäßige Verteilung der Last auf beide Tragorgane sichert.

Nr. 239 422. (*J. Pohlig A.-G.*, Köln-Zollstock und *W. Ellingen*, Köln.) Seilhängebahnfahrzeug mit motorischem Antrieb und zwei oder mehreren Einzellaufwerken, welche an einem Verbindungsträger wagerecht verdrehbar angeordnet sind, d. g., daß der Verbindungsträger, an welchem der Förderwagen aufgehängt ist, in senkrechten Gleitführungen der Einzellaufwerke beweglich gelagert ist, wobei die unter dem Einfluß der Wagenlast erfolgende senkrechte Verschiebung des Verbindungsträgers in den Einzellaufwerken dazu benutzt wird, Gegendruckrollen von unten her an das Tragseil zu pressen.

Nr. 239 844. (*Georg Benoit*, Karlsruhe i. B.) Seilhängebahn, insbesondere zum Personentransport, mit zwei übereinander auf Masten aufliegenden Tragseilen, d. g., daß die die Seilauflagerschuhe tragenden Holme an den Masten quer zur Fahrtrichtung verschiebbar angeordnet sind.

Nr. 240 358. (*J. Pohlig A.-G.*, Köln-Zollstock und *M. C. Hummel*, Köln-Lindenthal.) Vom Wagengewicht beeinflußte Bremsvorrichtung für Drahtseilbahnen, die bei Bruch des Zugseiles selbsttätig einfällt, d. g., daß der die Zugseilklemme tragenden auf einem im Laufwerk gelagerten Bolzen sitzt, welcher gleichzeitig eine exzentrische Scheibe trägt, an der mittels Ringe der Wagen aufgehängt ist und durch Klinken, deren Bewegung durch die Stellung des Laufwerkrahmens gegen die Wagerechte bedingt ist, entweder beiderseits arretiert oder einseitig freigegeben wird, so daß der Hebel beim Bruch des Zugseiles herumschlagen kann, welche Drehung zum Anstellen der Bremsvorrichtung benutzt wird.

Nr. 241 184. (*Ceretti & Tanfani*, Mailand-Bovisa.) Drahtseilbahn mit hin und her gehendem Betrieb und mehr als einem Zugseil, d. g., daß jedes der Zugseile nur eine Last fördert, und die einzelnen Lasten in bestimmten, nach der größten Spannweite der Bahn zu berechnenden Entfernungen voneinander gehalten werden, zu dem Zweck, die Leistung der Bahnanlage zu erhöhen, ohne die Tragorgane zu vermehren oder zu verstärken.

Nr. 232 221. (*Adolf Bleichert & Co.*, Leipzig Gohlis.) Spannvorrichtung für die Tragseile von Seilbahnen mit einer oder mehreren Pendelstützen, d. g., daß das Spanngewicht nicht frei herabhängt, sondern auf einer festen Gleitbahn geführt wird.

Nr. 232 660. (*A. Bleichert & Co.*, Leipzig-Gohlis.) Vorrichtung zum selbsttätigen Anhalten von Drahtseilbahnantrieben, bei dem ein unter dem Einfluß der Seilspannung stehendes Element beim Bruch des Tragseiles eine Verschiebung erfährt, d. g., daß dieses Element im Antriebszustande durch Klemmung in seiner Lage gehalten wird.

Nr. 234 582. (*J. Pohlig*, A.-G., Köln-Zollstock.) Seilhängebahn für kontinuierlichen Betrieb mit einem oder mehreren Tragseilen und einem endlosen Zugseil, d. g., daß neben der Strecke ein endloses, sich im Betrieb gleichschnell mitbewegendes, die Fördergefäße bei normalem Betrieb jedoch nicht ziehendes Fangseil angeordnet ist, welches mit den Fördergefäßen durch besondere lösbare Kupplungsvorrichtungen in Verbindung steht.

Nr. 235 147. (*J. Pohlig*, A.-G., Köln-Zollstock.) Aus zwei Fahrwerken bestehendes Laufwerk für Drahtseilbahnen mit übereinander liegenden Laufbahnen, d. g., daß die Rahmen des oberen und des unteren Fahrwerkes an den Enden durch zwei Lenkerpaare und in der Mitte durch einen Schleifenkranz dadurch miteinander verbunden sind, daß die Mittelzapfen der Rahmen und die mittleren Gelenkzapfen der Lenkerpaare in die Gleitbahn des Schleifenkranzes greifen.

Nr. 235 769. (*J. Pohlig*, A.-G., Köln-Zollstock.) Bahnsystem mit einer oder mehreren Laufbahnen und einem ruhenden Fahrseil, an dem sich die mit Motor und entsprechend angeordneten Seilscheiben ausgerüsteten Fahrzeuge fortbewegen, d. g., daß das Fahrseil an einzelnen Punkten der Strecke durch Klemmvorrichtungen festgehalten wird, welche das Seil beim Herannahen eines Fahrzeuges selbsttätig freigeben und es nach Vorüberfahrt des Fahrzeuges wieder selbsttätig festklemmen.

1912.

Nr. 242 693. (*Richard Petersen* in Schlachtensee.) Seilhängebahn mit bewegten Tragseilen und am Tragseil befestigten Förderkorb, d. g., daß das Tragseil im Aufhängungspunkt des Förderkorbes untergebracht ist und seine beiden Enden gelenkig mit dem Gehänge des Förderkorbes verbunden sind.

Nr. 245 136. (*Adolf Bleichert & Co.*, Leipzig-Gohlis.) Einrichtung zum Durchfahren von Kurven bei Drahtseilbahnen, d. g., daß der Seilbahnwagen beim Einlaufen in die Kurven von einem Führungsarm ergriffen wird, der an einem Hilfswagen befestigt ist, wobei der Hilfswagen an einer besonderen Führung derart entlanggeführt wird, daß der Seilbahnwagen stoßfrei in die Kurven hinein- und herausgeleitet wird.

Nr. 253 301. (*Knud Holger Larsen* in Frederiksberg b. Kopenhagen.) Trag- und Leitanordnung für Seile, die an den Ablenkstellen auf einem kreisförmig gebogenen, aus einer Anzahl kettenartig aneinander gereihter und auf einer festen Bahn laufender Elemente bestehenden Lager ruhen, d. g., daß diese Elemente je für sich wagenförmig ausgebildet sind, so daß die Abstände zwischen benachbarten Elementen beliebig verringert und die Stützflächen des Seiles so gekrümmt werden können, daß das Seil die Ablenkstelle mit ununterbrochener, kreisförmiger Krümmung passiert.

Nr. 254 298. (*J. Pohlig, A.-G.*, Köln-Zollstock und *Gustav Thorkildssen* in Kristiania.) Schmiervorrichtung für die Drahtseile von Drahtseilbahnen, bei der durch einen beweglichen Kolben eine kleine Menge des Schmiermittels von der Gesamtmenge abgetrennt und zwecks Weiterleitung zur Schmierstelle aus dem Behälter herausbefördert wird, d. g., daß der Kolben in der Nähe seines unteren Endes eine Vertiefung besitzt, deren Höhe geringer ist als die Dicke der Gefäßwandung, durch welche der Kolben hindurchgeht, so daß bei jeder Stellung des Kolbens der Behälter nach außen hin abgeschlossen ist.

1913.

Nr. 259 348. (*Adolf Bleichert & Co.*, Leipzig-Gohlis.) Radial fahrbare Seilbahn, d. g., daß das Tragseil in dem feststehenden Turm durch ein Spanngewicht belastet ist, das sich bei der Bewegung des fahrbaren Turmes mit den Leitrollen für das Aufhängeorgan um eine senkrechte Achse drehen kann.

Nr. 262 283. (*J. Pohlig A.-G.*, Köln.) Schutzbrücke für Seilhängebahnen, d. g., daß unter der Fahrbahn der Wagen Sättel oder Eckstücke aus elastischem Material angeordnet sind, welche eine derartige Form haben, daß auf sie fallende Wagen nach der Seite abgelenkt und aus dem freien Fahrprofil entfernt werden.

Nr. 265 844. (*J. Pohlig, A.-G.*, Köln.) Schmiervorrichtung für die Tragseile von Drahtseilbahnen mit unten am Ölbehälter befestigter und vom Laufwerk aus angetriebener Druckpumpe, dadurch gekennzeichnet, daß der Antrieb der Pumpe durch eine gerade Welle erfolgt, die zentral durch den Gehängezapfen hindurchgeführt ist und ihre Bewegung durch einen Kegeltrieb erhält, dessen Antriebsrad, das seine Bewegung von den Laufrädern erhält, konachsial zum Gehängebolzen angeordnet ist.

Aus der Zeitschriftenliteratur über Drahtseilbahnen:

Koll: Kabelluftbahn. Dinglers Polytechn. Journal 1910, Heft 10 u. 11, S. 145—167 (Konstr. u. Berechn. m. Z. u. Ph.).

Stephan: Die Massentransportvorrichtungen auf der Brüsseler Weltausstellung. Fördertechnik 1911, Heft 1, S. 8 (Beschreib. m. Ph.).

— Holztransport auf Drahtseilbahnen. Holzwelt 1913, Nr. 4, S. 15—16 (Beschreib. m. Ph.).

Schulz: Der Transport von beladenen Förderwagen auf dem Luftwege. Technische Blätter (Deutsche Bergwerks-Ztg.) 1913, Nr. 18, S. 137—138 (Beschreib. m. Ph.).

Buhle: Neuzeitliche Kabelkrane und ihre Anwendung auf das Bauwesen. Deutsche Bauzeitung 1913, Nr. 79 u. 81 (Beschreib. m. Ph. u. Z.).

— Neuzeitlicher Kabelkrantyp. Baumaschine 1913, Heft 6, S. 73—74 (Beschreib. m. Ph.).

— Drahtseilbahnstützen aus Beton und Eisenbeton. Zeitschr. d. Zentralverbandes d. Bergbau-Betriebsleiter 1913, Nr. 22, S. 740—741 (Beschreib. u. Ph.).

Michenfelder: Kabelkrane für Bauzwecke. Fördertechnik 1913, Heft 6, S. 136—139 (Beschreib. m. Z.).

— Seilbahnkrane beim Bau der neuen Ostseeschleusen des Kaiser-Wilhelm-Kanales. Baumaschine 1913, Heft 1, S. 9 (Beschreib. o. Abb.).

— Fördereinrichtungen. Zeitschr. f. Gewinn. u. Verwert. d. Braunkohle 1913, Nr. 37, S. 631 (Beschreib. o. Abb.).

— Drahtseilbahnen im Kalibergbau. Norddeutsche Zeitschr. f. d. ges. techn. Industrie 1914, Nr. 3, S. 27—29 (Beschreib. m. Ph.).

— Ein als Brücke dienender Kabelkran. Fördertechnik 1914, Heft 7, S. 90, Heft 8, S. 101 (Beschreib. m. Ph.).

Schäfer: Kabelkran zum Bau der Camsdorfer Brücke bei Jena. Baumaschine 1914, Heft 11, S. 132—133 (Beschreib. m. Ph.).

Schrägaufzüge.

(Bremsberge, Kettenaufzüge, Seilaufzüge, Seil- oder Kettenförderungen, Seil-
oder Kettenbahnen, Gleisbahnen.)

Wesen der Konstruktion. Ein Schrägaufzug besteht in der Hauptsache aus einer ansteigenden Gleisbahn, auf der wagenartige Lastbehälter
mechanisch bzw. maschinell herauf und herunter gefahren werden können.

Arbeitsweise. Der Transport erfolgt dadurch, daß entweder — wie bei
dem gewöhnlichen Vertikalaufzug — das mit dem Aufzugswagen verbundene
Zugorgan, Seil oder Kette, von einer Windemaschine entsprechend der beab-
sichtigten Förderrichtung bewegt wird oder daß — bei den sog. „Brems-
bergen" — der jeweils für die Abwärtsbeförderung benötigte leere Wagen
durch den mit ihm durch das Zugseil verbundenen vollen Wagen die Schrägbahn heraufgezogen worden ist.

Anwendbarkeit. Schrägaufzüge sind — für Sammelgut in gleicher
Weise wie für Einzelgut — zweckmäßig dort anwendbar, wo es sich um
die Überwindung größerer Höhenunterschiede handelt und wo die Anlage
einer geraden Schrägbahn durch die Örtlichkeit gegeben ist oder doch keine
Schwierigkeiten macht. Der Mangel an Anpassungsfähigkeit bzw. der erheb-
liche Raumbedarf läßt ihre Anwendung im allgemeinen nur im Freien und
nicht auch innerhalb der Gebäude zu.

Vorteile. Schrägaufzüge sind einfach in Anlage und Betrieb; sie erfordern wenig Wartung und, bei richtiger Ausgleichung, auch nur wenig Betriebskosten.

Nachteile. Sie sind infolge der starken Intermittenz ihres Betriebes
nicht besonders leistungsfähig. Sie erfordern, wenn auch nicht wie bei Vertikal-
aufzügen nach polizeilicher Vorschrift, so doch aus Gründen allgemeiner Vor-
sicht besondere Sicherheitseinrichtungen, um so mehr, als die Fahrbahn von
Schrägaufzügen in der Regel von der Umgebung in keiner Weise abgetrennt ist.

Ausführungsbeispiele.

Die in den folgenden Fig. 189 bis 200 dargestellten Förderanlagen stellen
verschiedenartige Schrägaufzüge dar, wie sie sich gemäß den jeweiligen Verhältnissen und Ansprüchen als zweckdienlich ergeben. In der Regel werden
Schrägaufzüge nur für kürzere Strecken, aber mit größerer Steigung, und für
kleinere Leistungen angewendet, und zwar in ein- oder zweigleisiger, eventuell
auch in dreischieniger Ausbildung. Die Stärke der Steigung ist für die Ausführung insofern bestimmend, als bei weniger großer Steigung die Wagen direkt
an das Zugorgan gekuppelt (Fig. 189), bei größerer Steigung dagegen besondere Unterwagen für die Transportfahrzeuge verwendet werden (Fig. 191).
Der Betrieb erfolgt entweder in der Weise, daß ein am Ende des Zugmittels
angehängter Wagen bzw. Unterwagen beladen heraufgezogen und leer wieder
heruntergebremst wird; vgl. z. B. Fig. 189 und 190; oder der Betrieb erfolgt
so, daß gleichzeitig ein an dem einen Ende des Seiles oder der Kette hängender

Wagen beladen nach oben und ein am anderen Ende angeschlossener Wagen
leer nach unten fährt; vgl. z. B. Fig. 191 und 192. Hat das Umgekehrte statt-
zufinden, sind also Lasten von oben nach unten zu befördern, so wird die
Anlage zu einem sog. Bremsberg. Bei diesem ist keine positive Arbeit zu

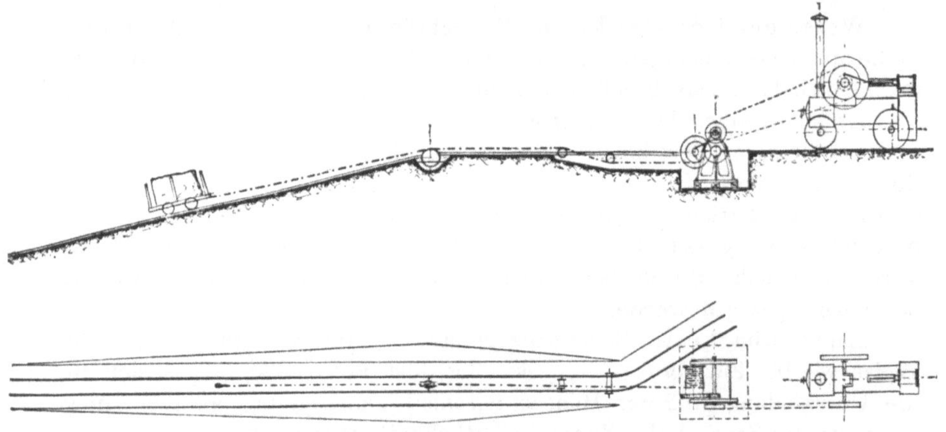

Fig. 189 u. 190. Einfacher Schrägaufzug.

leisten und deshalb auch kein besonderer maschineller Antrieb erforderlich,
vielmehr ist die überschüssige Arbeit im Bremswerk zu vernichten. In bezug
auf die Gleisausbildung und die Anschließung der Wagen an das Zugorgan
gilt das gleiche wie bei den vorerwähnten Schrägaufzügen. Die Zeichnungen

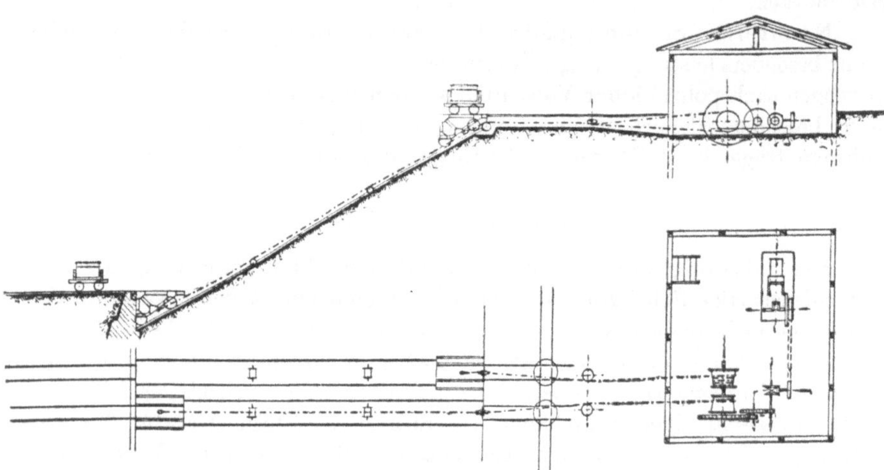

Fig. 191 u. 192. Doppelter Schrägaufzug.

193 und 194 veranschaulichen beispielsweise eine Bremsberganlage mit Unter-
wagenbetrieb. Die Bedienung des hier unterirdisch angeordneten Brems-
werkes erfolgt entweder durch Drehen der Bremsspindel (von Hand oder
mittels Kurbel), oder es ist ein Gegengewicht angebracht, das die Bremse

stets geschlossen hält. Dieses Gewicht wirkt derart, daß die Bremse selbsttätig einfällt, sobald der Arbeiter den Lüftungshebel losläßt.

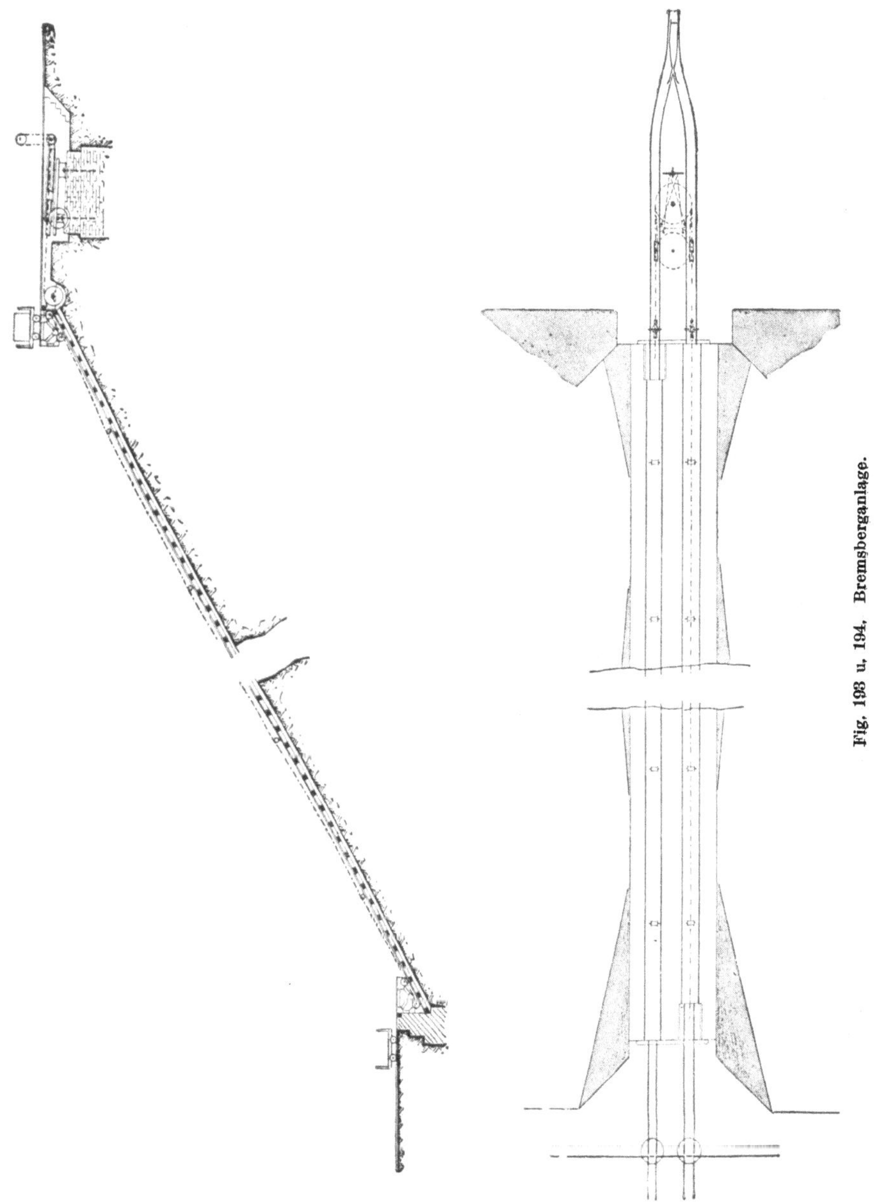

Fig. 193 u. 194. Bremsberganlage.

Die in den obengenannten Fällen genügende eingleisige Anordnung kommt
begreiflicherweise nur für untergeordnete Anlagen bzw. für ganz geringe
Förderungen in Betracht. Schrägaufzüge werden nicht nur mit den bisherigen
Anlagen zugrunde liegendem hin und her gehenden Betrieb, mit sog. Pendel-

betrieb, ausgeführt, sondern auch mit kontinuierlichem Betrieb, d. h. mit stetiger Bewegung des in sich geschlossenen Zugorganes. Solche Anlagen bilden in der Regel einen Teil einer größeren Fördereinrichtung, Seil- oder

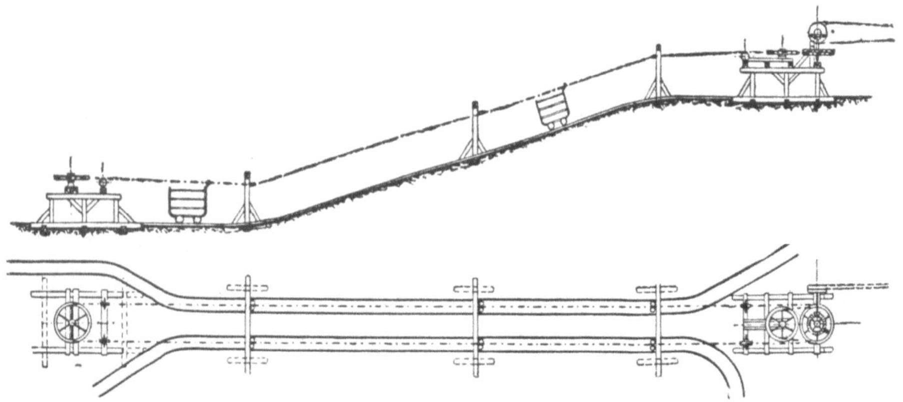

Fig. 195 u. 196. Ketten- oder Seilförderung.

Kettenbahn, die außer der Schrägaufzugstrecke noch aus horizontalen Förderstrecken besteht. Die allgemeine Anordnung einer solchen Aufzugsstrecke mit

Fig. 197. Seilförderanlage.

Oberseil ist aus den Fig. 195 und 196 ersichtlich. Die Fig. 197 zeigt eine Ausführung mit Unterseil, die auch erkennen läßt, wie beim Übergang aus der Schrägstrecke in die Horizontalkurve das Abkuppeln der mittels Gabel an

Additional information of this book

*(Die Materialbewegung in chemisch-technischen Betrieben;
978-3-662-24049-6; 978-3-662-24049-6_OSFO18)* is provided:

http://Extras.Springer.com

das Seil angreifenden Wagen erfolgt. Die bisher betrachteten Bauarten von Schrägaufzügen lehnen sich an Ausführungen der *Orenstein & Koppel A.-G.*, Berlin an.

Eine eigenartige Anwendung des Prinzips der Förderung durch umlaufenden Seilantrieb stellt die in Fig. 198 bis 200 (Taf. 24) veranschaulichte Anlage dar, die vor einigen Jahren von *Carstens & Fabian* für die Firma *C. W. Neumann*, beide in Magdeburg, ausgeführt worden ist. Die Einrichtung ist dazu bestimmt, Holzstämme, die per Floß auf der Elbe ankommen, an Land zu schaffen und auf einem langgestreckten Lager aufzustapeln. Die Anordnung ist zu diesem Zweck so getroffen, daß ein endloses, bewegtes Zugseil um den ganzen Lagerplatz herumgeführt ist, an das ein Hilfsseil angekuppelt werden kann. Das freie Ende dieses Seiles wird um die Stämme gelegt und diese werden dadurch aus dem Wasser gezogen. Die über eine Rampe gezogenen Stämme legen sich auf einen Transportwagen, auf dem sie unter Einwirkung des Seilzuges weiter nach den Stapeln gezogen werden. Wenn der (zweckmäßig immer gleich mit mehreren Stämmen beladene) Schleppwagen vor dem gerade zu füllenden Stapel angelangt ist, wird das Hilfsseil losgekuppelt und an den Trum des Hauptseiles angeschlossen, der an den hinter dem Stapel aufgestellten Pfosten vorbeiführt. Nachdem noch ein weiteres Hilfsseil um das andere Ende der Stämme gelegt und so an das Hauptseil angeschlossen ist, werden die Stämme auf untergelegten Gleithölzern leicht auf die Stapel gezogen; vgl. den Grundriß und den Querschnitt der Zeichnung. Während dieses Hinaufziehens schon wird der leere Unterwagen zum Fluß zurückgefahren, so daß in der Wiederholung des Spieles keine Verzögerung eintritt. Der Maschinist steht an der Antriebsstation in einem Aussichtsturm, so daß er den ganzen Platz gut übersehen und den Antrieb nach Bedarf ein- und ausschalten kann. Für den Betrieb der Anlage, mit der sich stündlich etwa 00 Stämme stapeln lassen, dient ein 10-PS-Elektromotor.

Aus der Zeitschriftenliteratur über Schrägaufzüge:

Heitmann: Gleisbahnen mit endlosem Förderstrang. Fördertechnik 1909, Heft 5, S. 123 bis 131 (Konstrukt. m. Z. u. Ph.).
Blau: Schrägaufzüge und Bremsberge mit ständig umlaufendem, endlosen Zugorgan. Baumaschine 1914, Heft 8—10, S. 93—120 (Verschiedenes m. Z. u. Ph.).

Elevatoren.

(Becherförderer, Gurt- bezw- Kettenelevatoren, Becherelevatoren [im Gegensatz zu pneumatischen Elevatoren und zu „Aufzugs"-Elevatoren], Paternosterwerke, Becherwerke, Schöpfwerke, Schaufler.)

Unter den aufwärtsfördernden Hilfsmitteln nehmen die schlechthin als Elevatoren bezeichneten Becherwerke einen sehr bevorzugten Platz ein, einmal wegen des trotz relativ großer Leistungen geringen Platzbedarfes und das andere Mal wegen ihrer Befähigung zur selbständigen Materialaufnahme

bzw. -entnahme. Die erstgenannte Eigenheit ist begründet in der Förderweise
der Elevatoren, die praktisch noch zu den kontinuierlich, d. h. pausenlos fördernden Vorrichtungen gezählt werden können. Die letztgenannte Möglichkeit
gestattet, für die Aufgabe, für den Transport und für die Abgabe des Materials
mit dem einen Fördermittel auszukommen, ohne, namentlich für erstere,
besonderer Vorkehrungen zu bedürfen. Zieht man demgegenüber z. B. den
gewöhnlichen Aufzug in Betracht, der lediglich die Materialbewegung in seiner
vertikalen Förderrichtung ausführt, aber für das Beladen sowohl wie für das
Entladen besonderer Hilfe bedarf, so erkennt man deutlich die erweiterte
Arbeitsfähigkeit des Elevators.

Wesen der Konstruktion. Ein Becherförderer — meist Elevator
genannt — besteht im wesentlichen aus einem in geschlossenem senkrechtem
oder schrägem Lauf in sich zurückgeführten Zugmittel, an dem becherartige
Gefäße zur Mitnahme des Fördergutes befestigt sind.

Arbeitsweise. Die Förderung erfolgt dadurch, daß das im unteren Teile
des Elevators in die Becher einfallende oder aufgegebene Material durch das
um die Endscheiben bewegte Zugorgan mitgenommen und bei der oberen
Bewegungsumkehr selbsttätig abgegeben wird.

Anwendbarkeit. Die Anwendbarkeit der Elevatoren erstreckt sich
auf alle schüttbaren Materialien, die einerseits ein gutes Schöpfen durch die
Becher an der Aufnahmestelle und andererseits ein leichtes Ausschütten an
der Abgabestelle ermöglichen. Demgemäß erweisen sich insbesondere körnige
oder kleinstückige Materialien als geeignet für Elevatortransport. Als Förderrichtung kommt für Elevatoren fast ausschließlich die gradstreckige vertikale
oder annähernd vertikale in Betracht, da nur hierbei die Becherstellung eine
leistungsfähige einwandfreie Mitnahme des Gutes, ohne vorzeitiges, verlust-
bringendes Ausfließen, verbürgt.

Ausführungsbeispiele.

Eine typische Anwendung des Elevators für loses Massengut zeigt Fig. 201
in der Löschung eines Schiffes. Der an einem wasserseitig auskragenden
Gestell beweglich aufgehängte Elevator schöpft, in den Schiffsrumpf herab-
gelassen, zunächst das ihm halb zufließende, halb zugeschaufelte Gut in die
Höhe. Die besondere Art des im vorliegenden Fall durch eine hochliegende
Hängebahn erfolgenden Weitertransportes der Schiffsladung macht die Einschaltung noch eines zweiten Elevators nötig, der das vom Schiffselevator
ausgeworfene Gut auf eine solche Höhe hebt, daß es in die seitlich vorbei-
fahrenden Hängebahnwagen abgelassen werden kann. Und zwar zweckmäßig
noch unter Zwischenschaltung eines größeren Sammelbehälters, der das ihm
stetig zugeführte Material absatzweise in die mit zeitlichen Zwischenräumen
untergefahrenen Kasten abzugeben gestattet. Der Entwurf stammt von der
bekannten Transportmaschinenfabrik *Fredenhagen* in Offenbach a. M.

Dagegen grundverschieden und originell in Anordnung und Ausbildung
ist die durch Fig. 202 bis 203 veranschaulichte Elevatoranlage. Auch deren Be-

stimmung ist eine recht eigenartige. Während bisher die Einlagerung des Teicheises in die Keller der Brauereien meistens durch schräggestellte Kratzertransporteure erfolgte (s. z. B. Fig. 60) — sofern nicht etwa gar noch Handarbeit aufgewendet wurde — übernimmt dieses Geschäft hier der Elevator. Seine Verwendung bedeutet im Vergleich zu dem älteren Verfahren einen Fortschritt besonders deshalb, weil der sehr beträchtliche Platzbedarf schräggeführter Transporteure bei ihm ganz in Wegfall kommt. Der Elevator ist diesfalls in einem sich an den Eiskeller anlehnenden senkrechten Mauerschacht hochgeführt und hat infolgedessen, wie ersichtlich, einen nur sehr geringen Raumbedarf. Weiter erscheint bei dieser

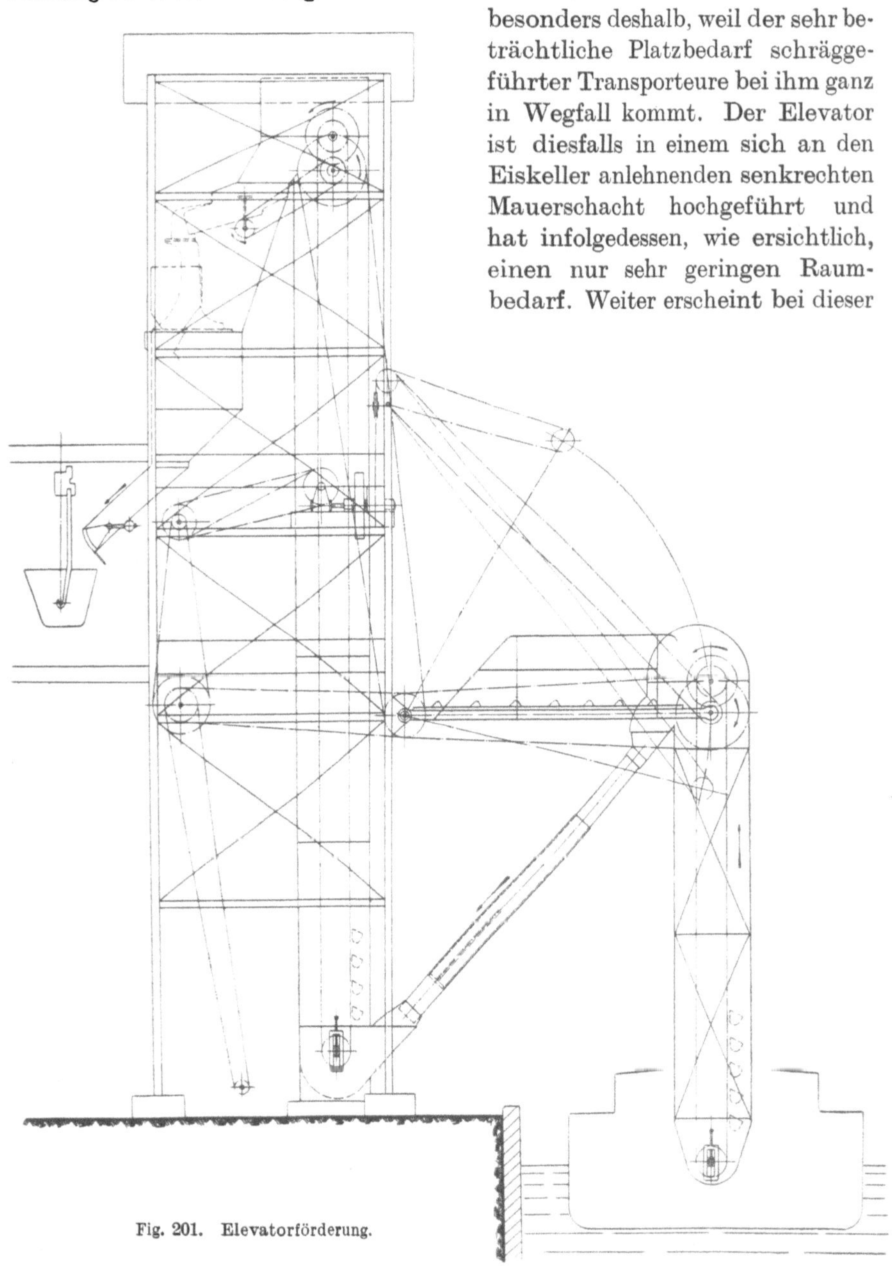

Fig. 201. Elevatorförderung.

von der Maschinenfabrik *Gebr. Seck*-Dresden herrührenden Ausführung auch die Maßnahme recht zweckmäßig, die Elevatorketten in der Mitte ihres Laufes noch einmal besonders zu führen, wodurch begreiflicherweise ein sehr ruhiger Gang erzielt wird. Für den niedergehenden Kettenstrang ist dicht unter dem Kopf des Elevators eine Ablenkrolle angeordnet, damit die

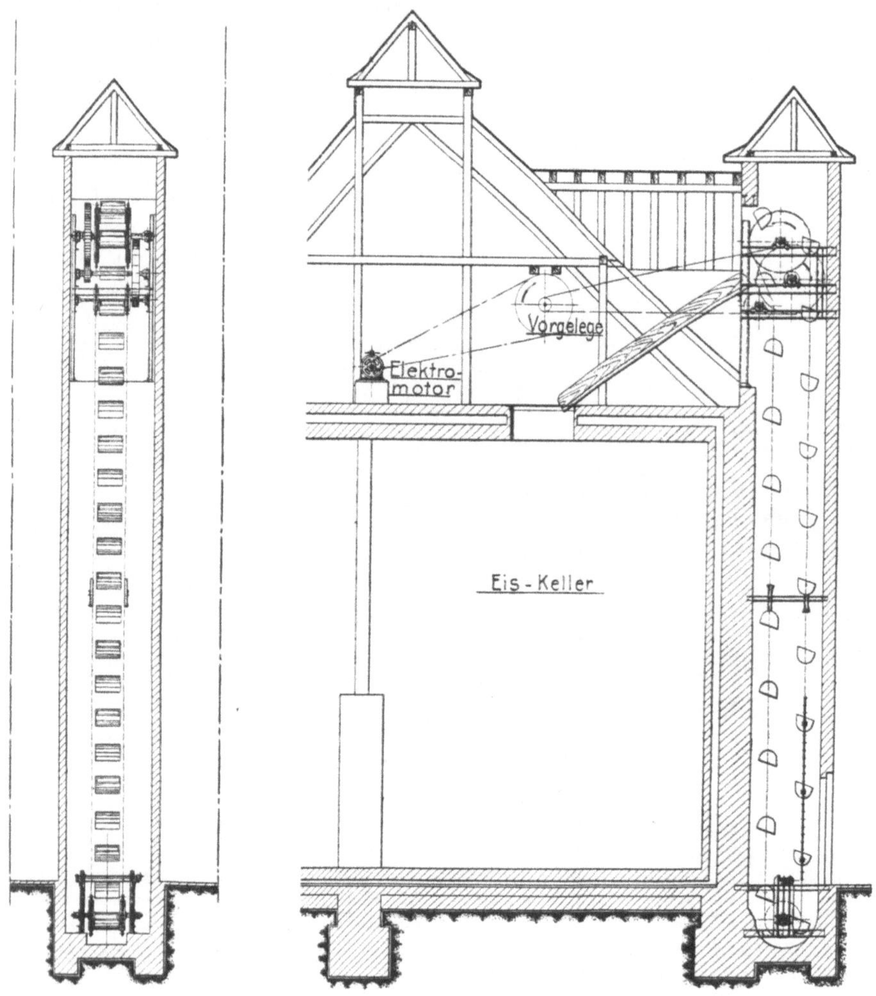

Fig. 202 u. 203. Schachtelevator.

Ausschüttung der Becher sicher erfolgt. Die Eisstücke rutschen endlich auf einer schrägen Schurre nach der Schachtöffnung des Kellers. Die stündliche Leistung des Elevators, dessen Becher einen gegenseitigen Abstand von etwa 1,2 m haben, beträgt 10000 kg bei einem Kraftbedarf von 2 bis $2^1/_2$ PS. Damit stellen sich, bei normalem Preise der elektrischen Energie, die Stromkosten für 100 Zentner Eisförderung auf nur etwa 18 Pf.

Im folgenden mögen noch einige Apparate für die Materialbewegung besprochen werden, bei denen diese Bewegung zwar durch elevatorartige Fördervorgänge bewirkt wird, die sich jedoch in bezug auf Ausbildung und Verwendung von den gewöhnlichen Elevatoren unterscheiden. Die Fig. 204 zeigt eine als fahrbaren Schaufel- oder Verladeapparat bezeichnete Maschine

Fig. 204. Fahrbarer Schaufelapparat.

in einer Ausführung der Firma *Gebr. Burgdorf*-Altona, die speziell zur Bewegung von Superphosphat bestimmt ist. Bisher geschah das Losarbeiten des in Magazinen und in großen Haufen aufgespeicherten Superphosphates in der Regel noch mühsam mit Picke und Schaufel. Für die Mechanisierung dieser Arbeiten ist dem **Apparat** die ersichtliche Ausbildung gegeben worden: An einem von Hand fahrbaren Wagen mit drehbarem Obergestell ist der Elevator angebaut, dessen Förderung mittels einer Rohrschurre in Säcke oder auch in Wagen abgeführt wird. Der Antrieb des Elevators und eventuell auch das Schwenken des Wagenoberteiles erfolgt durch einen Elektromotor. Für das Verfahren des ganzen Apparates ist an den großen Hinterrädern ein Kettenantrieb vorgesehen, der mittels Kurbeln oder Ratschen betätigt werden kann. Auf diese Weise läßt sich der immerhin recht stattliche Apparat von nur zwei Arbeitern von Ort zu Ort bringen, wobei das Lenken durch die Drehschemellagerung der kleinen Vorderräder möglich ist. Die Arbeitsweise dieses mechanischen Schauflers, der sich seinen Weg selbst bahnt, ist nun folgende: Er wird vor den abzutragenden Haufen geschoben und bewegt sich, einen Kreisbogen beschreibend, in denselben hinein. Sobald er die für seine Weiterbewegung erforderliche Breite — 2,5 bis 3 m — von dem Haufen abgetragen hat, wird er vorwärts geschoben, der Elevator zurückgeschwenkt und das Arbeitsspiel beginnt von neuem. Für die Wirksamkeit des Apparates — der mit Bezug auf seinen Angriff gegen das Material einem Eimerbagger ähnelt — ist es sehr wesentlich, daß die Vorderkanten seiner Becher mit auswechselbaren, gezahnten Stahlschneiden versehen sind. Denn hierdurch ist er mit Erfolg auch in den Fällen verwendbar, wo die hochgeschichteten Superphosphate schon hart geworden sind. Wenn sich diesfalls natürlich auch seine Leistung, die bis zu 30 t stündlich bemessen wird, entsprechend vermindert, so doch nicht sein in der Ersparnis von Arbeitskräften bzw. -löhnen begründeter Nutzen, da diese ja auch im Verhältnis der Bearbeitbarkeit des Materials wachsen.

Während die zuletzt beschriebene Ausführung sich des Elevatorprinzips mit einer den Eimerbaggern ähnlichen Arbeitsweise bediente, ähnelt letztere bei der in Fig. 205 (Taf. 25) wiedergegebenen Anwendung mehr den schlepperartig wirkenden Konstruktionen. Die Anlage — soweit wenigstens diese Parallele in Betracht kommt — dient zur Hochnahme von Säcken aus Schiffen. Für diese Arbeit ist bisher, wenn sie nicht überhaupt nur von Hand erfolgte, in der Regel ein intermittierender Betrieb durch Krane angewendet worden, wie man es ja in jedem Hafen beobachten kann. Hier ist auch dafür in zweckmäßiger Weise ein kontinuierlicher Betrieb eben in Form jener elevatorartig wirkenden Sacklöschvorrichtung eingeführt worden. Die Vorteile sind auch die anderwärts mit der gleichen Maßnahme erreichten: größere Leistung infolge des Fortfalles der Förderpausen, wozu hier noch die einfachere Bedienung durch das wegfallende Anschlagen der Lasten kommt. — Die Bauart des Sackelevators ist die aus anderen Anwendungsgebieten — Fig. 213 zeigt z. B. einen derartigen stationären Elevator als Sackaufzug — her bekannte, wobei die beiden über Fuß- und Kopfrollen laufenden endlosen Ketten in bestimmten Abständen durch wagerechte Querstücke gehalten werden, die als Stütze für die daraufgestellten Säcke dienen. Damit diese bei der hier schrägen Förderung nicht abfallen, stützen sie sich während des Hochganges gegen eine feste Holzrücklehne, ganz ähnlich, wie es bei dem fahrbaren Stapelapparat der Fig. 71 der Fall war. Der weitere Arbeitsgang der hier abgebildeten Anlage ist der, daß die vom Schiffselevator hochgenommenen Säcke auf ein in dessen Aus-

Additional information of this book

(Die Materialbewegung in chemisch-technischen Betrieben;
978-3-662-24049-6; 978-3-662-24049-6_OSFO19) is provided:

http://Extras.Springer.com

leger eingebautes Transportband geworfen werden, das sie weiter einem in dem fahrbaren Portal angeordneten Bande zur Beförderung bis an den Speicher über-

gibt. Der Transport und die Verteilung endlich im Gebäude erfolgt selbsttätig über Schrägrutschen bzw. über sog. Wendelrutschen, d. s. wendeltreppen- oder schraubenförmig angeordnete Gleitflächen. (In Fig. 206 ist eine von der Straßburger *Maschinenfabrik Schneider, Jaquet & Cie.* als Spezialität gebaute Wendelrutsche wiedergegeben, die in neuartiger und zweckmäßiger Weise aus einzelnen untereinander außen verflanschten Gußstücken mit Horizontalfugen besteht. Die Abnahme der Förderstücke — außer Säcken ebensogut Pakete od. dgl. — kann auch in jedem Zwischenstockwerk durch Anbringung eines Ableitbrettes erfolgen. Der äußere Durchmesser der abgebildeten Anlage beträgt 170 cm, deren Gewicht pro lfd. m 156 kg.) Die für das Hinabgleiten erforderliche anfängliche Hochlage erhalten die

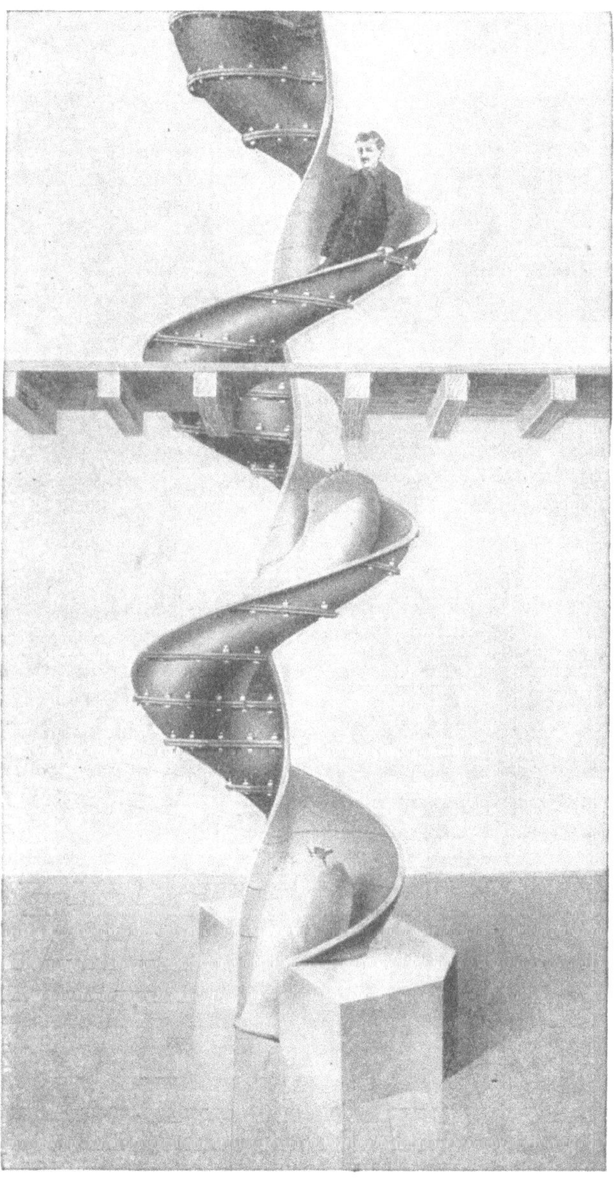

Fig. 206. Wendelrutsche.

Säcke durch einen an der wasserseitigen Wand im Gebäude hochgehenden Elevator der gleichen Art wie der Schiffselevator. Dadurch, daß die erwähnte Rückenlehne dieses Sackspeicherelevators in den verschiedenen Stockwerken

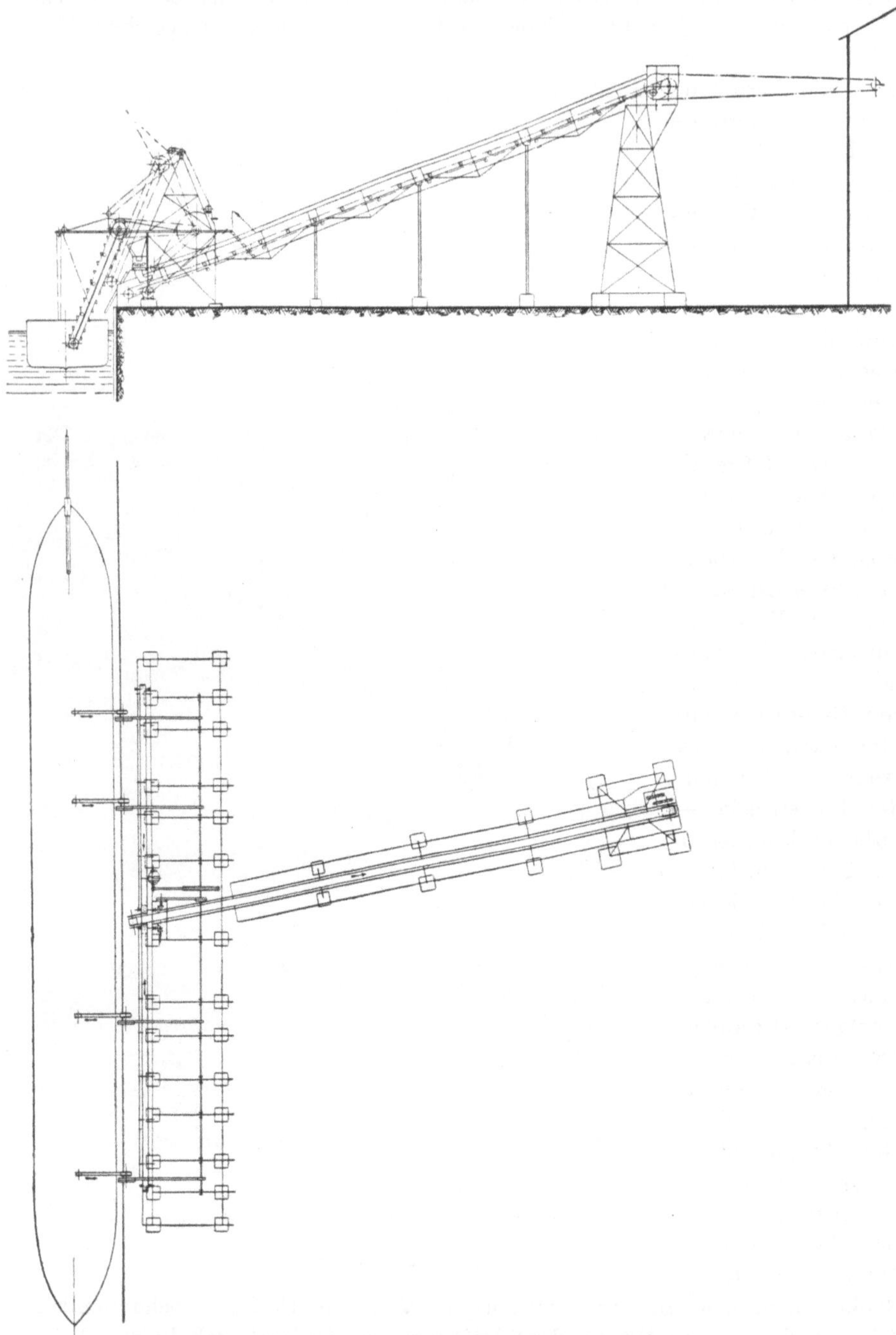

Fig. 207 u. 208.　Kombinierte Schiffselevator- und Bandförderanlage.

Additional information of this book

*(Die Materialbewegung in chemisch-technischen Betrieben;
978-3-662-24049-6; 978-3-662-24049-6_OSFO20)* is provided:

http://Extras.Springer.com

zurückklappbare Teilstücke aufweist, ist es ermöglicht, in die jeweils durch ein solches Zurückklappen geschaffenen Öffnungen die Säcke fallen zu lassen. Die Abbildung veranschaulicht beispielsweise einen solchen Vorgang im I. Stock. Die ganze Anlage ist von der Braunschweiger *Mühlenbauanstalt Amme, Giesecke & Konegen* für ein Lagerhaus in Wien gebaut worden. Die Leistung des Schiffselevators, dem natürlich die Leistungen der übrigen Fördereinrichtungen angepaßt sind, beträgt stündlich im Mittel 550 Säcke à 80 kg Gewicht, d. h. 44 t. Umgerechnet auf $^2/_3$ des Jahres an Schiffahrtstagen mit je zehnstündiger Löschzeit ergibt dies eine Gesamtleistung von über 100000 t. Dabei hat der Elektromotor zum Antrieb des Schiffselevators und des anschließenden Gurtförderers 5 PS, derjenige zum Antrieb der drei Bewegungsvorrichtungen des Portales — Fahrmechanismus, Bandtransport und Auslegerhubwinde — 8 PS.

Die Schiffsentladung mittels Elevatoren, und zwar eigentlicher Becherelevatoren für Massengut, zeigt in sehr vollkommener, wirksamer Weise Fig. 207 und 208. Daselbst wird ein Kahn gleichzeitig von 4 Elevatoren gelöscht, die, von einer gemeinsamen, an Land gelagerten Transmissionswelle angetrieben, das gehobene Gut zum Weitertransport einem System ineinanderarbeitender Gurtförderer übergeben. Diese durch den mehrfachen Förderangriff auf die Schiffsladung sehr leistungsstarke Anlage rührt von der eingangs öfter erwähnten *Muth-Schmidt G. m. b. H.* her.

Dem Prinzip der Förderweise der Sackelevatoren ähnlich ist der Arbeitsvorgang der in den Fig. 209 und 210 (Taf. 26) gezeichneten Stapelmaschine für Langgut. In diesem speziellen Fall handelt es sich um die Aufschichtung von Holzschwellen auf einem Lagerplatz; ebensogut kann die Vorrichtung natürlich auch für die Stapelung und die Verladung ähnlicher Körper Verwendung finden, z. B. von Rundholz, Rollen, Röhren, Trägern u. dgl. Die Konstruktion aller wesentlichen Teile der Maschine und ihre Wirkungsweise dürfte aus den sehr deutlichen Ansichten ohne weiteres und zur Genüge klar sein. Über die Dimensionen, Leistungsfähigkeit und Wirtschaftlichkeit seien ergänzend einige Angaben gemacht. Die Maschine, die zweckmäßig längs der Stapelreihe fahrbar gemacht ist, fördert bei einer Ketten- bzw. Mitnehmergeschwindigkeit von 0,26 m in der Sekunde stündlich rd. 500 Schwellen, wobei die größte Hubhöhe 5 m beträgt. Der Betrieb mit diesem Stapelapparat, dessen Anschaffung ca. 15 000 M. erfordert, kann als außerordentlich rationell bezeichnet werden, da beim Arbeiten mit ihm nur 4 Mann — 2 zum Auflegen und 2 zum Abnehmen — nötig sind, wohingegen sich für einen gleich leistungsfähigen Handbetrieb nicht weniger als 16 Mann als erforderlich ergeben haben. Die gezeichnete Anlage ist in mehrfacher Ausführung von der Transportmaschinenfabrik *Wilhelm Fredenhagen* in Offenbach für die *Societa Italiana per l'Iniezone del Legname* in Neapel geliefert worden.

Eine besonders eigenartige Anwendung hat die elevatorähnliche Förderung bei in Fig. 211 und 212 skizzierter Vorrichtung gefunden. Diese zum Heben dickflüssiger Massen bestimmte Einrichtung bedient sich als Förderorgan gleichfalls einer stetig umlaufenden und in regelmäßigen Abständen mit Lastträgern versehenen Kette. Dieser demgemäß als „Kettenschlamm-pumpe" bezeichnete Elevator, dessen Arbeitsweise aus den Figuren wieder ohne weitere Erklärung verständlich sein dürfte, hat den gewöhnlichen Pum-

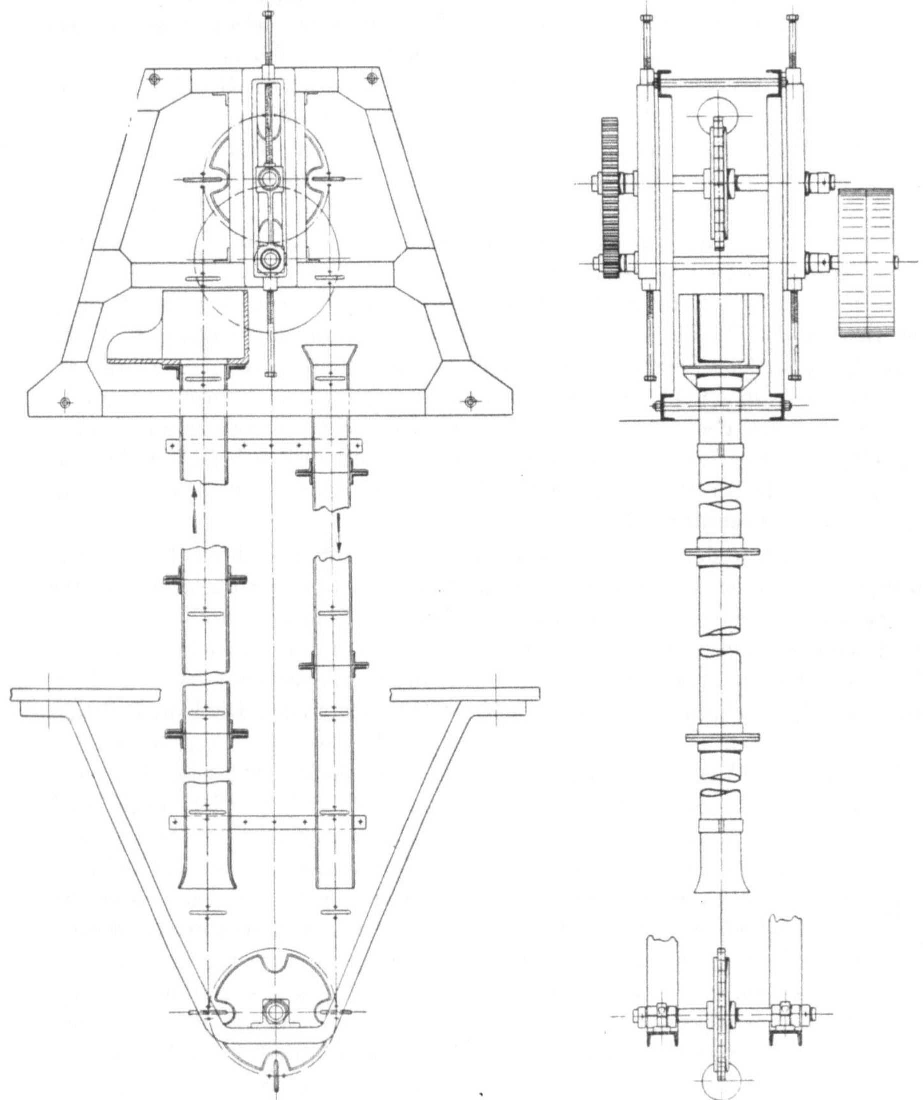

Fig. 211 u. 212.   Schlammelevator.

pen gegenüber den Vorteil, daß infolge der kraftschlüssigen Förderung des Materials überhaupt keine Ventile zur Anwendung kommen, daß also Ver-stopfungen nicht zu befürchten sind. Bei den meisten schlammartigen Mate-rialien genügt es, die Teller in der gezeichneten Weise, d. h. ohne besondere

Abdichtung, laufen zu lassen; bei sehr dünnem Schlamm können die Teller indes zweckmäßig noch mit einem Gummi- oder Lederrand versehen werden, so daß sie gegen die Rohrwandung dicht abschließen. Die Leistung der gezeichneten Pumpe mit einem Tellerabstand und einer Kettengeschwindigkeit von je 0,4 m ist etwa 10 cbm Schlamm stündlich. Die Anschaffungskosten betragen bei 9 m Achsenabstand ca. 900 M.; die Betriebskosten sind entsprechend gering, da der Kraftbedarf der vorliegenden Ausführung — deren Konstruktion gleichfalls von *Wilh. Fredenhagen*-Offenbach herrührt — nur etwa 1 PS beträgt.

Fig. 213. Sackelevator.

Aus der Patentliteratur über Elevatoren:

1909.

Nr. 206 893. (*Paul Schmidt*, Halle.) Fahrbarer Elevator zum Verladen von Massengut, d. g., daß mit dem Elevator eine das Gut in den Elevatortrog schleudernde Schaufel verbunden ist, die eine Kurve beschreibt, welche derjenigen ähnelt, in der die menschliche Hand die Wurfschaufel führt.

Nr. 215 511. (*Carl Martini* in Berlin.) Becherwerk, bei welchem die an den endlosen Zugorganen starr befestigten Becher das Fördergut aus einem Sammelraum schöpfen, d. g., daß die übereinanderliegenden Becher in ihrer Breitenrichtung in mehrere treppenartig angeordnete Becher unterteilt sind.

1910.

Nr. 221 059. (*Mohr & Federhaff*, Mannheim.) Heb- und senkbarer Becherelevator, der das gehobene Schüttgut in ein ausziehbares Förderrohr abgibt, d. g., daß der mit dem Becherelevator verbundene Teil des ausziehbaren Förderrohres eine Fördervorrichtung (Förderschnecke, Förderband, Kratzer oder dgl.) enthält, die das Gut in die Abgabestelle fördert, wobei das ausziehbare Förderrohr in denjenigen Schräglagen, bei denen der Reibungswinkel des betr. Schüttgutes überschritten wird, als Rutsche dient.

Nr. 224 378. (*August Davin* in Marten b. Dortmund.) Becherelevator, dessen Bechervorderkanten gabelförmige Spitzen tragen, d. g., daß in den Bechern Tragbleche drehbar befestigt sind, die in heruntergeklappter Stellung sich über die gabelförmigen

Spitzen legen und dadurch die Aufnahmefähigkeit jedes Bechers und damit die Leistungsfähigkeit des Becherelevators vergrößern, während sie in hochgeklappter Lage das Auf-
wühlen des Fördergutes durch die Spitzen nicht verhindern.

1911.

Nr. 231 683. (*Richard Wens* in Spandau.) Entladevorrichtung mit einem an einem
Ausleger schwingbaren Becherwerk, d. g., daß die etwa in halber Länge schwingend aufgehängte Eimerleiter sich auf eine Kransäule stützt und um ihren unteren Fußpunkt
und eine senkrechte Mittellinie schwingt.

Nr. 241 654. (*Carl Wenzel* in Darkehmen, Ostpr.) Becherwerk zum Heben von
Schüttgut, d. g., daß die Gelenke der lose über Rollen hängenden Becherkette mit gegen-
seitig wirkenden Sperrungen versehen sind, so daß die Becherkette unter ihrem eigenen
Gewicht unten einen starren Halbkreis bildet und hier ohne Führung laufen kann.

1912.

Nr. 252 987. (*John Steiner* in Chicago-Heights.) Fahrbarer Becherelevator für Kohle
und ähnliches Massengut, d. g., daß unterhalb des Aufnahmeendes des Becherelevators
ein Paar in gegengesetzter Richtung sich drehende, parallel zu der Ebene des Bodens
liegende Scheiben angeordnet sind, die das durch den Becherelevator zu fördernde Massengut von unten unterschneiden und so dessen Aufgreifen erleichtern.

Nr. 248 944. (*The Michener Storage Co.* in New York.) Ausziehbarer Becherelevator,
d. g., daß der ausziehbare Rahmen des Elevatorgestelles nur von der Elevatorkette gehalten und gegenüber dem feststehenden Rahmen des Elevatorgestelles durch eine aus-
lösbare Klemmvorrichtung feststellbar ist.

Nr. 249 446. (*Joh. Schilhan*, Nagykanizsa). Ladevorrichtung für Gurtelevatoren,
d. g., daß an der Schöpfmulde des Elevators eine zur Aufnahme eines angefahrenen Karrens
dienende Kippbrücke drehbar gelagert ist, gegen deren vorspringenden Arm eine von
dem Elevator beeinflußte Hubscheibe antrifft, so daß dadurch die Kippbrücke nebst
Karren so weit angehoben wird, daß sich der Karren selbsttätig in die Schöpfmulde entleert.

1913.

Nr. 256 833. (*Deutsche Maschinenfabrik A.-G.*, Duisburg.) Becherwerk für fein-
stückiges, paramagnetisches Massengut, d. g., daß das Massengut an der Aufnahmestelle
des Becherwerkes auf magnetischem Wege an das Becherwerk herangezogen wird.

Nr. 256 019. (*Hans Mattern*, Köln.) Vorrichtung zum Greifen und Hochfördern
von Schüttgut, d. g., daß an zwei endlosen, gegenläufig bewegten Zugorganen Greifer-
schaufeln gegeneinander gerichtet angeordnet sind, die paarweise gegeneinander arbeiten
und so das Schüttgut greifen und hochfördern.

Nr. 263 560. (*Franz Méguin & Co., A.-G.*, Dillingen.) Becherwerk, bei dem nur
die kurzgliedrigen Becherwerksketten auf die Kettenräder auflaufen, d. g., daß die Becher
mit den Becherwerksketten durch langgliedrige Laschen verbunden sind, deren eines Ende
starr, deren anderes Ende dagegen verschiebbar an den Becherwerksketten befestigt ist.

Nr. 266 561. (*Lentz & Zimmermann G. m. b. H.*, Düsseldorf.) Mit einem Trommelsieb verbundener Becherelevator, d. g., daß das untere Elevatorrad als Trommelsieb
ausgebildet ist.

Aus der Zeitschriftenliteratur über Elevatoren:

Hermanns: Einiges über die Förderung mittels Becherwerken. Fördertechnik 1910,
  Heft 4, S. 89—92; Heft 5, S. 118—122 (Allgem., Beschreib., Tabellen m. Z. u. Ph.).
Schwanda: Schiffselevator zum Ausladen von Sackwaren. Zeitschr. d. Ver. deutsch. Ing.
  1912, Nr. 48, S. 1940—1943 (Allgem., Beschreib. m. Z.).
— Sack-Förderanlagen, ihre betriebstechnische und ihre wirtschaftliche Bedeutung.
  S. B. B.-Ztg. 1912, Heft 3, S. 127—134 (Beschreib. m. Ph.).

Dobbelstein: Ein mechanischer Kohlenschaufler. Kohle u. Erz 1913, S. 174 (Beschreib. u. Kosten o. Abb.).
— Neue Umladevorrichtung. Stahl u. Eisen 1913, Nr. 18, S. 749 (Beschreib. u. Kosten m. Z.).
Pietrkowski: Ein mechanischer Schaufler. Technische Rundschau 1913, Nr. 45, S. 588 (Beschreib. m. Ph.).
Hermanns: Fahrbare Verlade- und Fördereinrichtungen. Zeitschr. d. Ver. deutsch. Ing. 1913, S. 1045—1051 (Beschreib. m. Z. u. Ph.).
— Mechanische Schaufler für kleinere Betriebe. Bauwelt 1914, Nr. 6, S. 37—38 (Beschreib. m. Ph.).
Spielvogel: Die Förderanlagen der Speicherei- und Speditions-A.-G. Dresden-Riesa. Zeitschrift d. Ver. deutsch. Ing. 1913, Nr. 38, S. 1498—1503 (Beschreib. m. Z.).
Schwidtal: Kontinuierliche Schachtförderung für alle Teufen. Braunkohle 1914, Heft 45, S. 760—765 (Allgem., Beschreib., Wirtschaftl. m. Z.).
— Spiraldrahtpumpe System „Bessonet Favre". Das Wasser 1914, Nr. 2, S. 51—52 (Beschreib. m. Z.).
Milch: Maschinelle Verladung von Kohlen. Braunkohle 1914, Nr. 6, S. 86 u. 87 (Beschreib. m. Z.).
Behr: Koksaufbereitungs- u. Sortieranlagen in mittelgroßen Gaswerken. Deutsche Gas- u. Wasserfachbeamtenzeitung 1914, Nr. 15, S. 210—213 (Beschreib. m. Ph.).

Eimerbagger.

(Eimerkettenbagger, Trocken- und Naßbagger, Hoch- und Tiefbagger, Kopfbagger, Schöpfwerk, Bagger.)

Mit den vorbeschriebenen Elevatoren im Wesen verwandt sind die Eimerbagger. Sie sind dies in gleichem Maße, wie sie den Löffelbaggern gegenüber grundverschieden sind. Diese Feststellung erscheint hier deshalb geboten, weil infolge der Gleichnamigkeit der Gattungsbegriffe das Aufkommen einer irrigen Ansicht in dieser Beziehung begreiflicherweise begünstigt ist. Die Eimerbagger sind allerdings in bezug auf ihre zunehmende Verwendung überall dort, wo es sich um die Abtragung von Bodenmassen handelt, den Löffelbaggern recht ähnlich; wie diese haben auch sie sich, an Anzahl wie an Größe wachsend, heute schon stark eingebürgert. Die Zunahme der Größenabmessungen der Eimerbagger hat es vermöge ihrer ununterbrochenen Förderweise dahin gebracht, daß wir, auch bei uns in Deutschland, schon Ausführungen arbeiten haben, die je viele Hunderte von Tonnen in der Stunde leisten. Sie erinnern damit an die in gleichem Maße leistungsstarken Förderbänder, mit denen sie dann auch nicht selten zu gemeinsamer Arbeit verbunden werden. Und zwar derart, daß das Band unmittelbar die horizontale Wegschaffung der von den Baggereimern ausgeworfenen Massen dient. Sind somit die Eimerbagger in dieser Hinsicht den Löffelbaggern zweifellos überlegen, so sind sie diesen gegenüber im Nachteil in Hinsicht auf die notwendige Beschaffenheit des Fördergutes. Der zwanglosere Angriff der Eimer beschränkt ihre Verwendungsmöglichkeit mehr auf weiche oder doch leichter abtragbare Materialien, wie Sand, Erde, Kies u. dgl.

Wesen der Konstruktion. Die Anordnung der wesentlichen, für die Materialbewegung in Betracht kommenden Teile eines Eimerbaggers gleicht derjenigen der Elevatoren.

Arbeitsweise. Die Arbeitsweise der letzteren ist bei diesen Baggern nur insoweit die gleiche, als es sich um das Transportieren und das Abgeben des Materials handelt, während das Aufnehmen desselben nicht durch Einfließen oder Zuschaufeln erfolgt, sondern durch Abgraben des Materials mittels der sich dagegen bewegenden Becher (Eimer).

Anwendbarkeit. Entsprechend dem gegen das Fördergut kräftig wirkenden Angriff der Fördergefäße von Baggern werden diese vornehmlich zum Abtragen feststehender oder gewachsener Erd- und Bodenmassen oder dgl. benutzt, sei es, daß diese Massen als solche gewonnen oder als Hindernis fortgeräumt werden sollen. Dabei ist die Lagerung des Gutes, ob in aufstehendem Gebirge, an Abhängen oder in Wasserläufen, ohne Belang, weil die wirksamen Mechanismen ebensogut auf einem auf Schienen fahrbaren Gestell (Trockenbagger) als auf einem Schwimmkörper (Naßbagger) angeordnet werden können. Ersterenfalls kann das eigentliche Becherwerk — die Eimerleiter — nach oben, d. h. oberhalb der Fahrschienen, wirkend (Hochbagger) oder nach unten wirkend (Tiefbagger) angeordnet werden.

Vorteile. Die Eimerbagger ergeben vermöge ihrer pausenlosen Förderung eine verhältnismäßig recht beträchtliche Leistung. Durch die freie Auflage der Eimer auf das Baggergut regelt sich die Beanspruchung der Konstruktion selbsttätig nach den jeweiligen Verhältnissen.

Ausführungsbeispiele.

Die im folgenden wiedergegebenen Beispiele lassen die Verschiedenartigkeit der Bauarten von Eimerbaggern erkennen, und zwar in bezug auf ihre äußere konstruktive Durchbildung bzw. ihre Anwendungsweise und auch in bezug auf ihren Antrieb. Während für letzteren, d. h. für die Wahl von Dampf (Fig. 222) oder Elektrizität (Fig. 214), die auch anderwärts — z. B. bei Löffelbaggern oder Kranen — ausschlaggebenden Rücksichten auf leichte Beschaffbarkeit der Betriebskraft bestimmend sind, ist für die Ausbildung als Hochbagger (Fig. 214) oder als Tiefbagger (Fig. 215) die Verlegungsmöglichkeit der Fahrgleise für Bagger und Baggergut von Einfluß. Ob — gleichgültig ob Hoch- oder Tiefbagger — die Eimerkette auf ihrem Arbeitswege zwangläufig geführt ist (Fig. 215) oder frei durchhängt (Fig. 214), richtet sich in der Regel nach der Art des abzutragenden Materials: ist bei leichtem Boden, Erde oder Sand, ein freies Aufliegen der Eimer genügend und auch empfehlenswert deshalb, weil etwaige Hindernisse durch die Ausweichbarkeit der Kette nach oben ohne Schaden für die Konstruktion bleiben, so muß bei schwerem, gleichmäßigen Boden, Kalk-, Ton- oder Kohlenlagern, im allgemeinen doch eine Führung der Eimerketten vorgenommen werden, um ein genügendes Eindringen der Eimerschneiden zu erhalten. Der durch die Führung vorgeschriebene Arbeitsweg der Eimer kann dabei auch von der Geraden beliebig abweichen — Bagger mit geknickter Eimerleiter — und dadurch ein entsprechendes Profil der Baggerung stets innehalten. Die weitere, vielgebrauchte Unterscheidung zwischen Trocken- und Naßbagger — je nach

Additional information of this book

(Die Materialbewegung in chemisch-technischen Betrieben;
978-3-662-24049-6; 978-3-662-24049-6_OSFO21) is provided:

http://Extras.Springer.com

der Arbeitsbestimmung für Land- oder Wasserbaggerungen — läßt gleich bestimmte Schlüsse auf wesentliche Konstruktionsverschiedenheiten nicht zu.

Welchen hohen Anforderungen an Dimension und Leistung moderne Eimerbagger zu genügen vermögen, zeigt die in den Fig. 215 ff. (Taf. 27) wiedergegebene Ausführung der Maschinenfabrik *Buckau* für die *Niederlausitzer Kohlenwerke*. Dieser Bagger fördert täglich in 10 Stunden 4000 cbm gewachsenen bis mittelschweren Boden bei einer Baggertiefe von nicht weniger als 21 m (vertikal gemessen bei einem Schnittwinkel von 50°). Sein Fahrgestell ist so ausgebildet, daß die Wagen für die Abfuhr des Baggergutes — Selbstentlader von 55 cbm Inhalt und 900 mm Spurweite — gleichzeitig in zwei Zügen unter dem Bagger halten können. Das beträchtliche Gesamtgewicht desselben verteilt sich auf

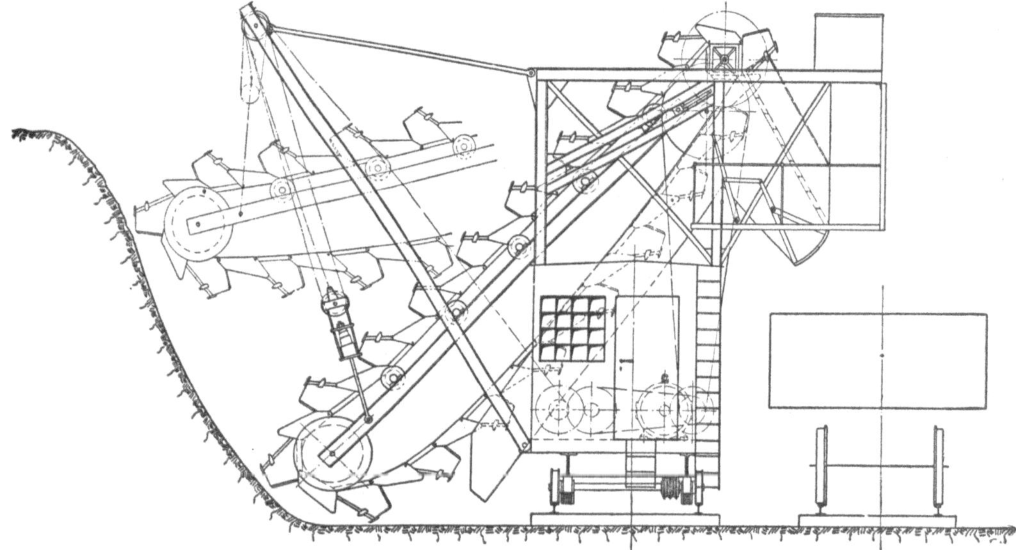

Fig. 214. Eimerketten-Trockenbagger (Kopfbagger).

drei Laufrädergruppen, deren Räder durch Balanziers verbunden sind, so daß auch bei stark unebenem Geleise jedes Rad stets nur den zulässigen Anteil vom Dienstgewicht aufzunehmen braucht. Die Eimerkette ist an dem sie während ihres Leerlaufes durch Rollen tragenden Ausleger unten in einer Gleitbahn geführt; in zweckmäßiger Weise ist jedoch auch die Einrichtung getroffen, daß der Bagger dort, wo es angebracht erscheint, auch mit ungeführter Kette arbeiten kann. Der Antrieb der Eimerkette und des Auslegerwindwerkes erfolgt durch einen (180-PS-)Elektromotor, der mittels Hanfseile zunächst eine Vorgelegwelle und dann mittels Zahnradübersetzung die sog. Turaswelle, d. i. die Eimerkettenpolygonscheibenwelle, antreibt. Von der Vorgelegwelle wird gleichzeitig ein Wendegetriebe bewegt, das unter Vermittlung eines Schnecken- und eines Kettengetriebes die über dem Baggerhause gelagerte Achse des Auslegerwindwerkes antreibt (Schnitt E—F). Der Ausleger selbst ist, zunächst für die Standsicherheit des ganzen Baggers, durch

Fig. 222. Dampfbagger mit angebautem Bandförderer.

ein Gegengewicht ausbalanziert. Dieses ist vorteilhaft an das freie, rückwärtige Ende der Windwerkskette angehängt und bewegt sich bei einer Verstellung des Auslegers auf einem Wagen längs einer am Baggergestell festen Schrägschienenbahn. Hierdurch wird erreicht, daß das Gegengewicht nicht nur die einseitige Kraftwirkung des schweren Auslegers in jeder Stellung aufhebt, also das Umkippen des Baggers verhütet, sondern auch, daß zum Hochwinden des Auslegers lediglich die Eigenreibung des Getriebes zu überwinden ist. Für den Fahrantrieb ist ein besonderer Motor von 20 PS vorgesehen.

Von derselben Bedeutung fast wie das Abtragen des Materials ist bei einem Baggerbetrieb das Fortschaffen desselben. Die Regel bildet die Abfuhr durch besondere Wagenzüge, die unter oder hinter dem Bagger durch dessen Ausschüttrichter beladen werden und das Baggergut oft weit nach den Absturzhalden fahren müssen. Die durch das Haldenwesen verursachten Schwierigkeiten sind ja aus dem Berg- und Hüttenbetrieb hinlänglich bekannt. Es wird deshalb erwünscht sein, wenn man in der Lage ist, das ausgebaggerte Gut nicht erst mit Hilfe eines weiten Bahnnetzes und einer großen Kolonne von Arbeitern fortschaffen zu brauchen, sondern es gleich nebenbei abzuschütten. Für die gleichmäßige Verteilung des Baggergutes eignet sich dann der Bandförderer in besonderer Weise durch seine jeder noch so großen Baggerleistung anpaßbare Eigenleistung; eine vollkommene Planierung des aufgeschütteten Terrains vermag ein Abwurfwagen in der früher geschilderten Weise herzustellen. Die Fig. 222 zeigt eine solche Anlage in einer Ausführung von *Orenstein & Koppel — Arthur Koppel, A.-G.*, Berlin.

Aus der Patentliteratur über Eimerbagger:

1908.

Nr. 203 640. (*Lübecker Maschinenbau-Ges.* in Lübeck.) Trockenbagger, g. durch zwei auf derselben Seite der Fahrbahn liegende, unter einem Winkel zueinander angeordnete Eimerleitern, deren gemeinsame Entleerungsstelle annähernd in der Spitze dieses Winkels liegt.

1909.

Nr. 206 706. (*Richard Wens* in Gatow a. H.) Eimerbagger mit Schüttelrinne zur Förderung des Baggergutes in Prähme, d. g., daß die Schüttelrinne wagerecht oder nahezu wagerecht und quer zur Baggerachse nach beiden Seiten verschiebbar angeordnet und mit einer Entleerungsvorrichtung für das Baggergut versehen ist.

Nr. 212 498. (*Otto Frühling* in Braunschweig.) Vorrichtung zum Füllen von Prähmen oder anderen Laderäumen mit stark wasserhaltigem Baggergut, g. durch einen über den Verladeräumen liegenden Vorraum, in den das aus der Baggerleitung oder der Baggerrinne ausströmende Baggergut geleitet wird, sich daselbst beruhigend, und dessen Boden mit zahlreichen kleinen Öffnungen versehen ist, durch die hindurch das im Vorraum sich ablagernde Baggergut in den Verladeraum übertritt.

Nr. 211 190. (*Richard Wens* in Gastow a. H.) Eimerkettenbagger mit nahe ihrem oberen Ende drehbar und in der Richtung des Trägers der Drehachse verschließbar gelagerten Eimerleitern, d. g., daß die Drehachse in durch Spindeln quer zur Richtung der Lagerträger im Führungsraum verstellbaren Gleitstücken gelagert ist, und diese Führungsräume als auf den Lagerträgern verschiebbare Schlitten ausgebildet sind.

1910.

Nr. 223 013. (*Max Struensee* und *August Mulka*, Kosel, O.-S.) Baggervorrichtung für Lehm und anderen fetten Boden mit über Turasscheiben geführte endlose Ketten, die durch Schabmesser miteinander verbunden sind, g. durch die die oberen Turasscheiben verbindenden Entleerungseisen, welche bei ihrer Umdrehung in die über den oberen Turas laufenden Schabmesser eingreifen und durch von den einzelnen Schabmessern gedrehte, in die beiden Enden der Schabmesser hineinreichende Kreuzgestelle, die die Enden der Schabmesser reinigen.

Nr. 227 772. (*Hans Heinrich Schoor*, Kopenhagen.) Naßbagger mit schleppender Eimerkette und in der Höhenrichtung verstellbarer Eimerleiter, deren unteres Ende mittels einer Druckstrebe nach vorn gedrückt wird, d. g., daß die Druckstrebe aus einer nach oben gekrümmten Schakenkette besteht, deren abwechselnd doppelt und einfach angeordnete Glieder dadurch gehindert werden, sich in die Richtung ihrer Verlängerung einzustellen oder durchzubiegen, daß die doppelten Glieder mit einem Boden versehen sind, gegen den sich die Enden der um Bolzen drehbaren einzelnen Glieder stützen.

1911.

Nr. 236 158. (*Lübecker Maschinenbau-Ges. A.-G.* in Lübeck.) Tiefbagger zum getrennten Abheben verschiedener Bodenschichten, d. g., daß die Eimerleiter knickbar und in ihrer Längsrichtung verschiebbar am Baggergestell gelagert ist.

Nr. 228 690. (*Eduard Schwinnig* in Stettin.) Eimerkettentrockenbagger mit kreisförmiger Fahrbahn, d. g., daß die Eimerleiter mittels eines auf dem Fahrzeuge um eine wagerechte Achse gelagerten drehbaren Strebensystemes gegen den festen Mittelpunkt der Fahrbahn verankert ist.

1912.

Nr. 243 109. (*Richard Wens* in Spandau.) Böschungsbagger mit einer im unteren Teil parallel verschiebbaren Konigleiter, d. g., daß die obere Turaswelle in an sich bekannter Weise in einem Kreisbogen um den Triebling verstellbar ist.

Nr. 259 814. (*Fritz Haberland* in Klein-Wegenitz b. Seehausen.) Bagger mit an endlosen Triebketten befestigten Bechern, deren Kettenglieder über einen Drehpunkt hinaus verlängert sind, d. g., daß diese Verlängerungen als annähernd rechtwinklig zu den Kettengliedern hervorragende, zur Kettenrichtung schrägstehende Messer ausgebildet sind.

Aus der Zeitschriftenliteratur über Eimerbagger:

Klein: Die Kosten der maschinellen Braunkohlengewinnung im Vergleich zu der Förderung durch Hand. Fördertechnik 1909, Heft 7, S. 185—190 (Beschreib. u. Wirtschaftl. m. Z.).

Schmidt: Transportanlagen und Bagger in Tonwerken. Tonindustrie-Ztg. 1909 (Beschreib. m. Ph.).

— Bemerkenswerter Bagger für eine ungarische Zementfabrik. Fördertechnik 1911, Heft 5, S. 95—96 (Beschreib. m. Ph.).

Klein: Die Klebersche Gleisrückmaschine. Braunkohle 1912, Heft 50 (Beschreib. u. Wirtschaftl. m. Z. u. Ph.).

Hagemann: Bagger. Prakt. Maschinen-Konstrukteur 1913, Nr. 51 (Neukonstruktion m. Z.).

Bötticher: Einige Winke für die Anlage und Führung eines Baggerbetriebes. Braunkohle 1913, Nr. 38, S. 643—647 (Betriebl. o. Abb.).

— Grundsätze zur Verhütung von Unfällen in den maschinellen Abraumbetrieben. Braunkohle 1913, Heft 43, S. 687 (Bau- u. Betriebsvorschriften, o. Abb.).

Bötticher: Einrichtung und Bedienung der Eimerketten-Trockenbagger. Braunkohle 1914, Nr. 51, S. 851—857, Nr. 52, S. 867—872 (Betriebl. u. Konstrukt. m. Z.).
Bötticher: Die Herstellung des Baggerplanums. Braunkohle 1914, Nr. 48, S. 803—805 (Betriebl. m. Z.).
Wintermeyer: Die wichtigsten Typen moderner Eimerketten-Trockenbagger. Fördertechnik 1914, Heft 8, S. 93—97 (Allgem. u. Beschreib. m. Z.).

Löffelbagger.

(Schaufelbagger, Grabschaufel, Dampfschaufel.)

Vor einem Dutzend Jahren war ein Löffelbagger bei uns noch etwas fast Unbekanntes; heute gibt es wohl kaum einen größeren Betrieb mit Boden- oder Gesteinsmassenbewegung bzw. -gewinnung, der keinen Löffelbagger benutzt. Zum mindesten sollte er einen solchen benutzen, wenn er leistungsfähig sein will. Denn Leistungsfähigkeit ist die hervorragende Eigenschaft des Löffelbaggers selbst bei den schwierigsten Arbeitsbedingungen. Der Amerikaner, dem das Überwinden der widerstrebendsten Hindernisse Bedürfnis geworden ist, hat diese in dem eigenartigen konstruktiven Aufbau begründete Eigenschaft eher erkannt, und so waren und sind bis heute die Vereinigten Staaten von Nordamerika das eigentliche Feld für die Ausbildung und die intensive Ausnutzung der Löffelbagger. Wenn bei uns in Deutschland die Erkenntnis der Vorzüge des Löffelbaggers gegenwärtig auch schon in weitere Kreise gedrungen ist, so liegt das zum Teil auch daran, daß gerade deutsche Maschinenfabriken das Rohe in seiner Arbeitsweise durch konstruktive Vervollkommnungen unbeschadet seiner Wirksamkeit zu mildern verstanden haben.

Wesen der Konstruktion. Ein Löffelbagger ist eine Maschine, die im wesentlichen aus einem löffelförmigen, d. h. mit einem Stiel versehenen, Gefäß besteht, das eine gleichfalls löffelartige, d. h. schöpfende Bewegung vollführen kann.

Arbeitsweise. Das Baggern erfolgt dadurch, daß dem mit seiner vorderen Kante gegen das Material angesetzten Löffel eine kombinierte Hub- und Vorschubbewegung erteilt wird, wodurch er sich mit dem Baggergut füllt, das dann an der gewünschten Stelle — wohin es durch Schwenken oder Fahren des Baggers gebracht worden ist — durch Öffnen des Löffelbodens abgegeben wird.

Anwendbarkeit. Die zwangläufige Führung des Baggerlöffels gegen das abzutragende Material macht den Löffelbagger zur Gewinnung oder Beseitigung nicht nur schaufelbarer Bodenmassen, sondern auch widerstandsfähigeren Materiales, Gesteins oder dgl. geeignet. Einer Verwendung von Löffelbaggern außer zu Arbeiten an Land auch zu solchen im Wasser steht grundsätzlich nichts entgegen.

Einzelheiten. Außer der selbstverständlichen Sorgfalt in der für einen so dauernd angestrengten Betrieb bestimmten Herstellung aller Arbeitsteile verdient beim Löffelbagger die Entleerungsvorrichtung des Löffels besondere Beachtung. Die Art der Entleerung ist hier von ungleich größerem Einfluß auf die Leistungsfähigkeit und auch auf die Wirtschaftlichkeit des Betriebs als etwa bei den Selbstgreifern von Kranen. Da das abgelöste Baggergut in der Regel durch mehr oder minder kleine Transportwagen fortzuschaffen ist, so kommt hier das direkte Zusammenarbeiten des Baggers mit diesen wesentlich in Betracht. Die ursprünglichste und häufigste Art der Löffelentleerung, wobei der Löffelboden bei seiner Entriegelung durch das Gewicht des darauf lastenden Baggergutes einfach nach unten aufgeklappt wird, ist durchaus nicht die beste. Denn dabei muß zunächst der Löffel immer erst so hoch über die Abfuhrwagen gehoben werden, daß die Bodenklappe nach unten noch frei ausschlagen kann. Diese hohe Einstellung des Löffels hat außer einem unnötig großen Arbeitsaufwand aber noch zur Folge, daß auch die Fallhöhe des Materials übermäßig groß wird. Hierdurch wieder vergrößert sich entsprechend die Gefahr einer Beschädigung der Wagen durch das herabfallende Baggergut, um so mehr als dieses häufig mit größeren Steinen, Felsstücken u. dgl. durchsetzt ist; ganz abgesehen davon, daß mit der Höhe der Einstellung natürlich auch das Vorbeifallen von Material zunimmt. Diese Überlegungen haben im Lauf der letzten Jahre bei uns — in der amerikanischen Heimat der Löffelbagger begnügt man sich bis heute mit der ursprünglichen rohen Entleerung — zu einer größeren Anzahl von Konstruktionen geführt, deren Bauart und Zweck nachstehend kurz angegeben sein mögen. Zunächst ist eine Verlangsamung des Entleerungsvorganges und damit eine Verminderung der Wucht des herausfallenden Baggergutes dadurch erreicht worden, daß die Öffnungsgeschwindigkeit der Bodenklappe mittels einer angebauten Bandbremse gemäßigt bzw. reguliert werden kann (*Mencks* „gebremste Löffelklappe"). Diese vom Baggerhäuschen aus mit der Hand auszuführende Manipulation ist dann auch auf automatischem Wege zu erreichen versucht worden, und zwar dadurch, daß der gegen ein zu schnelles Öffnen der Klappe aufzuwendende Widerstand durch das Baggergut selbst geleistet wird (*Büngers* „Bodenklappe für verzögerte Bewegung"). Ein völlig neuartiger Weg endlich zur Ausschaltung der genannten Übelstände gewöhnlicher Bodenklappen ist in letzter Zeit mit dem Ersatz des klappenartigen Bodenverschlusses durch einen schieberartigen beschritten worden (*Mencks* Bodenschieber). Es ist einleuchtend, daß man beim Abschluß des Baggerlöffels durch einen nur in seiner eigenen Ebene beweglichen Schieber mit der geringsten Hubhöhe auskommt, d. h. auch die geringste Fallhöhe des Löffelinhaltes und die kleinste Beanspruchung der untergefahrenen Wagen hat; ferner auch, daß man in der zwangläufigen Öffnungsbewegung eines derartigen Schiebers ein Mittel hat, die Menge des herausfallenden Baggermateriales durch die Öffnungsweite zu regulieren, mit anderen Worten: Beschädigungen infolge plötzlichen Herausfallens des ganzen Löffelinhaltes durch eine beliebige Ermäßigung der Schiebergeschwindigkeit zu vermeiden.

Additional information of this book

(Die Materialbewegung in chemisch-technischen Betrieben;
978-3-662-24049-6; 978-3-662-24049-6_OSFO22) is provided:

http://Extras.Springer.com

Ausführungsbeispiele.

Der in Fig. 223 und 224 (Taf. 28) abgebildete Löffelbagger zeigt die wesentlichen Merkmale eines solchen an einer Ausführung der *Düsseldorfer Baumaschinenfabrik Bünger A.-G.* In bezug auf die allgemeine Anordnung entspricht das Beispiel der überwiegenden Mehrzahl der Bauarten der verschiedenen Firmen. Auch hinsichtlich der Wahl der Antriebskraft — Dampf — dürfte dies zutreffen. Es ist dies begründet in der fortschreitend wechselnden Lage des Arbeitsplatzes einesteils und in der häufigen Situation der Arbeitsstellen in erst überhaupt noch zu erschließenden Gegenden. Beides macht natürlich den selbstständigen Dampfantrieb besonders geeignet, der nicht, wie der elektrische, einer Stromzuführung durch umständliche Leitungsverlegung bedarf, die den Baggerbetrieb bei der oft nötigen Ausdehnung und der nur vorübergehenden Verwendung übermäßig verteuern würde. Im besonderen zeigt das Beispiel die Benutzung eines Baggerlöffels mit selbsttätig verzögerter Entleerung. Das Wesen dieser Bauart besteht darin, daß die Drehachse der Bodenklappe (*a* in Fig. 225) nicht, wie beim gewöhnlichen Baggerlöffel, seitlich neben dessen Wandung angeordnet ist, sondern unterhalb der Bodenöffnung und daß die Klappe selbst aus zwei verschieden großen Teilen (*b* und *c*) besteht, deren jede

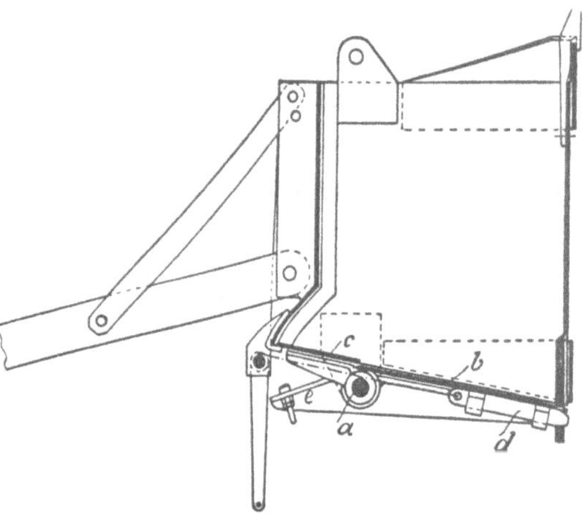

Fig. 225. Baggerlöffel für selbsttätig verzögerte Entleerung.

mit besonderen Scharnieren an der Achse befestigt ist. Wenn nun der Abzugsriegel (*d*) gelöst wird, öffnet sich zuerst die größere Klappe (*b*), und zwar so weit, bis deren rückwärtige Verlängerung (*e*) gegen die kleinere Klappe (*c*) stößt. Dadurch wird sich auch diese zu heben versuchen, was indes — und dies ist das Charakteristische für den Entleerungsvorgang — dadurch erschwert wird, daß ein Teil des Löffelinhaltes auf ihr ruht. Diese Last stellt also gleichsam die Bremskraft gegen ein zu schnelles Herabfallen des Baggergutes aus der eigentlichen Bodenöffnung (*b*) dar. Je weiter sich dann allmählich der Löffel entleert, desto geringer wird der Widerstand, der sich der kleinen Klappe (*c*) entgegensetzt und desto schneller fließt also der Inhalt aus. Diese Beschleunigung des Ausfließens ist an sich nur erwünscht. Die für eine Schonung der Wagen wesentliche Forderung ist, daß die Ausschüttung gerade Anfangs nicht zu plötzlich erfolgt, damit eben die Wagen nicht zu hart getroffen werden. Wenn dagegen einmal ein Teil des Löffelinhaltes im Wagen liegt und gewissermaßen ein Polster gegen das Nachfolgende abgibt, so ist ein nicht zu langsames Weiterausschütten sogar erwünscht, um nicht unnötig viel Zeit zu verlieren. In der Automatisierung der Klappenbremsung liegt an sich natürlich der Vorteil, daß es nicht — wie bei der Handbremsung — im Belieben des Baggerführers liegt, ob er die Einrichtung benutzen will oder nicht, ob also das Wagenmaterial geschont wird oder nicht.

Die Schwierigkeiten, die sich mit der Löffelentleerung ergaben, und auch die Umständlichkeit, für jede Löffelentleerung immer erst den ganzen Bagger

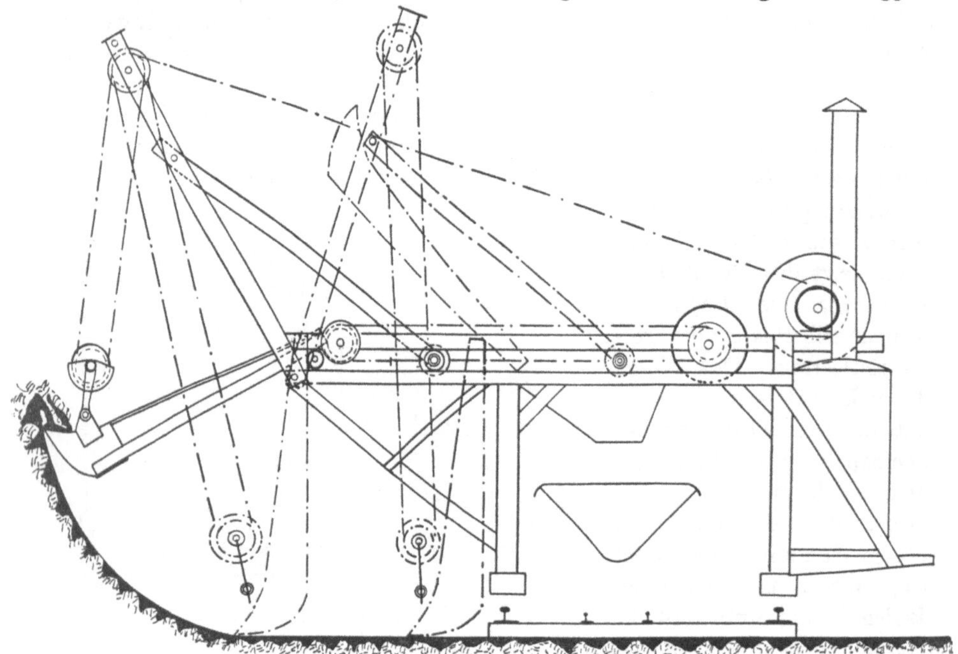

Fig. 226. Löffelbagger mit rückwärtiger Löffelentleerung.

herumschwenken zu müssen, haben zu Konstruktionen geführt, die die Bodenentleerung überhaupt nicht aufweisen. Bei ihnen kommt der Löffelinhalt vielmehr dadurch zum Ausfluß, daß er bei hochgezogenem Löffel über den als Rinne ausgebildeten Stiel in einen Sammelbehälter am Bagergestell rutscht, aus dem er dann in der gewöhnlichen Weise in die Transportwagen abgezogen werden kann. Die Fig. 226 zeigt eine derartige „Grabschaufel mit Rinnenstiel" in der Bauart der *Bünger A.-G.*, Düsseldorf; sie läßt außer einer Arbeitsstellung auch die gestrichelten Endstellungen der Schaufel, vor dem Angriff und beim Entladen, erkennen.

Aus der Patentliteratur über Löffelbagger:

1908.

Nr. 203 302. (*Allis-Chalmers Co.*, Milwaukee.) Löffelbagger mit einem auf einer drehbaren Plattform des Untergestelles angeordneten Ausleger, d. g., daß eine der den Seilzug auf den Löffel übertragenden Seilrollen als Differentialtrommel ausgebildet ist, an deren größeren Umfang das zum Löffel führende Seil angreift.

1909.

Nr. 212 284. (*Menck & Hambrock*, Altona-Hamburg.) Baggerlöffel mit Bodenklappe, d. g., daß die Bodenklappe mit einer Bremsvorrichtung in Verbindung steht.

1910.

Nr. 223 963. (*Menck & Hambrock*, Altona-Hamburg.) Verfahren zum Verlegen der Tragroste von Löffelbaggern entsprechend dem Arbeitsfortschritt, d. g., daß der die Förderräder tragende Tragrostteil nach Anheben des Baggervorderteiles vorgeschoben und der Baggervorderteil auf den vorderen Tragrostteil wieder niedergelassen wird, während nur der hintere Tragrostteil vorgestoßen wird.

Nr. 225 193. (*Menck & Hambrock*, Altona-Ottensen.) Löffelbagger, bei dem die Schaufel durch Öffnen des Bodenteiles entleert wird, d. g., daß der Boden als ein ebener Schieber gestaltet ist und das Öffnen durch mechanischen Vorschub des Löffels bewirkt wird, wobei der Schieber durch ein angeschlossenes, mit einer Bremse verbundenes Seil festgehalten wird.

Nr. 227 313. (*Menck & Hambrock*, Altona-Ottensen.) Löffelbagger, dessen Schaufel nach Art eines Muldenkippers gestaltet, mit seitlichen Drehzapfen am Löffelstiel gelagert ist und mit dem Stiel durch eine die Aufhebung der Drehbewegung ermöglichende Sperrvorrichtung verbunden werden kann, d. g., daß der Schaufel eine Bremsvorrichtung vorgeschaltet ist, die eine zwangläufige und kraftschlüssige Kippbewegung der Schaufel gestattet.

1911.

Nr. 236 964. (*Menck & Hambrock*, Altona-Ottensen.) Baggerlöffel mit Bodenklappe, d. g., daß an der Bodenklappe ein für sich feststellbares Seil angebracht ist, das in festgestellter Lage die Klappe schwebend festhält, während der Löffel durch das Hauptwindeseil bewegt wird.

Nr. 238 666. (*J. Meyer*, Köln.) Baggerlöffelbodenklappe, d. g., daß die Bodenklappe an ihrem Drehpunkt zu spiralförmig nach außen hin sich vergrößernden Kurvenscheiben ausgebildet ist, die von ebensolchen, um eine gemeinschaftliche Achse drehbare Kurvenscheiben durch einen einstellbaren Gewichtshebel beim Öffnen verriegelt, wird.

Nr. 239 867. (*Paul Knörnschild*, Leipzig.) Löffelbagger, bei dem der Löffel durch Drehen des Löffelstieles entleert wird, g. d., daß der Löffel in einem an einem Bügel aufgehängten Ring drehbar gelagert ist.

Nr. 235 211. (*Emil Brüggemann* auf Gut Fischbeck bei Gravenstein.) Baggerlöffel mit zwei Bodenklappen, d. g., daß die sich anfangs nur wenig öffnenden Bodenklappen erst dann vollständig sich öffnen, nachdem der Löffel sich zwischen den von den Bodenklappen durch ein Querstück und bekannten Hebelanordnungen beeinflußten, mit Hebeln und Stange in bekannter Weise versehene Seitenklappen entleert hat und dadurch diese Seitenklappen vom Drucke des Baggergutes frei geworden sind.

1912.

Nr. 247 266. (*Willy Knappe*, Berlin-Oberschöneweide.) Bodenklappe für Baggerlöffel, deren einer Endpunkt zwangläufig geführt und die außerdem in einem zweiten Punkt mit einer Schwinge am Löffel aufgehängt ist, d. g., daß die zwangläufige Führung des einen Endpunktes durch eine steilgängige, auch als Haltevorrichtung dienende Antriebsschraube erfolgt, an deren Mutter die Klappe beweglich aufgehängt ist, daß ferner die Schwinge derartig angeordnet ist, daß sie bei geschlossener Klappe der Achse der Schraube parallel gerichtet ist, und daß das Baggergut nur auf der freien Seite der Klappe ruht.

Nr. 254 386. (*Orenstein & Koppel — Arthur Koppel*, Berlin.) Baggerlöffel, dessen Stiel am oberen Ende des Löffels angreift, d. g., daß der als Pendelschieber ausgebildete Löffelboden zwangläufig geöffnet und geschlossen und in jeder gewünschten Stellung fest gehalten wird durch ein Getriebe, beispielsweise ein Kurbelgetriebe, das durch ein endloses Zugorgan (Kette) bewegt wird, welches in einem auf der Zahnradwelle der Vorstoßmaschine lose sitzenden, mit einem Sperrad verbundenen Kettenrad eingreift.

1913.

Nr. 255 283. (*Richard Leichner* in Düsseldorf.) Baggerlöffel mit unter der Belastung durch das Baggergut nach Entriegelung sich öffnender, drehbarer Entleerungsklappe, d. g., daß die letztere doppelflügelig ausgebildet ist und ihre Flügel durch das Baggergut ungleich belastet sind.

Nr. 256 996. (*Menck & Hambrock*, Altona-Hamburg.) Baggerlöffel mit Bodenschieber, d. g., daß der Bodenschieber zwangläufig durch eine Zahnstange geöffnet und geschlossen wird, die in einer drehbar die Antriebwelle des Löffelstieles umgebenden Führung längsverschieblich gelagert ist und durch eine aus- und einrückbare Kupplung gegen Längsverschiebung festgelegt werden kann.

Nr. 268 686. (*Carl Peters*, Mannheim.) Baggerlöffelklappe, die mit Hilfe der Vorschubmaschine bewegt wird, d. g., daß die Klappe durch ein festlegbares Gestänge mit dem Ausleger lösbar verbunden ist, um sie durch die Vorschubmaschine mit beliebiger Geschwindigkeit öffnen oder schließen zu können.

1914.

Nr. 273 526. (*Ernst Grübland*, Charlottenburg.) Verfahren zum Vorschieben der Gleise für Löffelbagger mit vier Laufrädern auf jeder Achse, d. g., daß der Bagger beim Fahren während jeder Umdrehung der Achsen abwechselnd auf zwei verschiedenen parallelen Schienenpaaren des vierschienigen Gleises fährt, so daß das entlastete Schienenpaar beispielsweise durch den fahrenden Bagger vorgerückt werden kann.

Aus der Zeitschriftenliteratur über Löffelbagger:

Hermanns: Die neuere Entwicklung des Schaufelbaggers. Zeitschr. d. österr. Ing.- u. Archit.-Ver. 1913, Nr. 14, S. 213—218 (Allgem. u. Einzelh. m. Ph.).

Christ: Amerikanische Löffelbagger. Praktische Fördertechnik 1913, August, S. 30—31 (Beschreib. m. Z.).

Sanio: Die Transportanlagen des modernen Baggerbetriebes. Baumaschine 1913, Heft 2, S. 17 u. ff. (Beschreib. m. Ph.).

Gerke: Maschinelle Wegfüllarbeit im Betriebe unter Tage (Schaufelbagger mit Preßluft). Bergbau 1913, Nr. 10, S. 163—164 (Beschreib. m. Z.).

Buhle: Über Schaufelbagger deutscher Bauart. Dinglers Polytechn. Journ. 1911, Heft 6 u. 7, S. 86 u. ff. (Beschreib. m. Z. u. Ph.).

— Amerikanische Löffelbagger mit Dampfbetrieb. Fördertechnik 1913, Heft 6, S. 149 bis 150 (Beschreib. m. Z.).

Sanio: Die neueren Ausführungsformen der Entladevorrichtung an Löffelbaggern. Fördertechnik 1913, Heft 11, S. 259—262 (Beschreib. m. Z. u. Ph.).

— Direkter Dampfantrieb für die Riegelauslösung an den Bodenklappen von Baggerlöffeln. Fördertechnik 1913, Heft 12, S. 292—293 (Beschreib. m. Z.).

Hermanns: Der Löffelbagger unter besonderer Berücksichtigung seiner Verwendung bei der Gewinnung von Spül-Versatzmaterial. Verhandl. d. Ver. z. Beförderung d. Gewerbfleißes 1913, Heft 1, S. 47 u. ff.

Bötticher: Die Gleisanlage beim Löffelbaggerbetrieb. Braunkohle 1914, Nr. 44, S. 739 bis 742 (Beschreib. m. Z. u. Ph.).

Meuskens: Über Gleisanlagen beim Löffelbaggerbetrieb. Braunkohle 1914, Nr. 50, S. 835 bis 837 (Beschreib. m. Z.).

— Günstigste Arbeitsbedingungen des Dampfbaggers. Baumaschine 1914, Heft 9, S. 109 bis 110 (Wirtschaftl. u. Betriebl. o. Abb.).

— Greiferbagger im Braunkohlenbergbau. Braunkohle 1914, Nr. 1, S. 1—7 (Allgem., Beschreib. u. Tabellen m. Z. u. Ph.).

Waggonkipper.

(Wagenkipper, Kipper [Kohlenkipper], Schwerkraftkipper, Bühnenkipper, Plattformkipper, Aufzugskipper, Kurvenkipper.)

Die moderne Technik zeigt des öfteren das Bestreben nach radikaler Behandlung der Materie, z. B. in dem Versetzen ganzer Häuser in der Bautechnik, dem Einsetzen der kompletten Antriebsmaschine im Schiffbau, dem Übersetzen eines vollen Eisenbahnzuges über einen Meeresarm in der Verkehrstechnik — solchen und ähnlichen radikalen Verfahren aus anderen Gebieten der neueren Technik entspricht in der Fördertechnik am meisten wohl das Spiel eines Waggonkippers. Bei ihm ist man mit der Mechanisierung der Arbeiten im wahren Sinne des Wortes „aufs Ganze" gegangen. Der Einfachheit und Schnelligkeit des Vorganges, die Entladung eines Eisenbahnwagens durch dessen Auskippen zu bewirken, entspricht die Leistungsfähigkeit. In dieser Beziehung können die Waggonkipper ein Seitenstück zu den kontinuierlichen Materialbewegungsvorrichtungen abgeben: Was bei diesen das Pausenlose der Förderung an Leistungsgröße ergibt, ergibt bei dem diskontinuierlich arbeitenden Waggonkipper die Größe der Einzelförderung, eben ein voller Wageninhalt. Es kann deshalb nicht wundernehmen, daß auch bei neueren Waggonkipperanlagen Stundenleistungen von mehreren hundert Tonnen erzielt werden. Die hier wie dort für ein solches Resultat selbstverständliche Voraussetzung ist, daß die Zuführung des Materials — in unserem Falle der vollen Waggons — mit den hohen Leistungen des Kippers Schritt hält.

Wesen der Konstruktion. Den wesentlichsten Bestandteil eines Waggonkippers bildet eine Plattform, die den zulaufenden Waggon aufnehmen und mit diesem (bis zu einem Winkel von etwa 55°) geneigt werden kann.

Arbeitsweise. Das Auskippen des Wageninhaltes erfolgt dadurch, daß die Plattform mit dem darauf festgehaltenen Wagen entweder durch das Eigengewicht des letzteren oder durch besonderen Antrieb in solchem Maße schräggerichtet wird, daß der Inhalt des Wagens aus dessen geöffneter Wand abrutschen kann.

Anwendbarkeit. Die Wagenkipper eignen sich zur Entleerung aller solcher auf der Kipperplattform feststellbarer Wagen, deren beim Kippen tiefstgelegene Seitenwandung öffenbar ist. Allgemein ist deshalb diese Entladeart bei den normalen Eisenbahnfahrzeugen beschränkt auf die offenen Kastenwagen, und verlangt bei diesen, sobald sie mit Bremserhäuschen versehen sind, wieder ein derartiges Auffahren auf den Kipper, daß die freie, aufklappbare Stirnwand an das untere Ende der schräg zu stellenden Plattform zu stehen kommt. Hinsichtlich des Materiales, das durch Kippen zu entladen ist, wird dessen „Fließbarkeit" maßgebend sein. Leicht ausfließendes Material, wie Kohle, Sand, Erz, Rüben u. dgl., wird sich naturgemäß besser dazu eignen, als großstückige Güter, die an und für sich schwerer rutschen oder durch das Herabfallen sich oder die Unterlage leicht beschädigen könnten. Klebrige Materialien sind natürlich für eine Behandlung durch Kipper wenig geeignet.

Vorteile. Da von dem grundsätzlich sehr einfachen Entladeverfahren der Wagenkipper Fördergefäße von ungewöhnlichem Fassungsvermögen — eben die normalen Eisenbahnwagen, von meist nicht weniger als 15 t Inhalt — betroffen werden, so ist die damit erzielbare Entladeleistung auch eine entsprechend große. Bei den durch das Eigengewicht des Wageninhaltes wirkenden Kippern, den sog. Schwerkraft- oder automatischen Kippern, steht der größeren konstruktiven Einfachheit naturgemäß durch die Zwanglosigkeit der Bewegungen eine kleinere Leistungsfähigkeit als die der maschinellen Kipper gegenüber. Ferner hat der Umstand, daß das zuführende Fahrzeug mit dem Entladewerkzeug identisch ist — im Gegensatz z. B. zur Greiferentladung — zur Folge, daß die Entleerung vollkommen und ohne Bedarf an Nacharbeit stattfindet.

Nachteile. Bei ebenerdiger Bauart erfordern die Kipper zur Aufnahme des Entladegutes kostspielige unterirdische Behälter und Fundierungen; anderenfalls muß die Plattform mit dem Waggon vor dem Kippen erst angehoben werden (sog. „Aufzugskipper"), wozu wieder ein Führungsgerüst von beträchtlicher Stärke erforderlich wird. Die Ausschüttung auf stets denselben Ort macht bei der Waggonentladung auf Lager ein Abziehen und Weiterverteilen des ausgeschütteten Materiales durch andere Fördermittel nötig, bei der Waggonentladung in Schiffe ein fortschreitendes Verholen derselben. Für den erstgenannten Fall könnte die Fahrbarmachung des Kippers — wobei das Schrägstellen des Waggons in der Regel durch Hinaufziehen auf eine auf einem fahrbaren Gestell ansteigende Schienenkurve (sog. „Kurvenkipper") bewirkt wird — auch die Verteilung des Schüttgutes ermöglichen. Allerdings bedingt eine solche Ausbildung neben einer komplizierteren Kipperkonstruktion zweckmäßig das Vorhandensein hochgelegener Fahrbahnen für einen solchen Kipper, damit dieser das Material seitlich der Hochbahn störungsfrei ablagern kann.

Ausführungsbeispiele.

Die außerordentliche Vielgestaltigkeit der bis heute schon geschaffenen Bauarten von Wagenkippern läßt es nur zu, mit den nachstehend skizzierten Ausführungsbeispielen lediglich eine beschränkte Auswahl solcher Konstruktionen herauszugreifen, die für die Materialbewegung innerhalb geschlossener Betriebe zumeist in Betracht kommen. Im allgemeinen sind dies in Terrainhöhe arbeitende Anordnungen, während die von hoch herab ausschüttenden Ausführungen, die sog. Aufzugskipper — wie sie für die Schiffsbeladung, für infolge des wechselnden Wasserstandes stark veränderliche Ausschütthöhen geeignet sind — hier wenig in Frage kommen. Unter den verschiedenen Bauarten der ersteren Gruppe kann die Wahl wieder durch die vorzugsweise Rücksichtnahme auf geringe Betriebskosten, oder auf die Bodenverhältnisse, die tiefe Gruben und Kanäle nicht zulassen, o. a. m. beeinflußt werden. In bezug auf Kraftbedarf ist natürlich der automatische Kipper der günstigste. Bei ihm erfolgt das Kippen eben durch das Gewicht des Wageninhaltes selbst, und das Zurückkippen des entleerten Wagens durch Gegengewichtswirkung. Das Fehlen eines zwangläufigen maschinellen Antriebes hat auf der anderen Seite jedoch zur Folge, daß die Bewegungen nur sehr langsam erfolgen und die Leistung daher auch nur eine recht geringe ist.

Eine Konstruktion, die, maschinell angetrieben, den Kraftbedarf auf ein Mindestmaß beschränkt, stellt der in den Fig. 227 und 228 wiedergegebene „Schaukelkipper" von *Luther* dar. Da sich bei ihm die Bühne nebst dem vollen Wagen etwa um den Schwerpunkt des gesamten Systems dreht, ist eigentlich nur die zur Überwindung der Reibungswiderstände nötige Arbeit aufzuwenden; eine Hubarbeit fällt so gut wie ganz fort; man kommt deshalb in der Regel mit einem kleinen, etwa fünfpferdigen Motor aus.

In dieser Beziehung zwar weniger günstig, in bezug auf Anlage und Benutzung ihm jedoch überlegen, ist die gleichfalls von *Luther* herrührende Konstruktion des sog. Doppelkippers nach Fig. 229 und 230. Dieser ist zunächst dadurch ausgezeichnet, daß die Vorderkante der Kipperbühne sich während der ganzen Kippbewegung nahezu in Terrainhöhe bewegt, infolgedessen zur Aufnahme des Schüttgutes nur eine Grube von geringerer Tiefe erforderlich ist als bei Ausführungen, die beim Kippen mehr oder weniger tief nach unter ausschlagen. Jener vorteilhafte Bewegungsverlauf von Bühne und Wagen ist bei dem abgebildeten Kipper nun dadurch erreicht, daß der Drehpunkt des ganzen Systems sehr hoch nach oben verlegt ist. Um aber die für eine solche Aufhängung erforderliche entsprechend hohe Unterstützungskonstruktion zu umgehen, ist für die gleichartige Bühnenbewegung in sehr zweckmäßiger Weise eine Kreisbahn angeordnet worden, auf der sich die mit Rädern versehene Kipperplattform abrollt. Der Betrieb geschieht elektromotorisch und durch zwei Ritzel, die in Zahnsegmente der Plattform eingreifen. Eine weitere Annehmlichkeit dieser Ausführung, die durch ihre symmetrische Anordnung eine Schieflage der Bühne nach beiden Seiten gestattet, ist es, daß Wagen mit Bremserhäuschen in beliebiger Stellung auf den Kipper fahren und so gekippt werden können. Bei nur einseitig wirkenden Kippern müssen solche Wagen bekanntlich vorher immer erst so gedreht werden, daß das Bremserhäuschen beim Kippen nach oben zu stehen kommt. — Die Abbildung läßt auch noch eine Möglichkeit für den Abtransport des in die Grube gekippten Materiales erkennen. Eine derartige Anlage ist beispielsweise für das Gaswerk Metz zur Ausführung gekommen. — Zu dem Gesagten vgl. auch Fig. 10.

Eines eigenartigen Bewegungsmechanismus bedient sich die in Fig. 231 dargestellte Kipperausführung. Bei ihr wird die Kipperplattform durch das Einziehen eines Rollenpaares gegen einen schrägen Unterbau in die Schieflage nach aufwärts gedrückt. Die Neigungsverhältnisse sind dabei so gewählt, daß der Kraftbedarf in jeder Stellung nahezu konstant bleibt. Dieser Bauart ist, wie ein Blick auf die Skizze lehrt, in besonderem Maße der Vorzug eigen, daß nur sehr geringe Bautiefen und entsprechend niedrige Fundamentierungskosten für die Kipperkonstruktion nötig werden; auch ist

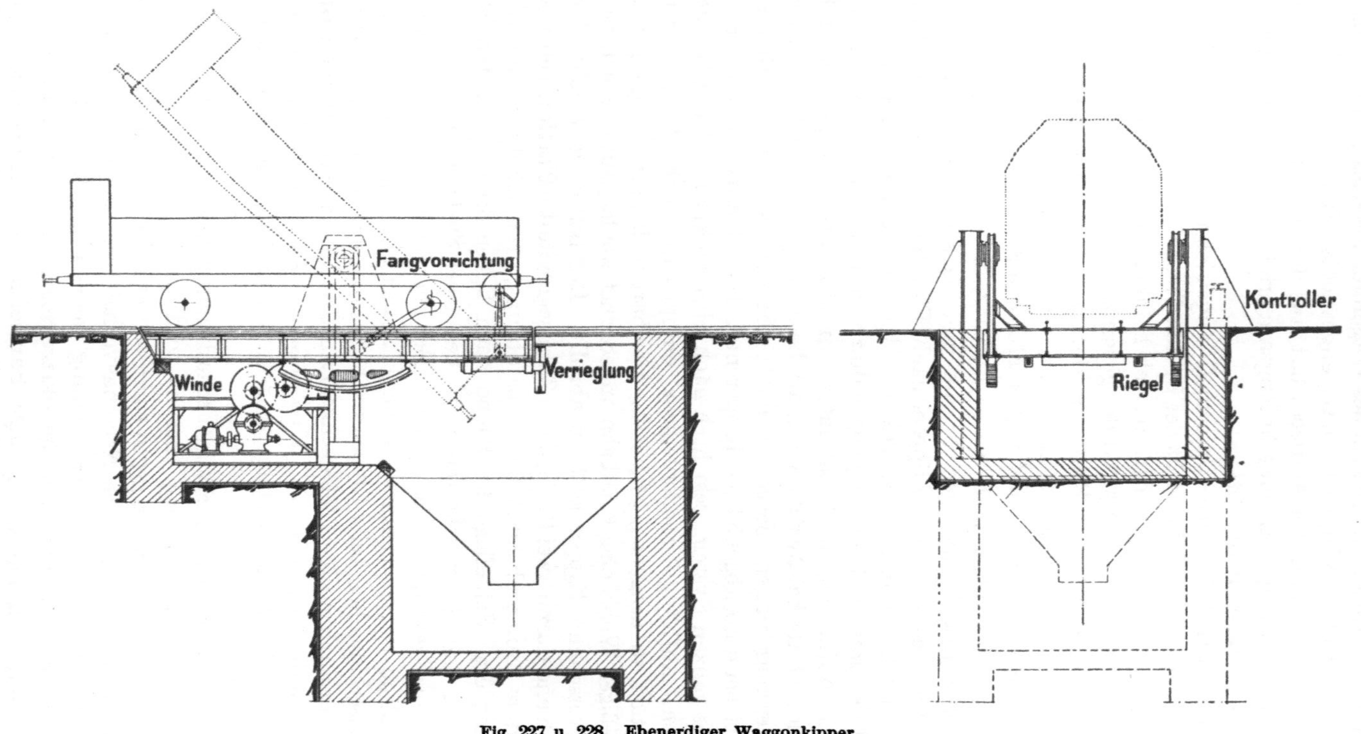

Fig. 227 u. 228. Ebenerdiger Waggonkipper.

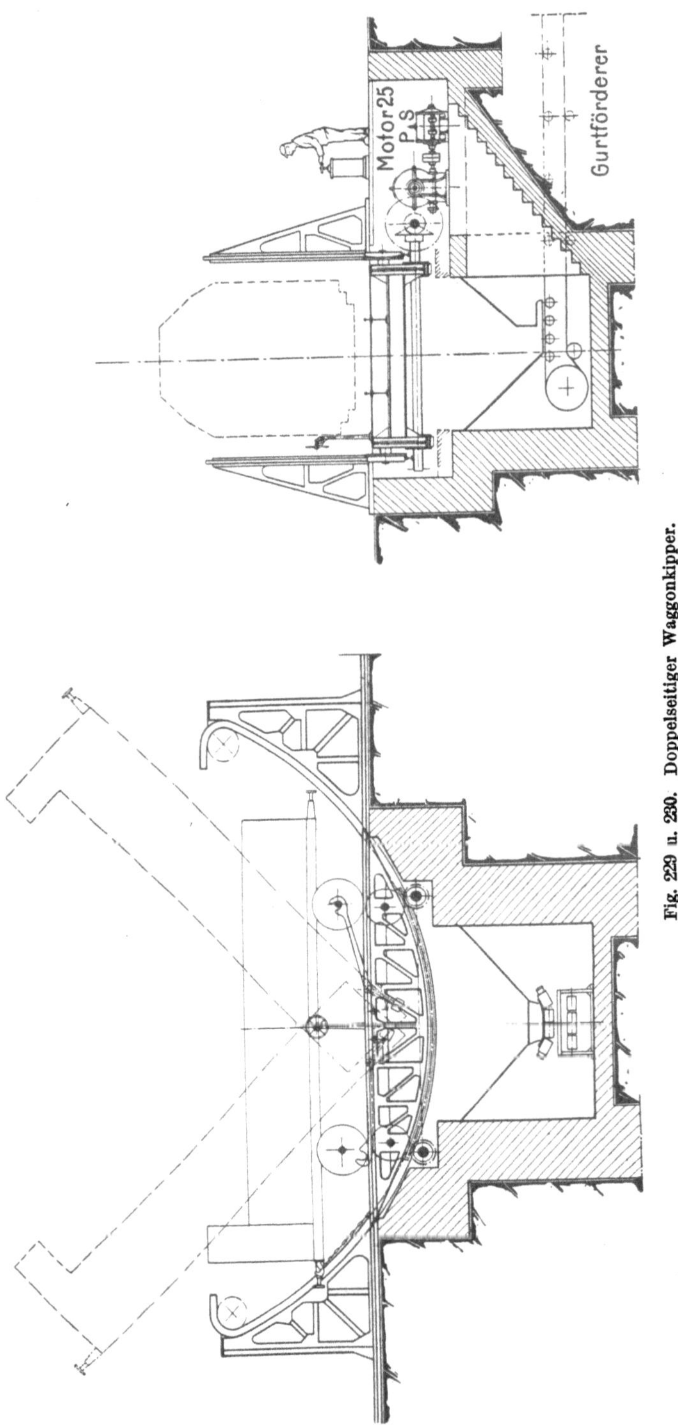

Fig. 229 u. 230. Doppelseitiger Wagonkipper.

durch die Endanordnung der Kipperachse erreicht, daß man die Entlade-
grube so wenig tief benötigt, als es bei ebenerdigen Kippern überhaupt
nur möglich ist. Versuche mit solchen Kippern — die von der *Maschinen-*
fabrik Augsburg-Nürnberg z. B. für die *Rombacher Hüttenwerke* und an das
Elektrizitätswerk „*Mark*", Elverlingsen geliefert worden sind, haben nach-
stehendes Resultat ergaben: Die Entleerung eines Waggons für 15 t Lade-

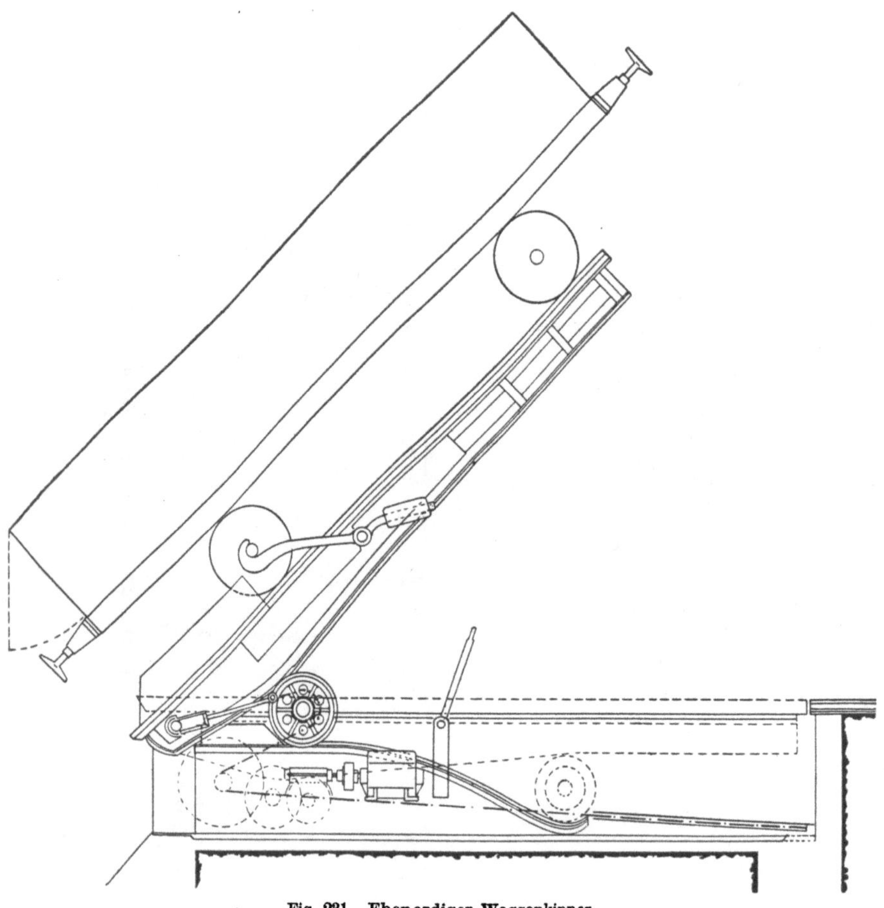

Fig. 231. Ebenerdiger Waggonkipper.

gewicht und 3 m Radstand vollzog sich in etwa 4 Minuten, d. h. die Schrägstellung der Plattform bis zu 45° erforderte 2 Minuten und das Zurücklassen
derselben wieder 2 Minuten. Der Antrieb erfolgte durch einen Drehstrom-
motor von 20 PS; die maximale Stromabnahme des Motors betrug 95 Amp.
bei 3 × 120 Volt Spannung. Die Entleerung eines Waggons von 20 t Ladegewicht
und 4,5 m Radstand erfolgte wohl in der gleichen Zeitdauer, jedoch zeigte
der Motor eine maximale Stromabnahme von 120 Amp. Trotz der nur kurzen
Kippzeit ist die stündliche Leistungsfähigkeit der Anlage mit Rücksicht auf

die zum Auf- und Abfahren erforderliche Zeit praktisch aber nur mit etwa 4 bis 5 Waggons anzunehmen.

Das Bestreben, mit dem Kipper nicht an den Ort gebunden zu sein, d. h. nicht erst jeden Waggon dem Kipper zuführen zu müssen bzw. an beliebigen Stellen eines Lagers, über ausgedehnten Bunkern oder dgl. auskippen zu können, und zum Teil auch der Wunsch, die tiefen Schüttgruben nicht nötig zu haben, führten zur Konstruktion der fahrbaren Kurvenkipper. Deren grundsätzlichen Aufbau und Wirkungsweise lassen die Fig. 232 und 233 nach einer Ausführung der *Deutschen Maschinenfabrik* erkennen. Der auf dem Eisenbahngleise an jede jeweils erwünschte Ladestelle elektromotorisch zu fahrende Kipper bringt die Wagen dadurch in die zur Entleerung erforderliche Schiefstellung, daß er sie auf eine kurvenförmig ansteigende Gleisstrecke emporzieht. In dem skizzierten Beispiel ist zur gründlichen Entladung die Neigung dieser Schrägstrecke

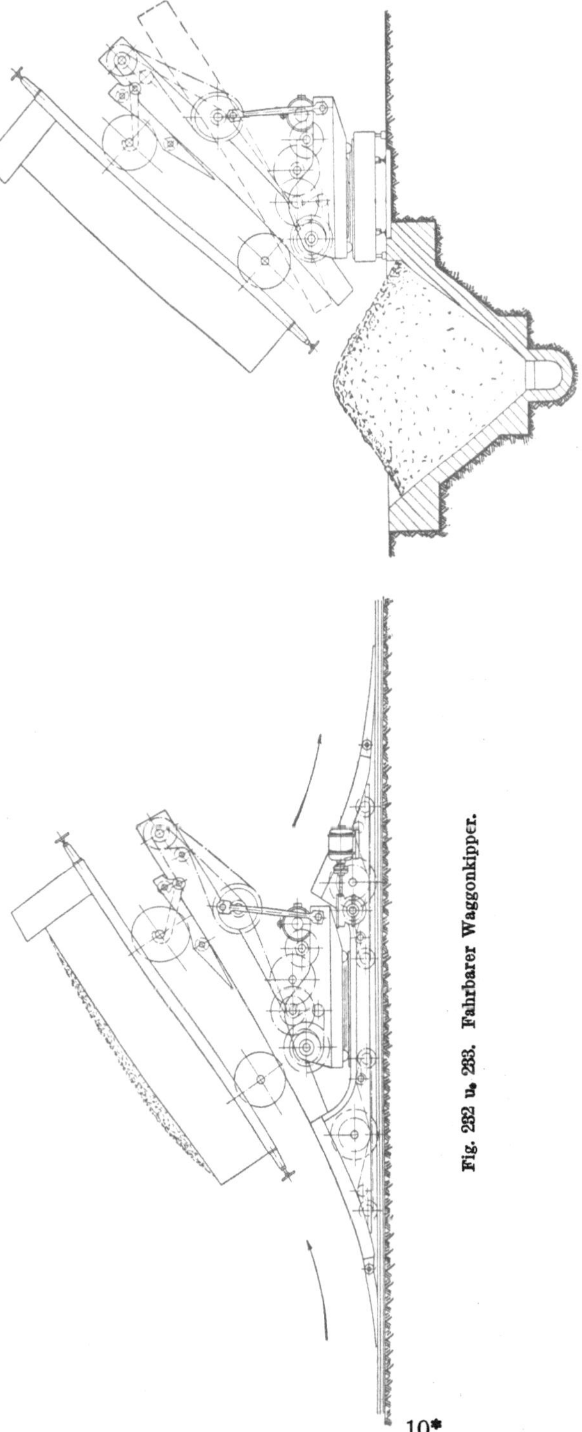

Fig. 232 u. 233. Fahrbarer Waggonkipper.

mittels Kurbelantriebes noch verstellbar. Außerdem weist diese Ausführung im Vergleich zu den ersten Kurvenkippern noch die Vervollkommnung auf, daß der obere Teil der Konstruktion horizontal drehbar
gemacht ist, wodurch einesteils auch neben das Eisenbahngleis ausgekippt
werden kann und anderenteils die leeren Wagen den Kipper nicht wieder
auf der Zulaufsseite zu verlassen brauchen. Bei einem durchgehenden Passieren der Wagen, wie in der Fig. 232 mit den Pfeilen angedeutet, ist es
möglich, die zu entleerenden Waggons zugsweise unmittelbar vor dem Kipper
aufzustellen und infolge der schnellen jenseitigen Abfertigung der leeren
Wagen die Entladeleistung günstig zu beeinflussen.

Im Anschluß an die maschinellen Vorrichtungen zum massenweisen
Entleeren von Eisenbahnwagen, den Waggonkippern, seien noch die dementsprechenden Einrichtungen für die Entladung schmalspuriger Gleis-

Fig. 234. Fahrbarer Mehrfach-Kreiselwipper.

wagen erwähnt, die sog. „Kreiselwipper", kurz oft auch nur Wipper
genannt. Beiden gemeinsam ist das Verfahren, den Wageninhalt durch
Drehen des ganzen Wagens auszuschütten; unterschiedlich ist den Kreiselwippern jedoch, daß dieses Drehen nicht bloß bis zur Schrägstellung des
Wagens erfolgt, sondern bis zur völligen Umkippung desselben. Wäh-

rend das Ausfließen des Materiales beim Waggonkipper das Öffnen der unteren Wagenwandung erforderte, ist dies beim Wippen überflüssig, da durch die vollständige Umwendung des Wagens dessen obere, offene Seite nach unten gekehrt wird und der Inhalt dadurch restlos austreten kann. Die Überführung in die normale Gebrauchslage des Wagens wird dann in der Regel durch gleichsinnige Weiterdrehung bewirkt, so daß der volle Arbeitsgang eines Kreiselwippers eine Wagendrehung von 360° umfaßt. Auf diese Weise ist eine durch den Wechsel der Drehrichtung bedingte Umsteuerung des Bewegungsmechanismus vorteilhaft vermieden. Damit eine totale Umwendung des Wagens ohne Beschädigung möglich ist, muß er gegen sonstige Bewegung gesichert sein. Dies geschieht zweckmäßig dadurch, daß er in einer ihn umschließenden gerüstartigen Konstruktion festgestellt wird, die nun ihrerseits samt dem Wagen an entsprechenden Führungen um ihre Längsachse gedreht wird. Da, im Gegensatz zu den — wenigstens in Deutschland gebräuchlichen — Waggonkippern, die Wippachse mit der Längsachse der Wagen zusammenfällt, also ein längsseitiges Ausfließen des Materiales erfolgt, so ist es möglich, mehrere hintereinander aufgefahrene Wagen gleichzeitig mit ein und derselben Vorrichtung zu entleeren. Solche „Mehrfach- oder Mehrwagen-Kreiselwipper" werden zur weiteren Erhöhung ihrer Arbeitsfähigkeit oft noch fahrbar eingerichtet, so daß ein Lager von beliebiger Längsausdehnung mit ihnen beschüttet werden kann. Die Fig. 234 zeigt eine derartige Ausführung in einer Bauart von *J. Pohlig, A.-G.*, Köln, für einen Bergwerksbetrieb.

Aus der Patentliteratur über Waggonkipper:

1908.

Nr. 196 725. (*Wilhelm Henning* in Heidelberg.) Um einen Mittelzapfen bewegliche Drehscheibe zum Kippen von Wagen, d. g., daß am Anfange der Drehscheibe eine Reihe, je einen Wagen aufnehmender, um einen wagerechten Zapfen drehbarer Plattformen angebracht sind, durch deren Drehung die Wagen entleert werden.

Nr. 200 518. (*E. G. Meyer* in Klein-Flottbeck und *H. Holst* in Hamburg.) Wagenkipper, dessen Plattform sich nach vorwärts und in eine kippende Stellung bewegt, d. g., daß die Kipplattform mit ihrem hinteren Ende mit nach vorn gerichteten Führungen eingreift, während ihr vorderes Ende so geführt ist, daß in der Kippstellung die Plattform fast um ihre ganze Länge nach vorwärts bewegt wird, um die Wagenöffnung z. B. bis über die Luke eines zu beladenden Schiffes zu bringen.

Nr. 201 817. *Eisenwerk (vorm. Nagel & Kaemp) A.-G.*, Hamburg.) Wagenkipper mit heb- und senkbarer Plattform und einer an dieser angeordneten Hilfsschüttrinne, die das Fördergut in eine Hauptschüttrinne überführt, d. g., daß die Hilfsschüttrinne beim Aufsteigen der Plattform, die sich dabei in wagerechter Lage befindet, frei an der festen Hauptschüttrinne vorübergeht, beim Kippen der Plattform aber, ohne eine Relativbewegung zu dieser ausführen zu müssen, mit ihrer Mündung über die Hauptschüttrinne gelangt.

Nr. 203 635. (*Franz Dombrowski* in Niemce bei Granica, Rußland.) Vorrichtung zum Entladen von Wagen, d. g., daß der Wagenkastenrahmen um eine senkrechte Mittelachse drehbar ist und in der Mitte schräge, bis zum Kastenboden reichende Flügel trägt, so daß beim Drehen des Kastenrahmens nebst den Flügeln das auf dem Wagenboden liegende Schüttgut vollständig nach beiden Wagenseiten hin entladen wird.

1909.

Nr. 207 882. (*Berlin-Anhaltische Maschinenbau A.-G.*, Berlin.) Wagenkipper, d. g.,
daß das hintere Ende der Kipperplattform mit einem Gegengewicht ausgerüstet ist und
die das Hinterende der Plattform leitenden Führungsschienen derart gebogen sind, daß
die Kipperplattform unter dem Einfluß eines aufgefahrenen Vollwagens allmählich in
die Kippstellung ausschwingt und nach der Entleerung des Wagens unter dem Einfluß
des Gegengewichtes in die Anfangslage zurückkehrt.

Nr. 207 883. (*Berlin-Anhaltische Maschinenbau A.-G.*, Berlin.) Wagenkipper, d. g.,
daß die untere Drehachse des Schwinghebels des Plattformfeldes durch Zugstangen mit
der Fahrbühne fest verbunden ist, so daß beim Ausschwingen des Plattformfeldes die
senkrechten Kräfte durch die Zugstangen aufgenommen werden.

Nr. 213 125. (*Benrather Maschinenfabrik A.-G.*, Benrath b. Düsseldorf.) Wagenkipper, d. g., daß die Kipperplattform aus zwei Teilen für die Vorder- und Hinterräder
des zu entleerenden Wagens besteht.

Nr. 213 255. (*Adolf Bleichert & Co.*, Leipzig-Gohlis.) Wagenkipper, dessen Plattform nach ihren beiden Seiten hin kippbar ist, d. g., daß über den Enden der Kipperplattform senkrechte oder nach außen geneigte Führungen angeordnet sind, in denen an
dem einen oder anderen Ende der Plattform angeordnete Ansätze beim Kippen der Plattform sich führen, während deren jeweiliges unteres Ende in wagerechter oder nahezu
wagerechter Richtung zurückgezogen wird.

Nr. 215 286. (*Berlin-Anhaltische Maschinebau A.-G.*, Berlin.) Wagenkipper, d. g.,
daß das vordere Ende der Kipperplattform oder das als Laufbahn für das vordere Ende
der Kipperplattform dienende Kurvenstück an einem am Kippgerüst befestigten Ausleger aufgehängt ist.

1910.

Nr. 219 795. .(*Merian & Lüthy* in Basel.) Wagenkipper mit einer um eine unver-
schiebliche Achse drehbaren, nach hinten zu durch eine bewegliche Stütze abgestützten
Plattform, d. g., daß die die hintere Abstützung der Kipperplattform in bekannter Weise
vermittels eines Rollenpaares bewirkende Stütze am unteren Ende unterhalb der Plattform unverschieblich drehbar gelagert ist, beim oberen, die Kipperplattform unterstützen-
den Ende dagegen durch ein oder mehrere Zugorgane in solcher Lage gehalten wird, daß
sie bei Beginn ihres durch die Bewegung der Zugorgane bewirkten Aufrichtens und des
damit erfolgenden Hebens der Kipperplattform an dieser am hinteren Ende auf den läng-
sten Hebelarm angreift, bei zunehmendem Heben der Plattform aber ihr oberes Ende
unter allmählicher, beträchtlicher Verringerung des wirksamen Hebelarmes der Drehachse
der Kipperplattform genähert wird.

Nr. 221 253. (*Georg von Hanffstengel* in Leipzig-Eutritzsch.) Vorrichtung zum Kippen von Wagen, bei der eine oder mehrere an der Kipperplattform eingreifende Schrauben-
spindeln zum Heben benutzt werden, d. g., daß die zur Bewegung der Spindeln dienenden
Muttern samt dem Antriebsmotor auf einer Stützplatte gelagert sind, welche sich der
wachsenden Spindelneigung entsprechend einstellen kann.

1911.

Nr. 231 682. (*Främbs & Freudenberg* in Schweidnitz.) Vorrichtung zum Kippen von
Wagen mit einer um eine unverschiebbare Mittelachse drehbaren Plattform, d. g., daß zur
Verminderung des zur Kippbewegung nötigen Arbeitsaufwandes der Wagen beim Kippen
nach der hochgehenden Plattformkante hin gezogen wird, um in jeder Stellung der Plattform deren Gleichgewicht mit Bezug auf die feste Drehachse zu erreichen.

Nr. 232 978. (*August Dawin* in Harten i. W.) Vorrichtung zum Entladen von Wagen,
bei der das Gut durch hin und her bewegbare Mitnehmerplatten allmählich vom Wagenboden heruntergeschoben wird, d. g., daß an einem heb- und senkbaren wagerechten
Tragrahmen die Mitnehmerplatten derart verschiebbar angeordnet sind, daß ein Teil
derselben in der Längsrichtung, der andere Teil in der Querachse des Wagens sich bewegen,

zu dem Zweck, den Wageninhalt entweder an allen vier Wagenseiten oder nur an den Seitenwänden entladen zu können.

Nr. 235 698. (*Eisenwerk* [*vorm. Nagel & Kaemp*] *A.-G.*, Hamburg.) Kohlenkipper mit einem am wasserseitigen Ende in der Höhenlage verstellbaren Träger, auf dem ein fahrbares, die aus dem Wagen gekippte Kohle zunächst aufnehmendes und in das Schiff überführendes Schüttgefäß läuft, d. g., daß die Kippbewegung der den Wagen aufnehmenden Plattform durch einen an dem verstellbaren Träger vorgesehenen Anschlag begrenzt wird, um den die Kipperplattform beim Weiterkippen gedreht wird, so daß die Vorderkanten des Wagens in der Arbeitslage bei jeder Stellung des Trägers dieselbe Höhenlage über diesem einnimmt.

Nr. 239 514. (*J. Pohlig, A.-G.*, Köln-Zollstock.) Verfahren zum Entladen von Eisenbahnwagen, d. g., daß die Eisenbahnwagen auf eine Plattform gefahren werden, die zunächst auf dem Wagengleis aufliegt und dann durch ein auf einer fahrbaren Brücke oder dgl. laufendes Schwebebahnfahrzeug gehoben, verfahren, gekippt und gesenkt wird, so daß man die Eisenbahnwagen an jeder beliebigen Stelle des Lagerplatzes, der von dem Schwebebahnfahrzeug und seiner fahrbaren Brücke bestrichen wird, in beliebig einstellbarer Höhe entladen kann.

Nr. 239 741. (*Maschinenfabrik Augsburg-Nürnberg A.-G.*, Nürnberg.) Wagenkipper, d. g., daß zwischen zwei in entgegengesetzter Richtung geneigte Bahnen, von denen die eine mit der Kipperplattform, die andere mit dem Unterbau des Wagenkippers in fester Verbindung steht, ein Verdrehungskörper angeordnet ist, durch dessen Bewegung die Verdrehung der einen geneigten Fläche und damit die Drehung der Kipperplattform bewirkt wird.

Nr. 239 824. (*Maschinenfabrik Augsburg-Nürnberg A.-G.*, Nürnberg.) Waggenkipper, dessen Plattform sich nach vorwärts und dabei in die Kippstellung bewegt, d. g., daß ein Punkt der Plattform auf annähernd wagerechter Bahn und ein zweiter unter dem ersten Führungspunkt gelegener Punkt auf annähernd senkrechter Bahn geführt wird.

1912.

Nr. 244 727. (*Deutsche Maschinenfabrik A.-G.*, Duisburg.) Wagenkipper, bei welchem das Vorderende der Kipperplattform durch einen Schwinghebel geführt ist, d. g., daß das Vorderende der Kipperplattform mittels einer Stange oder anderer Zwischenglieder an dem Schwinghebel aufgehängt ist.

Nr. 248 729. (*Deutsche Maschinenfabrik A.-G.*, Duisburg.) Wagenkipper, d. g., daß die die Kipperplattform enthaltende heb- und senkbare Bühne unter dem Einfluß des Gewichtes eines beladenen Wagens selbsttätig auf die jeweilige Ladehöhe gesenkt, nach dem Entleeren des Wagens durch Gegengewichte selbsttätig wieder auf die Höhe der Zufahrtsgleise gehoben wird.

Nr. 251 001. (*Deutsche Maschinenfabrik A.-G.*, Duisburg.) Ortsfester Wagenkipper für Hafenbetrieb, d. g., daß die Kipperplattform samt den zur Hervorbringung der Kippbewegung erforderlichen Elementen (Kurven, Bahnen, Lenker oder dgl.), zwecks Erzielung verschiedener Ausladungen und zwecks besserer Verteilung des Schüttgutes in die zu beladenden Schiffe auf ein in Richtung der Zufahrtsgleise verschiebbares Gerüst angeordnet sind.

1913.

Nr. 255 473. (*Johann Schilhan* in Nagykanizsa, Ungarn.) Ladevorrichtung für Kohle und anderes Schüttgut, bei der in einem fahrbaren Gestell zwei wechselweise auf und nieder führende Fahrkörbe angeordnet sind, d. g., daß die Fahrkörbe mit je einem zur Aufnahme von Karren geeigneten Kippboden ausgerüstet sind, welcher in der Höchststellung der Fahrkörbe durch Anschläge selbsttätig gekippt werden.

Nr. 258 784. (*Heinrich Aumund*, Danzig-Langfuhr.) Eisenbahnwagenkipper, bei welchem die Wagen mit geschlossenen Endtüren auf eine geneigte Plattform heraufgezogen, durch Drehen um eine senkrechte Achse quer zur Gleisrichtung gestellt und nach der Seite hin entladen werden können, d. g., daß die obere, um eine senkrechte Achse drehbare Plattform auch um eine wagerechte, quer zum Gleis liegende Achse kippbar ist.

Nr. 260 593. (*J. Pohlig A.-G.*, Köln-Zollstock.) Kippvorrichtung für Eisenbahnwagen mit einer die Wagen aufnehmenden Plattform, g. durch an einem oder beiden Enden zur Wagerechten geneigt liegende drehbare Lenker, die bei seitlicher Verschiebung der Plattform mit dieser gekuppelt werden, sich aufrichten und dadurch die Plattform anheben.

Nr. 262 041. (*Fr. Krupp A.-G.*, *Grusonwerk*, Magdeburg.) Wagenkipper mit nach beiden Gleisrichtungen kippbarer Plattform, welche ein Entleeren des Wagens nach der Mitte der Plattform gestattet, d. g., daß die Hebevorrichtung in der Mitte der Plattform angreift und diese mit ihren Enden in hoch über der Plattform angeordneten Kipplagern ruht, welche mit Einrichtungen zum Niederhalten der Kippachse versehen sind.

Nr. 262 316. (*Fr. Krupp A.-G.*, *Grusonwerk*, Magdeburg.) Fangvorrichtung für die auf Wagenkipper auffahrenden Wagen, d. g., daß die Fangbereitschaft der Fangvorrichtung durch die Hebevorrichtung vor Beginn des Kippens eingestellt wird.

Nr. 268 589. (*Deutsche Maschinenfabrik A.-G.*, Duisburg.) Wagenkipper mit heb- und senkbarer Plattform zum Entleeren des Schüttgutes in dicht neben dem Zufahrtsgeleise und auf gleicher oder nahezu gleicher Höhe mit diesem befindliche Transportgefäße, d. g., daß die heb- und senkbare Plattform mit einer Drehscheibe ausgerüstet ist, um verkehrt ankommende Wagen über Gleishöhe drehen zu können.

1914.

Nr. 269 976. (*Justin Rudler*, Bettenburg.) Entladevorrichtung für an einer Stirnseite hochgehobene Eisenbahnwagen, d. g., daß an einer im schrägstehenden Eisenbahnwagen befindlichen Wand, die durch einen fahrbaren Elektromotor in Entleerungsrichtung bewegt wird, eine zweite der genannten Wand anliegende Wand parallel zu dieser durch den Motor nach unten gesenkt wird, so daß die untere Kante dieser Wand stets den Wagenboden berührt oder im gleichen Abstande von ihm bleibt.

Nr. 270 700. (*Deutsche Maschinenfabrik A.-G.*, Duisburg.) Wagenkipper zum Beladen von Schiffen, d. g., daß das Kippergerüst wasserseitig auf einem Schwimmkörper gelagert ist, zum Zwecke einer selbsttätigen Anpassung des Kippers an den jeweiligen Wasserstand.

Nr. 273 645. (*Herm. König*, Bredeney.) Vorrichtung zum Kippen von durch Seilzüge anhebbaren Förderwagen in einen über der Förderstrecke gelegenen Raum, d. g., daß der pendelnd in den Seilzügen aufgehängte Wagen bei der Aufwärtsbewegung durch um ein Widerlager schwingende Lenker seitlich um dieses Widerlager gekippt wird.

1908.

Nr. 198 460. (*Gesellschaft für Förderanlagen m. b. H. Ernst Heckel* in St. Johann bei Saarbrücken.) Kreiselwipper, d. g., daß im Wipperzylinder ein oder mehrere endlose, nach einer oder beiden Richtungen hin bewegbare mit Greifern ausgerüstete Ketten angebracht sind.

Nr. 215 086. (*Rud. Meyer A.-G. für Maschinen- und Bergbau*, Mülheim-Ruhr.) Vorrichtung zum Seitwärtskippen von Förderwagen, g. durch ein senkrechtes, am unteren Ende seitwärts vom Wagengleis drehbar gelagertes, die Wagen seitlich umgreifendes Schild, das beim Drehen den Förderwagen mitnimmt und nach der Seite umkippt.

Nr. 215 512. (*Gesellschaft für Förderanlagen m. b. H. Ernst Heckel*, Saarbrücken.) Fahrbarer Kreiselwipper, d. g., daß die Laufräder und die von einem Zugmittel umschlungenen Antriebskränze des Wippergestelles mit diesem zur Erzielung jeder gewünschten Bewegungsart des Wippers in ein- und ausrückbarer Verbindung stehen, zu dem Zweck, den Kreiselwipper entweder nur drehen oder nur fortbewegen oder drehen und fortbewegen zu können.

1911.

Nr. 231 203. (*Heinrich Pelster* in Recklinghausen.) Vorrichtung zum Seitwärtskippen von Förderwagen, d. g., daß ein in Richtung des Wagengleises angeordnetes, etwas anhebbares Gestell zwei um eine wagerechte Achse drehbare Halter besitzt, die die Stirnseiten der Wagen umfassen, so daß nach geringem Heben des Gestelles der eingefahrene Förderwagen zusammen mit den Haltern gedreht werden kann.

Nr. 232 980. (*Adolf Dierstein* in Scherebeck, Bez. Münster i. W.) Vorrichtung zum Seitwärtskippen von Förderwagen, g. durch zwei zwischen dem Wagengleis leicht entfernbar angeordnete Hebezylinder, in deren Kolbenstangen um wagerechte Zapfen drehbare Schilde gelagert sind, die bei tiefster Stellung der Zylinderkolben die Stirnseite der Förderwagen umfassen, so daß beim Einleiten eines Treibmittels in die Hebezylinder der Förderwagen so weit angehoben wird, daß er von Hand leicht um seine Längsachse gedreht werden kann.

Nr. 236 962. (*Maschinenfabrik Baum A.-G.*, in Herne i. Westf.) Mit einer sich selbsttätig lösenden Haltevorrichtung für die Wagen im Wipper und mit einer Einlaufsperre versehener Kreiselwipper, bei welchem der Ein- und Auslauf der Wagen ohne äußeren Antrieb und das Einrücken des Wipperantriebes durch den auslaufenden leeren Wagen selbsttätig erfolgen kann, g. durch vor und hinter dem Wipper angeordnete selbsttätige, die Wagen aufhaltende Sperren, und eine im Wipper vorgesehene, durch den einlaufenden Wagen einzuschaltende Bremse für denselben, wodurch der Ein- und Auslauf der Wagen in der Weise geregelt wird, daß nach einmaliger Ingangsetzung sowohl der Betrieb als auch das erneute Inbetriebsetzen des Wippers bei schneller oder langsamer Wagenfolge selbsttätig, ohne irgendwelche Bedienung erfolgen kann.

Nr. 237 296. (*Duisburger Maschinenbau A.-G., vorm. Bechem & Keetmann*, Duisburg.) Ein- oder mehrfacher Kreiselwipper zum Entleeren von Förderwagen, d. g., daß die Drehung des in an sich bekannter Weise mit seinem einen Ende heb- und senkbar gelagerten Kreiselwippers teils durch das Gewicht der einfahrenden gefüllten Wagen, teils durch Anpressen des Kreiselwippers auf Treibrollen oder Einrücken eines beliebigen Antriebes unter Überwindung einer Ausbalanzierung selbsttätig eingeleitet und infolge der Wirkung der Ausbalanzierung nach Entleerung der Wagen selbsttätig beendigt wird.

Nr. 237 910. (*Alwin Lantzsch* in Unna i. W.) Kreiselwipper zum Entleeren von Förderwagen, d. g., daß an dem Wipperzylinder das eine Ende einer Rinne drehbar befestigt ist, deren anderes Ende verschiebbar gelagert ist, so daß beim Drehen des Wippers in der einen Richtung das eine Ende der Rinne sich senkt und dabei das aus den Förderwagen entleerte Gut aufnimmt, während sie beim Rückdrehen des Wippers sich wieder hebt und dabei das aufgenommene Fördergut abgibt.

1912.

Nr. 242 727. (*Franz Schmidt* in Teplitz-Schönau.) Mantelgehäuse für Kreiselwipper, d. g., daß der Mantel mit Öffnungen versehen ist, die derart gestaltet sind, daß bei der Drehung des Mantels das aus dem Förderwagen abgegebene Gut allmählich durch die Mantelöffnungen hindurch zum Ausfließen gelangt.

Nr. 245 167. (*Christian Steg* in Kierberg b. Köln.) Kreiselwipper mit maschinellem Antrieb, bei welchem der einlaufende, den Wipper einseitig belastende Wagen selbsttätig die Sicherung des Wippers auslöst, den Wagen hemmt und die Bewegung des Wippers einleitet, d. g., daß der Wagen durch Verstellung einer auf dem Wipper angeordneten Hebelvorrichtung eine Hemmung vorschiebt und gleichzeitig die Sperrvorrichtung des Wippers auslöst, so daß sich der Wipper dreht, wobei nach kurzer Drehung das Antriebsrad mit der nahezu auf dem ganzen Umfange des Wipperlaufringes vorgesehenen Verzahnung in Eingriff gelangt.

Nr. 252 567. (*Alfons Janotto* in Petershofen.) Kreiselwipper, bei dem die Drehung durch das Gewicht der einfahrenden beladenen Wagen eingeleitet wird, d. g., daß die auf dem Wipper vorgesehenen Sperrhebel für die Wagen beschränkt beweglich angeordnet und mit der Auslösevorrichtung des Wippers verbunden sind.

Nr. 255 059. (*Johann Wastgestian* in Brzeszcze in Galizien.) Drehwipper zum Entleeren von Förderwagen, d. g., daß er bei Belastung selbsttätig den Stromkreis eines elektrisch beeinflußten Registrierapparates schließt, der die jeweilige Belastung des Wippers aufzeichnet.

1913.

Nr. 258 923. (*Henderson H. Bennet* in Horley, Tennessee, V. St. A.) Selbsttätige Kippvorrichtung für Förderwagen oder dgl. mit einem an der kippbaren Plattform angeordneten, verschiebbaren und selbsttätig in die Anfangslage zurückkehrenden Glied, d. g., daß die kippbare Plattform und damit auch das bewegliche Glied mittels eines an ihr befestigten Zahnsegmentes und einer in dieses eingreifenden Sperrklinke in der Kipplage selbsttätig festgehalten wird, bis die Sperrklinke durch einen im Bereich der einfahrenden Wagen liegenden Anschlag ausgelöst wird.

Nr. 260 323. (*J. Pohlig A.-G.*, Köln-Zollstock.) Kreiselwipper für Hängebahnfahrzeuge, d. g., daß er mit Führungen versehen ist, welche das Gehänge des Fahrzeuges und den Förderkasten des Fahrzeuges unabhängig voneinander in ihrer Lage sichern, und mit Abschlußwänden versehen ist, die das Seilbahngehänge beim Auskippen vor der Berührung mit dem Fördergut schützen.

Nr. 260 324. (*Carlshütte A.-G.*, Altwasser.) Selbsttätig wirkender Kipper mit selbsttätig wirkender Wagenzuführvorrichtung, d. g., daß der den Wagen zuführende, selbsttätig hin- und hergehende Stößel am Ende seiner Vorwärtsbewegung eine Feststellvorrichtung für den im Wipper befindlichen Wagen steuert und bei seiner Rückbewegung mittels einer beweglichen Klinke die Sperrvorrichtung für den Wipper freigibt, so daß dieser sich drehen kann.

Aus der Zeitschriftenliteratur über Waggonkipper:

Aumund: Die Verladung von Massengütern im Eisenbahnbetrieb. Zeitschr. d. Ver. deutsch. Ing. 1909, Nr. 36, 37 u. 38, S. 1437 u. ff. (Wirtschaftl. u. Konstrukt. m. Z. u. Ph.)

Stephan: Die Massentransportvorrichtungen auf der Brüsseler Weltausstellung. Fördertechnik 1911, Heft 1, S. 9—10 (Beschreib. m. Z.).

— Ein neuer Wagenkipper. Zeitschr. d. Ver. deutsch. Ing. 1914, Nr. 13, S. 512 (Beschreib. m. Ph.).

Hermanns: Eisenbahnwagenkipper für Massengutentladung. Fördertechnik 1914, Heft 11 ff. (Beschreib. m. Z. u. Ph.).

Rollenförderer.

(Automatische Rollbahn, Rollentransporteur.)

Wenn die Forderung der Einfachheit bzw. der Billigkeit des Betriebes allein maßgebend für die Bewertung einer Förderanlage wäre, so wäre die Rollbahn ohne Frage die vollkommenste Lösung. Die ideale Eigenschaft der bei ihr wahrhaft selbsttätigen Lastbewegung ist aber mit Naturnotwendigkeit nur so lange vorhanden, als die Lastbewegung keine eigentliche Förderung wird. In diesem Falle kann natürlich auch die automatische Rollbahn keine Lösung des Perpetuum-mobile-Problems abgeben. Und eben in dieser so wesentlichen Beschränkung der Bewegungsrichtung auf das „Abwärts" liegt das wertmindernde Äquivalent für den eingangs genannten Vorzug. Immerhin muß anerkannt werden, daß die Rollbahn dort, wo sie hinpaßt, durch die Einfachheit ihrer natürlichen Arbeitsweise fast verblüfft, so daß man sich wundern muß, daß eine solche „Selbstverständlichkeit" erst noch geschaffen werden brauchte. Indes wird die allmähliche Entstehung der Rollbahn erklärlich, wenn man sich die in der modernen Technik ja häufig erscheinende Tendenz des Ersatzes der gleitenden Reibung durch rollende vor Augen hält. Dann erscheint die automatische Rollbahn nur als die natürliche Weiterausbildung der alten Schurre oder der Wendelrutsche.

Wesen der Konstruktion. Ein Rollenförderer besteht aus einem System horizontal nebeneinander und drehbar gelagerter Rollen, deren gesamte obere Flächen in einer schwach geneigten Ebene liegen.

Arbeitsweise. Die Bewegung der Förderlast kommt dadurch zustande, daß letztere, auf die Rollen gelegt, infolge ihrer Schwerkraft in der schrägen Berührungsebene der sich drehenden Rollen abwärts bewegt wird. In den Kurvenstellen findet eine gleichfalls selbsttätige Ablenkung der Last in die Kurvenrichtung dadurch statt, daß die Rollen daselbst konisch gestaltet sind, und zwar derart, daß die nach der Außenseite der Kurve zunehmende Umfangsgeschwindigkeit der Rollen eine entsprechende Drehung der darüber sich bewegenden Last bewirkt.

Anwendungsgebiet. Die gleichsam rostartige Beschaffenheit der Förderbahn macht den Rollenförderer nur für Lasten mit ebener, fester Unterlage geeignet, also nur für derart geformte Stückgüter, Kisten, Gebinde u. dgl., oder für doch wenigstens in solche verpackte Sammelgüter. Daß die Anwendung auf die Abwärtsbewegung der Last beschränkt ist, ist, wie bereits gesagt, im Prinzip des Schwerkraftantriebes begründet.

Vorteile. Der Fortfall maschinellen Antriebes ermöglicht niedrige Anschaffungs- und Betriebs- bzw. Unterhaltungskosten. Ferner gestattet der Fortfall des Antriebsmechanismus bzw. die Unabhängigkeit von einer Transmission ein Aufstellen und ein leichtes Versetzen der Transportvorrichtung an beliebige Orte.

Ausführungsbeispiele.

Eine Rollbahnanlage in Disposition und in Konstruktion der wesentlichsten Details — der Rolle und ihrer Lagerung — zeigen die Fig. 235 bis 240 nach einer Ausführung der Firma *Stöhr* in Offenbach. Die Rollen bestehen aus nahtlos gezogenen Stahlrohren, die sich mittels beiderseitiger Kugellager auf durchgehenden Achsen sehr leicht drehen. Die Achsen dienen so gleichzeitig zur Versteifung des Traggerüstes. Die Zusammenstellungszeichnung läßt mit der Einfachheit und Leichtigkeit der ganzen Anlage recht gut auch die Möglichkeit erkennen, die Bahn an eine jeweils gewünschte andere Stelle zu setzen und so, unter Umständen durch Einschaltung weiterer Kurvenstrecken, eine beliebige Variation des Transportverlaufes zu schaffen. Selbstverständlich ist die Rollbahn nicht nur als selbständige Fördereinrichtung zu gebrauchen, sondern ebensogut auch als Zuführungsmittel der Lasten zu anderen Transportvorrichtungen.

Aus der Zeitschriftenliteratur über Rollenförderer:

Michenfelder: Transportvorrichtungen für Brauereien und ähnliche Betriebe. Allgem. Zeitschr. f. Bierbrauerei u. Malzfabrikation 1910, Nr. 30, S. 339—340 (Beschreib. m. Ph.).
—, Automatische Stahlrollentransporteure. Technische Rundschau 1912, Nr. 22, S. 275 (Beschreib. m. Ph.).

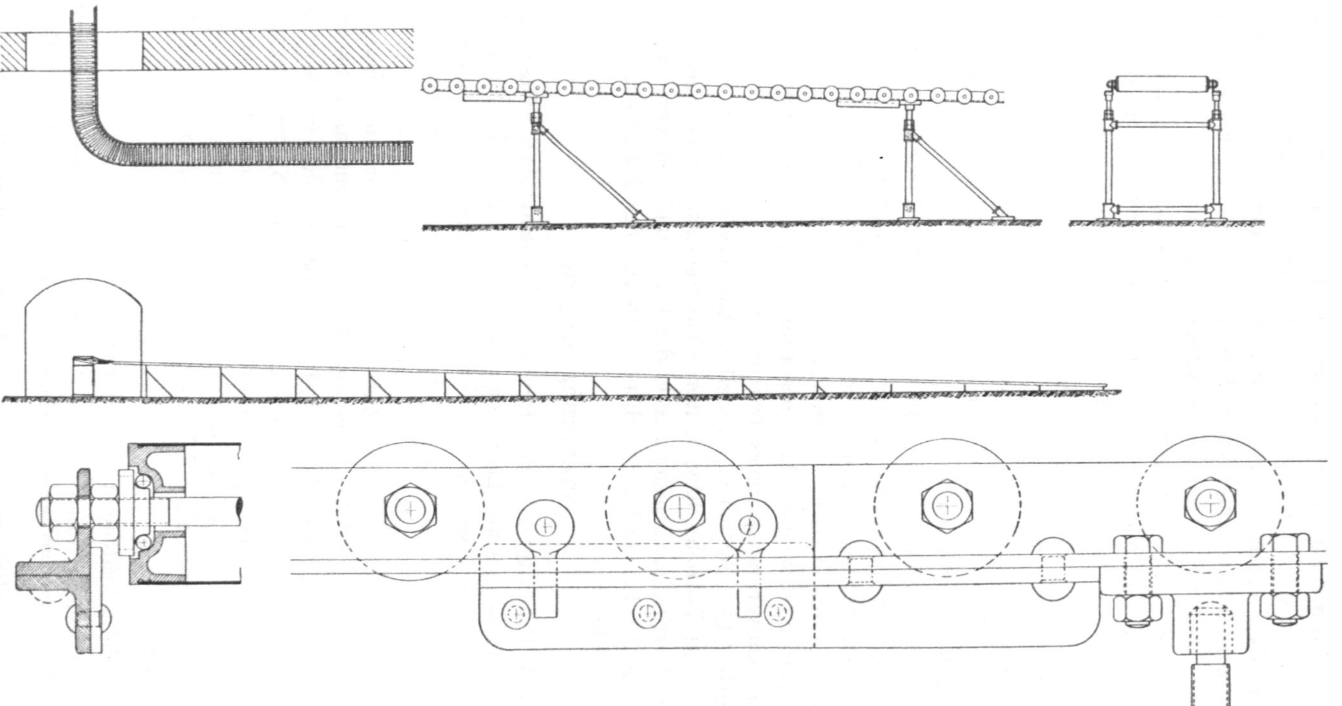

Fig. 235 bis 240. Anordnung und Rollenlagerung einer selbsttätigen Rollbahn.

Eisenkramer: Conveyor und ihre Anwendung. Praktische Fördertechnik 1913, August,
S. 29—30 (Beschreib. m. Z.).
— Der Fabrikerweiterungsbau der Wanderer-Werke A.-G., Schönau bei Chemnitz. Zeit-
schrift d. Ver. deutsch. Ing. 1914, S. 285 (Beschreib. m. Ph.).
— Der selbsttätige Transport von Kleingütern. Technische Monatshefte 1913, Nr. 1,
S. 31 (Beschreib. m. Ph.).

Aufzüge.

(Fahrstühle, Waren- oder Lastenaufzüge [im Gegensatz zu Personenaufzügen],
Schachtaufzüge [im Gegensatz zu Gerüstaufzügen], Stempelaufzüge [im Gegensatz zu Seilaufzügen], u. s. f.)[1]

Die Aufzüge gehören zu den wenigen maschinellen Fördermitteln, die
uralt und dabei doch noch durchaus neuzeitlich sind. Diese Tatsache ist der
beste Beweis für die Zweckdienlichkeit des ihnen zugrunde liegenden Prinzipes. Dieses Prinzip — das sichere Emporarbeiten der Last an festen Führungen — ist bei unseren modernsten Aufzügen das gleiche wie bei den vor-
christlichen Aufzügen, die bei den Ausgrabungen im römischen Palaste jüngst
zutage getreten sind. Allerdings ist auch nur das Prinzip dasselbe geblieben,
die ausschmückenden Zutaten, die den modernen Aufzug zu einem alle Forderungen der Sicherheit und der Wirtschaftlichkeit befriedigenden Hilfsmittel machen, sind ein Produkt der Neuzeit. Ja, wohl sogar der neuesten
Zeit erst, fängt doch die moderne Ausgestaltung der Aufzugsanlagen erst Jahre
nach der Dienstbarmachung der Elektrizität für Hebezeuge überhaupt an.
Der erste Versuch in dieser Richtung, gerade ein Aufzug — von *Siemens* im
Jahre 1880 vorgeführt — ist nach modernen transporttechnischen Begriffen
nur ein historisch wertvolles Dokument. In dem gleichen Maße wie das Bedürfnis nach Aufzügen allgemein ist, wird der Bau von Aufzügen auch in den
meisten Kulturstaaten gepflegt; der Anteil Deutschlands, wo Hunderte von
Firmen sich mit Aufzugsbau befassen, ist eine sehr hervorragender.

Wesen der Konstruktion. Ein Aufzug besteht im Wesentlichen aus
einer an vertikalen Schienen geführten Tragbühne, die mittels einer Windevorrichtung auf und ab bewegt werden kann.

Arbeitsweise. Die auf der Bühne abgesetzten Lasten werden dadurch
gehoben oder gesenkt, daß durch das Arbeiten der Windemaschine der von
dieser nach der Bühne geführte Teil des Tragorganes — in der Regel ein Seil,
an dem die Bühne aufgehängt ist oder auch ein Gestänge, auf das sich die
Plattform aufsetzt — verkürzt oder verlängert wird.

Anwendbarkeit. Die ausschließlich vertikale Bewegungsrichtung der
Aufzüge befähigt diese lediglich zum Heben und Senken von Lasten. Die Be-
ladeweise der Aufzugsbühne durch einfaches Aufsetzen und Abnehmen der
Lasten beschränkt letztere auf Stückgut oder doch auf bereits in Sammel-
gefäßen befindliches Massengut.

Vorteile. Der durch die Führungsschienen festbegrenzte Bewegungsverlauf von Fahrstühlen, der überdies oft in ganz abgeschlossenen Schächten

---

[1] Vergl. *Michenfelder*, Grundzüge moderner Aufzugsanlagen. Verlag H. A. L. Degener,
Leipzig, 1905.

stattfindet, bewirkt, daß deren Betrieb einerseits ohne Störung des angrenzenden Verkehres sich vollziehen kann, andererseits auch selber einer Störung durch äußere Einwirkung nicht ausgesetzt ist.

Nachteile. Die stationäre Anordnung und der auf die Vertikale beschränkte Arbeitsbereich eines Aufzuges hat den gänzlichen Mangel örtlicher Anpassungsfähigkeit zur Folge. Die für die Errichtung und den Betrieb von Aufzugsanlagen geltenden behördlichen Vorschriften stellen an sich zweifellos eine gewisse Belastung der Besitzer solcher Anlagen dar, die einerseits in den Kosten für die Revisionen, andrerseits in den dabei stattfindenden Außerdienstsetzungen der Anlage ihren Ausdruck findet.

Ausführungsbeispiele.

Die in den Fig. 241 bis 246 (Taf. 29) skizzierten Beispiele stellen verschiedenartige Bauarten von Lastaufzügen — gemäß der eingangs gegebenen Begriffsdefinition — dar. Jede dieser Ausführungen kann für die periodische Vertikalförderung von Einzellasten mit besonderem Vorteil am Platze sein; die spezielle Eignung der einen oder der anderen Ausbildung hängt von den jeweiligen Verhältnissen, insbesondere von der Art der Transportaufgaben ab. Den häufigst gegebenen Fall dürfte eine Disposition ähnlich den Fig. 241 bis 244 darstellen, d. h. wo die Lasten innerhalb bzw. am Gebäude durch mehrere Stockwerke ab oder auf zu befördern ist, ohne daß jedesmal ein Führer zur Begleitung mitfährt. Durch den Fortfall der Führerbegleitung wird die Anlage nicht allein einfacher und billiger, weil die bei selbst teilweiser Benutzung des Aufzuges für Personenbeförderung zusätzlich vorgeschriebenen Sicherheitseinrichtungen wegfallen können, sondern sie wird dadurch auch in ihrer Anordnung wesentlich beeinflußt. Vor allem in der Steuerung, d. i. in den Teilen, die zur Einleitung und Abstellung der Lastbewegung dienen. Während das Ingangsetzen und ebenso das Stillsetzen des Aufzuges bei einem mitfahrenden Bedienungsmann natürlich durch diesen vom Innern des Fahrkorbes muß erfolgen können, ist es bei reinen Lastaufzügen erforderlich, daß die Aufzugsbewegung von außen zu beeinflussen ist. In dem skizzierten Beispiel ist zu dem Zwecke ein Steuerseilchen, das den Anlasser der elektrischen Winde in dem einen oder dem anderen Sinne betätigt, vor sämtlichen Bedienungsstellen des Aufzuges vorbeigeführt. Eine wesentliche Sicherheitseinrichtung, die auch bei ausschließlichen Lastenaufzügen — Last hier stets im Sinne von Waren, im Gegensatz zu Personen, gemeint — erforderlich ist, besteht in einer Verriegelung der Türen des Aufzugsschachtes derart, daß diese nur bei dahinterstehenden Aufzugsbühnen geöffnet werden können. Die diese Forderung bestimmende Rücksicht, daß niemand in den Aufzugsschacht hineinfallen kann, erheischt logischerweise weiter, daß die Lastbühne immer erst dann wieder in Bewegung gesetzt werden kann, nachdem die zur Be- und Entladung geöffnete Schachttür wieder geschlossen worden ist. Eine solche Abhängigkeit der Türbewegung von der Aufzugsbewegung ist in dem vorliegenden Falle — wie die Querschnittsfiguren erkennen lassen — durch Barrieren geschaffen, die nur in hochgeklappter Stellung ein Öffnen der Schachttüren gestatten. Das Hoch-

Additional information of this book

*(Die Materialbewegung in chemisch-technischen Betrieben;
978-3-662-24049-6; 978-3-662-24049-6_OSFO23)* is provided:

http://Extras.Springer.com

klappen aber ist nur dann möglich, wenn der hinter der Tür angelangte Fahrkorb automatisch einen Riegel gelöst hat; andererseits klemmt die bei geöffneter Türe hochgeklappte Schranke das Steuerseil fest, so daß der Aufzug erst wieder nach dem Niederlegen, also nach Schließen der Türe, in Gang gesetzt werden kann.

Die von der Maschinenfabrik *Carl Flohr*, Berlin, für die *Aktiengesellschaft für Anilinfabrikation*, ebenda, gelieferte Anlage hat bei einer Förderhöhe von etwa 7,5 m eine Hubgeschwindigkeit von 0,25 m in der Sekunde; ihre Tragfähigkeit ist 500 kg, ihre Anschaffung erforderte 3600 M.

Grundsätzlich verschieden von diesen an Seilen hängenden Schachtaufzügen, gleichgültig, ob der Schacht gemauert oder in Eisenkonstruktion hergestellt ist, sind die Bauarten nach Fig. 245. Bei diesen meist Plateau-, Spindel- oder Stempelaufzüge benannten Ausführungen wird die Lastbühne nicht durch Seile getragen, sondern durch ein unter ihr angreifendes knickstarres Organ — einen Plungerkolben bei hydraulisch betriebenen, eine Schraubenspindel oder auch eine Zahnstange bei elektrisch betriebenen Anlagen. Die Fig. 245 und 246, einen elektrischen Spindeldoppelaufzug darstellend, zeigen, daß der Raum über der Fahrbahn durch keinerlei Antriebs- oder Rollenmechanismus störend in Anspruch genommen wird, daß alle empfindlicheren Teile vielmehr geschützt abseits des Verkehrs angeordnet werden können. Der größeren Sicherheit, die die starrgestützten Lastbühnen im Vergleich zu den an Seilen hängenden durch den Fortfall der Seilbruchgefahr zweifellos besitzen, steht als schwerwiegender Nachteil gegenüber, daß für die Aufnahme von Spindel oder Stempel beim Niedergang der Bühne eine mehr oder minder tiefe Grube erforderlich ist. Die oft schwierige und teuere Herstellung einer solchen Vertiefung beschränkt deshalb — ganz abgesehen von zu großen Knicklängen des Stützorganes — die Anwendung dieses

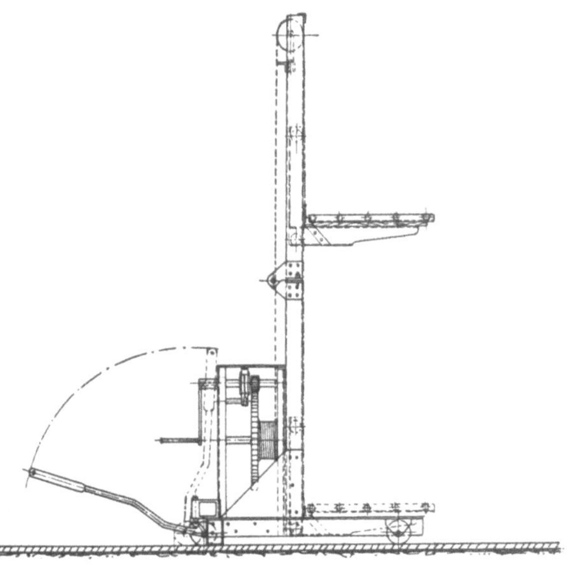

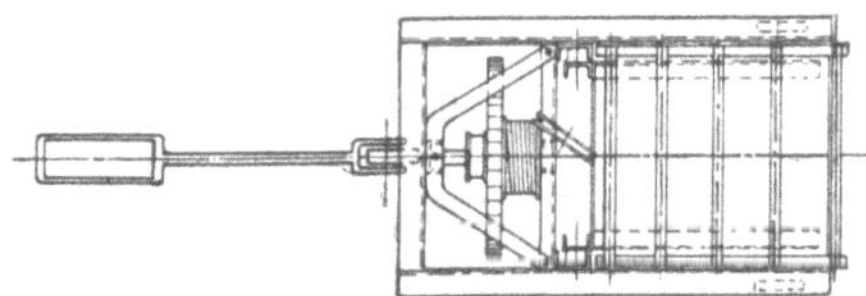

Fig. 247 u. 248. Fahrbare Aufzugsvorrichtung.

Systems auf kleinhubige Anlagen. Ihr gegebenes Feld sind daher die Förderungen vom Kellergeschoß ins Erdgeschoß.

Von beiden der bisher in Ausführungsbeispielen betrachteten Gruppen von Aufzügen unterscheidet sich die in Fig. 247 und 248 abgebildete Konstruktion wieder in jeder Beziehung: sie ist zunächst mit nur einseitig geführter, konsolartiger Lastbühne ausgerüstet, von Hand betreibbar und im ganzen verfahrbar. Diese Eigenheiten verleihen dem fahrbaren Aufzug ein recht vielseitiges Verwendungsgebiet, wenn auch natürlich nur für leichtere, untergeordnetere Hebearbeiten. Er wird insbesondere dort mit Vorteil benutzt werden können, wo es sich um den gelegentlichen Transport und die kurzhubige Hebung schwerer Stückgüter handelt, z. B. um das Aufladen schwerer Kisten auf Rollwagen, als Ersatz der ebenso primitiven wie gefährlichen Schrotleitern. Eine Nebenverwendung kann der Apparat auch als einstellbare Arbeitsbühne bei der gelegentlichen Vornahme von Bau- oder Montagearbeiten an hochgelegenen Stellen finden, und damit Leitern und Gerüste entbehrlich machen. Ausgeführt werden solche fahrbaren Aufzüge von der *Alpinen Maschinenfabrik* in Augsburg bis zu Hubhöhen von 3 m.

Örtliche Verhältnisse und mehr noch der Wunsch nach einfacher, möglichst selbsttätiger Entladung der Lastbühne veranlassen mitunter ein Abweichen von der vertikalen Förderrichtung der Aufzüge. Die so geschaffenen Schrägaufzüge ermöglichen, wie die Fig. 249 bis 252 (Taf. 30) in zwei hydraulischen bzw. elektrischen Ausführungen der Frankfurter Firma *Wiesche & Scharffe* zu erkennen geben, mittels einfacher Vorkehrung ein schnelles Auskippen am Ende der Hubbahn. Die erstgenannte Anlage dient zur Beförderung von Asche und Schlacken aus einem Kesselhaus direkt in Eisenbahnwagen. Zum Antrieb ist in diesem Fall eine Druckwassermaschine mit Rollenübersetzung gewählt, die durch Handrad gesteuert wird; am oberen und unteren Ende der Bahn bewirkt der Aufzugswagen die Ausschaltung automatisch. Zur Entleerung wird die drehbar auf dem Wagenplateau gelagerte Mulde durch einen Handradmechanismus gekippt. — Die Fig. 251 zeigt dagegen eine häufigere Ausführung eines elektrischen Schrägaufzuges zur vollkommen automatischen Ofenbeschickung, die durch die Endwirkung des Höhenzuges bei getrennter Führung des vorderen und hinteren Laufradpaares des Aufzugskastens bewirkt wird.

Krane.

(Hebemaschinen, Hebezeuge sowie die zahllosen Bezeichnungen von Sonderkranbauarten nach Gerüstform, Aufstellungsort oder Verwendungszweck.)[1]

Über die Bedeutung der Krane im allgemeinen und ihre Anwendbarkeit in chemisch-technischen Betrieben im besonderen einleitende Betrachtungen anzustellen, erscheint fast überflüssig. Die schier universelle Benutzbarkeit, in Hinsicht sowohl auf die Lokal- als auch auf die Materialverhältnisse, die die Krane kraft ihrer unbegrenzten Formausbildungsmöglichkeit aufweisen, haben

---

[1] Vergl. *Michenfelder*, Krananlagen für Hütten-, Hafen-, Werft- und Werkstattbetriebe. Verlag von Jul. Springer, Berlin, 1912.

Additional information of this book

*(Die Materialbewegung in chemisch-technischen Betrieben;
978-3-662-24049-6; 978-3-662-24049-6_OSFO24)* is provided:

http://Extras.Springer.com

sie zu den wohl meistbenutzten und bekanntesten Fördermitteln gemacht.
Die Spezialausbildungen des Kranbaues, die sich beispielsweise die eisenver-
arbeitenden Industrien in weitgehendem Maße zunutze machen, kommen für
chemisch-technische Betriebe allerdings nicht in Betracht. Bei diesen handelt
es sich, von Ausnahmen abgesehen, nur um normale und kleinere Ausführungen,
wie sie für das Ent- und Verladen gewöhnlicher Stück- oder Massengüter
genügen. Einfache Laufkrane und Drehkrane, mit Elementarkraft — nur
noch Elektrizität oder Dampf — oder von Hand betrieben, stellen die weit-
überwiegenden Typen dar. Doch ist das Gebiet der Krane ein so ungeheuer
großes, daß selbst über die nur in chemisch-technischen Betrieben verwendeten
allein ein Buch geschrieben werden könnte. Deshalb ist man hier, wo ja
nur einige ganz wenige Beispiele herausgegriffen werden konnten, mehr noch
als an den anderen Stellen, auf die einschlägige Literatur angewiesen.

Wesen der Konstruktion. Ein Kran besteht im wesentlichen aus
einer Windevorrichtung und einem über ein (bewegliches) Gerüst so geführten
Zugorgan, daß eine an diesem hängende Last mittels der Winde gehoben und
gesenkt werden kann.

Arbeitsweise. Die Lastbewegung in senkrechter Richtung erfolgt
dadurch, daß durch das Arbeiten der Windemaschine der von dieser nach
der Last geführte Teil des Zugorganes verkürzt oder verlängert wird, wodurch die Last selbst gehoben bzw. gesenkt wird. In wagerechter Richtung
kommt eine Bewegung der Last dadurch zustande, daß das Gestell des Kranes,
das das freie Ende des Zugorganes trägt, fahrbar oder schwenkbar ist. Die Mitnahme der Förderlast geschieht — bei Stückgut — in der Regel durch deren
unmittelbares Befestigen an einem das freie Seil- oder Kettenende abschließen-
den Haken, oder — bei Sammelgut — unter Einschaltung entsprechender Auf-
nahmegefäße. Diese können für eine Füllung und Entleerung von Hand eingerichtet sein, oder eine oder beide Manipulationen selbsttätig ermöglichen.

Anwendbarkeit. Krane sind vorteilhaft in allen den Fällen zu verwenden, wo es sich um zeitweise Materialbewegung handelt, insbesondere dann,
wenn die wagerechten Förderstrecken im Vergleich zu den senkrechten nicht
zu groß sind. Es erstreckt sich demnach die Benutzung von Kranen vor allem
auf das sog. Versetzen von Lasten bzw. das Überladen von Gütern beliebiger Art.

Vorteile. Die vielartigen Bewegungen, zu denen ein Kran vermöge der
Hub-, Schwenk-, Wipp- und Fahrbarkeit befähigt ist, verleihen ihm eine
außerordentliche Manöverierfähigkeit und einen im Vergleich zu seinen Dimensionen ungewöhnlich weiten Wirkungsbereich.

Nachteile. Der in der grundsätzlichen intermittierenden Arbeitsweise
von Kranen gelegene Nachteil ist die relativ geringe Leistungsfähigkeit. Ferner
erfordert ein Kran für das Einleiten und das Abstellen der Bewegungen sowie
für Hilfe bei der Aufnahme bzw. Abgabe der Last besondere Bedienungsleute.

Einzelheiten. Die hinsichtlich der Detailausführung von Kranen zu
beachtenden Gesichtspunkte sind entsprechend der Vielartigkeit der Bauarten
und der Zusammengesetztheit ihrer Konstruktionen mit wenigen Worten

natürlich auch nicht einmal angenähert zu behandeln. Die Wahl des Antriebes, die Durchbildung des Windwerkes mit allen seinen Einzelteilen, die Gestaltung und die Ausführung des Gerüstes u. a. m. erfordern für eine zufriedenstellende Benutzung des Kranes vielerlei Überlegungen. Neben allgemeineren Richtlinien für den Bau von Kranen — z. B. in bezug auf die zweckmäßige Wahl der Konstruktionsmaterialien, auf die Bearbeitung, auf die Anordnung bzw. die Lagerung der arbeitenden Teile usf. — sind in jedem Fall die gerade vorliegenden Verhältnisse betrieblicher Art besonders zu berücksichtigen. So wird beispielsweise die Häufigkeit der voraussichtlichen Benutzung des Kranes in der Regel neben der beanspruchten Leistungsfähigkeit desselben, mehr als es bei anderen Fördermitteln der Fall ist, maßgebend sein können für die Wahl der Antriebsart der einzelnen Bewegungsmechanismen. Während bei häufiger Inanspruchnahme einer Bewegung maschineller Antrieb zweckmäßig sein wird, kann andernfalls der gelegentliche Handantrieb rationeller erscheinen. Andere Umstände wieder, etwa die Lage und Umgebung der Arbeitsstätte, die Größe und Art der Lasten oder die zu fordernden Hubgeschwindigkeiten u. a. m., werden die Verwendung von Seil oder von Ketten als Lastorgan, oder die Bevorzugung von Stirn- oder von Schneckengetrieben ratsam sein lassen.

Ausführungsbeispiele.

Die Vielartigkeit der in technisch-chemischen Betrieben verwendbaren und verwendeten Kranbauarten kann in der folgenden Auslese, wie gesagt, nur einen sehr schwachen Ausdruck finden. Diese soll nur in einigen Ausführungsbeispielen die Anpassungsmöglichkeit der konstruktiven Ausbildung, der Wahl des Antriebsmittels u. a. m. für die verschiedenartigen Lastbewegungsaufgaben wiederspiegeln. Deren häufigste eine ist das Aufladen oder das Abnehmen schwerer Kisten, Ballen oder Fässer von Fuhrwerken, Rampen u. dgl. Dieser Bestimmung ist der in Fig. 253 bis 255 gezeichnete Kran in jeder Hinsicht besonders angepaßt: Seine mit Hilfe eines Drehgestelles erleichterte Fahr- bzw. Lenkbarkeit ermöglicht ein bequemes Zuführen der Verladegüter von der Lagerstelle nach der Ladestelle, die Aufstellung des Auslegers an dem hinteren Teile des Stützrahmens erlaubt ein ungehindertes Unterfahren unter Rollwagen, Ladebühnen u. dgl., die Einfachheit des Hubantriebes durch einen handbetätigten Stirnradmechanismus entspricht der für derart leichte und untergeordnete Förderaufgaben zu stellenden Forderung nach einer gleich mühelosen wie billigen Bedienbarkeit durch einen Arbeiter. Der Kran kann für das Heben und Senken durch einfaches Hochklappen der am Drehgestell angreifenden Zugstange (in der Zeichnung fortgelassen) auf die Flacheisenstützen unter dem Rahmen festgestellt werden. Eine Folge der einfachen Konstruktion des Kranes ist naturgemäß dessen billige Anschaffbarkeit. Die Firma *Alfred H. Schütte*, Berlin liefert Ausführungen von 750 kg Tragkraft, 1 m Ausladung und 1,9 m Hubhöhe schon für 325 M., größere Ausführungen von entsprechend 3000 kg, 1,25 m und 2,5 m für 665 M.

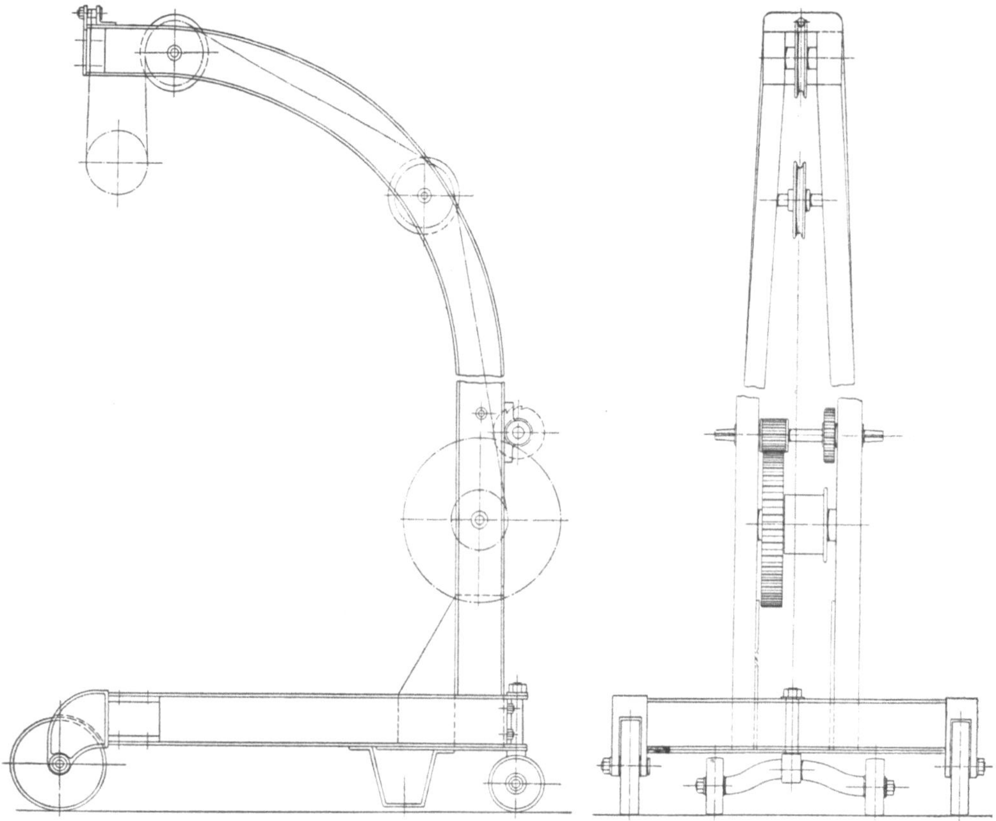

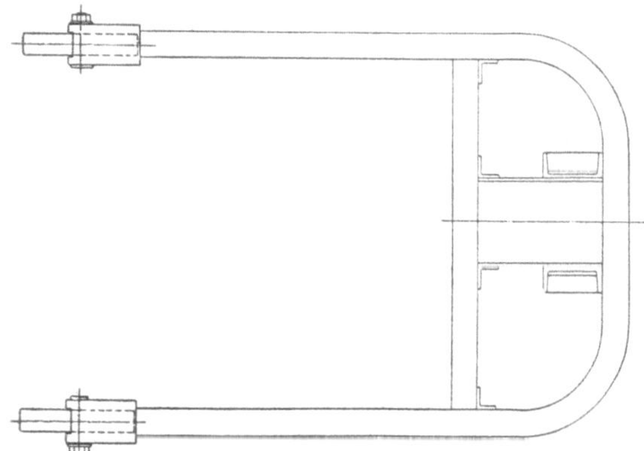

Fig. 253 bis 255. Fahrbarer Handkran für Ladezwecke.

Im Vergleich zu anderen Lagerungsarbeiten ist, wie schon an früherer Stelle ausgeführt wurde, das Stapeln von Stückgut noch recht wenig durch Mechanisierung vervollkommnet worden. Es sei daran erinnert, daß bei der primitiven Handstapelung zu den bekannten Nachteilen der Handarbeit im allgemeinen, der geringen Leistungsfähigkeit bzw. des großen Leutebedarfes, bei der Handverladung solcher Speicher- und Schuppengüter auch noch der Umstand ungünstig hinzutritt, daß die Stapelhöhe begreiflicherweise nur gering sein kann, und daß dadurch wiederum die Ausnutzung der Gebäudegrundflächen eine schlechte bleibt. Die mitunter zum mechanischen

Stapeln von Säcken, Kisten u. dgl. verwendeten Sonderbauarten fahrbarer
Bänder, oder elevatorartiger Fördermittel stellen zwar schon einen nennens-
werten Fortschritt auf dem Wege der rationellen Güterbewegung dar. Doch
erscheinen gerade bei der mehr den Charakter einer absatzweisen Bewegung
tragenden Stapelung die Vorteile einer kontinuierlichen Förderung nicht vollkommen ausnutzbar, um so mehr als die unveränderliche Abwurfstelle solcher
Dauerförderer dem Fortschritt der Stapelarbeit, d. h. dem ständigen Wechsel
der Ablegestelle, nicht so recht angepaßt und diese Anpassung immer nur durch
die Bewegung der ganzen Stapelmaschine zu erreichen ist. In dieser Beziehung

Fig. 256. Stapelkran für Stückgut.

dürfte der in Fig. 256 abgebildete Stapelkran Vorteile bieten. Durch einfache
Betätigung seines Hub- und Schwenkwerkes ist jeder Punkt seines nicht unbe-
trächtlichen Arbeitsbereiches für die Stapelung zugänglich, während der Wechsel
in den verschiedenen Aufstellungsorten durch bequeme Fahrbarkeit des ganzen
Apparates erzielt wird. Die Photographie zeigt eine Ausführung von 400 kg
Tragfähigkeit und rund 5,5 m Ausladung bei gleich großer Hubhöhe über dem
Schuppenboden. Das Verfahren und das Schwenken erfolgt von Hand, das
Heben durch Motorantrieb. Dieser Motor hat eine Leistung von 8 PS und
treibt mittels Riemen und Schneckengetriebe die Hubseiltrommel an. Bei
Verwendung eines durchlaufenden Motors ist ein offener und ein gekreuzter
Riemen angeordnet, deren Einrückung auf die Fest- oder Losscheibe der

Additional information of this book

(Die Materialbewegung in chemisch-technischen Betrieben;
978-3-662-24049-6; 978-3-662-24049-6_OSFO25) is provided:

http://Extras.Springer.com

Schneckenwelle durch einen Hebel erfolgt. Letzterer dient gleichzeitig zur Betätigung der Windwerksbremse. Die Hubgeschwindigkeit beträgt bei der genannten Maximallast 0,55 m in der Sekunde. Das Gerüst, das noch eine Trommel zur Aufnahme des Stromzuführungskabels trägt, ruht beim Arbeiten der Vorrichtung sicher auf vier Rädern. Zum Verfahren des Kranes kann vorn ein fünftes Rad so weit niedergelassen werden, daß es im Verein mit den beiden hinteren Rädern die Konstruktion trägt und eine leichte Lenkbarkeit derselben ergibt. Das Gewicht des vollständigen Kranes, der von der *Haarlemschen Maschinenfabrik vorm. Gebr. Figee*, gebaut ist, beträgt etwa 3,4 t.

Ein für kurzstreckige Bewegung von Schüttgut an wechselnden Arbeitsstellen, wo elektrische Energie nicht immer ohne weiteres beschaffbar ist, befähigter Kran ist in vielfach bewährter Ausführung in den Fig. 257 und 258 (Taf. 31) veranschaulicht. Es ist ein fahrbarer Dampfdrehkran der *Düsseldorfer Baumaschinenfabrik Bünger*, dessen sämtliche Bewegungen — das Lastheben, das Auslegerschwenken und das Kranfahren — von einer liegenden Zwillingsdampfmaschine abgeleitet werden. Die Bedienungshebel zur Betätigung der entsprechenden Kuppelungen sind zu einer Gruppe vereinigt, so daß der Betrieb möglichst bequem ist. Der in der üblichen Weise als Gegengewicht ausgenutzte Dampfkessel ist ein Quersiederohrkessel mit abnehmbarem Oberteil, wodurch eine leichte Reinigung möglich ist. Der Kran ist insbesondere mit einem nach der Auslegerspitze führenden Arretiergestänge versehen, das bei Benutzung von Klappkästen eine automatische Entleerung gestattet.

Für Hebearbeiten, die wohl auch an häufig wechselnden Stellen, jedoch bei feststehenden Konstruktionen, wie Gebäuden, Gerüsten u. a. m. vorzunehmen sind, kann eine fahrbare Winde mitunter das zweckmäßigste, da einfachste, mechanische Hilfsmittel sein. Mit einer solchen — die Fig. 259 bis 261 veranschaulicht eine beispielsweise Ausführung der *Alpinen Maschinenfabrik, Augsburg* — lassen sich die Forderungen bald hier, bald dort in einfacher Weise dadurch lösen, daß das Lastseil von der herzugefahrenen Winde über eine Rolle nach unten geleitet wird, die an eben jenen festen Konstruktionen angebracht worden ist. Durch das geringe Eigengewicht der fahrbaren Winde ist deren Verwendung im allgemeinen nur zur Bewegung leichterer Lasten bestimmt.

Die bisher betrachteten Hebeanlagen hatten in der leichten Ortsveränderlichkeit den Vorzug, an beliebigen Stellen des Werkes, innerhalb und außerhalb der Gebäude, zur Förderarbeit herangezogen werden zu können. Außer solchen räumlich wechselnden Förderaufgaben hat aber jedes größere Werk auch solche zu erfüllen, wo die Förderstrecke an den Ort gebunden ist. Ein solcher Fall liegt z. B. bei der in Fig. 262 und 263 (Taf. 32) gezeigten Anlage vor, die der Entleerung und der Beladung von Schiffen an einer bestimmten Anlegestelle dient. Für die Entladung von Schiffen insbesondere ist nun der Auslegerdrehkran wohl das meist verwendete Hilfsmittel. Seine Schwenkbarkeit gestattet eine bequeme Übergabe der Lasten von Schiff an Land, die Beherrschung einer genügenden Lukenbreite und die Entfernung der Konstruktionsteile aus dem Bereich der Schiffahrt in Arbeitspausen; außerdem kommt man mit Hilfe

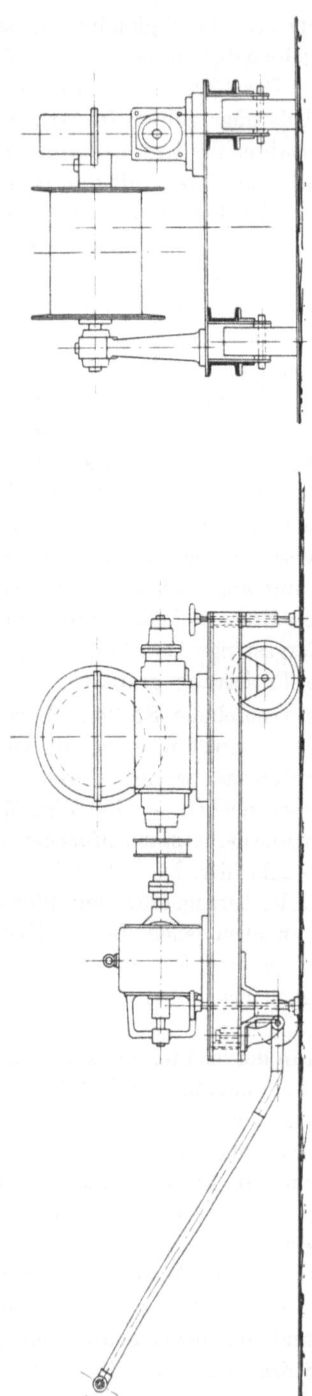

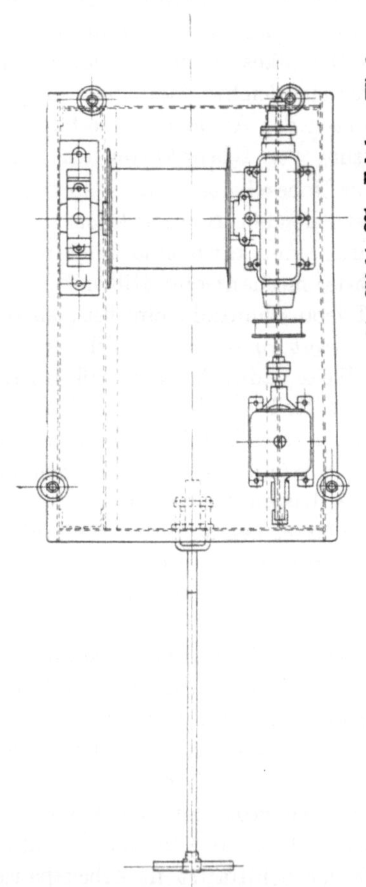

Fig. 259 bis 261. Fahrbare Winde.

Additional information of this book

(Die Materialbewegung in chemisch-technischen Betrieben;
978-3-662-24049-6; 978-3-662-24049-6_OSFO26) is provided:

http://Extras.Springer.com

eines schrägen Auslegerschnabels für eine bestimmte Hubhöhe und Ausladung
mit einem verhältnismäßig sehr geringen Materialaufwand aus. Die erwähnte
Anlage ist eine Ausführung dieser Art, die sich noch durch das zweckmäßige
Zusammenwirken einer stationären Krananlage für die Schiffsentladung mit
einer Gleisbahn für die Schiffsbeladung auszeichnet. Sie ist für die Förderung
von Schwefelkies bestimmt und von der *Maschinenfabrik Augsburg-Nürnberg*
an die *Höchster Farbwerke* geliefert. Während das Löschen der Schiffe mittels
des erhöht aufgestellten Schwenkkranes erfolgt, der durch Selbstgreifer das
Gut in beigefahrene Kippwagen fördert, kann die Beladung der Schiffe einfach dadurch geschehen, daß diese Wagen ihren Inhalt durch eine am wasserseitigen Brückenende angebrachte Schüttrinne, zu der sie durch das Portal
des Drehkranes gelangen können, in das Schiff auskippen. Die Abfuhr der
leeren Wagen erfolgt unter Vermittlung einer Drehscheibe auf einem Nebengleis.

Das mit den Fig. 264 bis 266 (Taf. 33) wiedergegebene letzte Ausführungs-
beispiel möge zeigen, wie kranmäßige Ausbildungen der Hebe- und Transportmittel auch für recht spezialisierte Bewegungsaufgaben in technisch-chemischen
Betrieben zu verwenden sind, ähnlich wie es in ausgedehntestem Maße bekanntlich in der Hüttenindustrie der Fall ist. Die Skizze stellt eine Hebe- und Transportvorrichtung zur Beschickung einer Mischmaschine für Farben in der
Chemischen Fabrik Griesheim-Elektron nach einer Ausführung der *Frankfurter
Maschinenfabrik Wiesche & Scharffe* dar. Die Last, in diesem Falle ein mit
Farbe gefülltes eisernes Faß, wird mit Hilfe des Haspelrades A gehoben und
gesenkt, während das Haspelrad B zum Hin- und Herfahren der Last dient.
Das Faß ist beiderseits mit Rollen C in die Hubseile eingehängt, die von
den seitlichen Windetrommeln über je zwei Seilrollen der Katze nach festen
Punkten des Krangerüstes führen. Wesentlich für die Wirkungsweise des
Kranes ist noch, daß die Zapfen E der Faßrollen C seitlich überstehen und
daß das Faß einen bügelförmigen Ansatz D hat. Auf Grund dieser Anordnungen ist nun der Arbeitsvorgang folgender: Nachdem das Faß gefüllt worden
ist, wird es senkrecht hochgezogen, bis die verlängerten Rollenzapfen E in
die beiden an der Katze angebrachten Gabeln F eingreifen. In diesem Zustand
wird dann die Laufkatze mit dem Faß bis zum Trichter der Mischmaschine
geführt. Über dem Trichter stößt das Faß gegen die die beiden Böcke G verbindende Welle H, wodurch es beim Weiterfahren durch die Gabeln F ge-
waltsam umgekippt wird. Durch Ablassen des Fasses gleiten die Zapfen E
längs der Bügel J aus den Gabeln F heraus, wodurch das Faß die gezeichnete
Lage über dem Trichter der Mischmaschine erhält. Hierbei hakt sich gleichzeitig der Bügel D des Fasses in die durchgehende Welle H ein. Nachdem das
Faß ausgeleert ist, wird es wieder hochgezogen, so daß die Zapfen E in die
Gabeln F wieder eingreifen. Gleichzeitig schiebt sich der Bügel D an der durch
gehenden Welle H hoch. Beim Zurückfahren der Katze und bei entsprechendem
Senken des Fasses, wird dieses, mit dem Boden nach unten, um die Welle H
zurückgedreht. Dann wird es wieder ganz hochgehoben, so daß der Bügel D
die Welle H verläßt. Nun kann das Faß zurückgefahren und zwecks weiterer
Füllung wieder abgelassen werden.

Alphabetisches Sachverzeichnis.

Ablader 6, 68.
Abstreichvorrichtungen 6.
Abwurfvorrichtungen 7, 68.
Aufzüge 157 ff.; s. auch
  Schrägaufzüge.
Aufzugskipper 142.
Ausleger-Hängebahnkatze
  105.
Automatische Wage 32, 101.
  —   Rollbahn
  154 ff.

Bagger 129 ff., 135 ff.
Bandförderer 1 ff., 125, 133.
Bandlagerung 4.
Bandmaterial 4.
Batteurwickeltransport 104.
Becherförderer 60 ff., 117 ff.,
  129 ff.
Beladeschnecken 29.
Bergwerksförderung 57, 68.
Bodenklappe 136.
Bodenschieber 136.
Bremsberge 114.
Bühnenkipper, s. Waggon-
  kipper.
Bunkerbeladung 8, 14, 38.

Cokestransport, s. Kohlentransport und Kokstransport.
Conveyor 60 ff.

Dampfschaufeln 135 ff.
Drahtseilbahnen 107 ff.
Drehscheibe f. Hänge-
  bahnen 103.
Druckluftförderer 75 ff.
Druckluftlokomotive 87.

Eimerbagger 129 ff.
Einschienenbahnen 93 ff.,
  104.

Eistransporte 38, 65, 119.
Elektrohängebahnen 93 ff.
Elevatoren 117 ff., sowie
  Fig. 6, 10, 53, 57.

Fahrbare Aufzüge 160.
  —   Bandförderer 11 ff.
  —   Förderrinnen 52 ff.
  —   Kratzer 38.
  —   Schnecken 29 ff.
  —   Winden 165.
Fahrstühle, s. Aufzüge.
Farbentransport 167.
Feuerlose Lokomotive 87.
Förderband (-gurt) 1 ff., 125,
  133.
Förderrinne (-schwinge) 48 ff.
Förderrohre 34.
Förderschnecke 25 ff.
Formsandbewegung 33.
Füllmaschine 167.

Gleisbahnen 113 ff.
Grabschaufeln 135 ff.
Gurtelevatoren 117 ff.
Gurtförderer 1 ff., 125, 133.

Haderntransport 20.
Halbstofftransport 20.
Hängebahnen 93 ff.
Hebezeuge 160 ff.
Hochbagger 130.
Holztransport 45, 117, 125.
Hydraulisch-pneumat.
  Transporte 82 ff.

Kabelkran (-bahn) 108.
Kalkhydrattransport 77.
Kanalrinne 50.
Kartoffeltransport 52.
Kesselbekohlung 8, 31, 62,
  68.
Kettenbahn (-aufzug) 113 ff.

Kettenelevator 117 ff.
Kettenpumpe 125.
Kipper 141 ff.
Kistentransport 40 ff., 155,
  160, 162.
Klinkertransport 51.
Kohlentransport 8, 31, 38,
  62, 78, 95, 98, 142, 148.
Kokstransport 13, 14.
Konveyor 60 ff.
Kopfbagger 131.
Krane 160 ff.
Kratzer 36 ff.
Kreiselwipper 148.
Kreistransporteure 71 ff.
Kurvenkipper 147.
Kurvenkonveyor 60 ff.

Lagerbeschüttung durch
  Bandförderer 10 ff., 125.
— durch Förderrinnen 55.
— durch Hängebahnen
  95 ff.
Lastenaufzüge 157 ff.
Löffelbagger 135 ff.
Luftförderer 75 ff.
Luftseilbahnen 107 ff.

Malztransport 82.
Mammutbagger 82.
Mitnehmer f. Bandförderer
  20.

Naßbagger 130.

Paternosterwerke 117, 129 ff.
Pendelrinne 48 ff.
Plankonveyor 60 ff.
Plattformkipper 141 ff.
Pneumatische Förderer 75 ff.
Propellerrinnen 48 ff.

Querförderband 14.

Raumbewegliche Förderer 60 ff.
Rollbahnen (-förderer) 154 ff.
Rollenlagerung 4, 155.
Rollenrutsche (-rinne) 57.
Rübentransport 17, 84, 96.
Rutschen (Schräg-), Fig. 205, 262.
Rutschen (Schüttel-) 57.
— (Wendel-) 123.

Sacktransporte 40, 98, 122, 164.
Sandaufbereitung 33.
Saugluftförderer 75 ff.
Schaufelbagger 135 ff.
Schaufler 121, Fig. 23.
Schaukelbecherwerke 60 ff.
Schaukeltransporteur 71 ff.
Schienenhängebahnen 93 ff.
Schiffsbeladung 41, 80 ff., 165.
Schiffsentladung 10, 17, 41, 80 ff., 95, 118, 122, 125, 165.
Schlammförderer 15, 85, 125.
Schlammteichreinigung 15.

Schlepper 37.
Schmiervorrichtungen 65.
Schneckenbleche 28.
Schneckenförderer 25 ff.
Schöpfwerke Fig. 18, 23.
Schrägaufzüge 113 ff., 20, 160.
Schrägrutschen, s. Rutschen.
Schubrinnen 48 ff., 37.
Schuppenbeladung 11, 80 ff., 97.
Schuppenentladung 45, 97.
Schüttelrutschen (-rinnen) 57.
Schwebebahnen 93 ff.
Schwerkraftkipper 141 ff.
Schwingrinne 48 ff.
Seilbahnen 107 ff., 113 ff.
Siebvorrichtung 55.
Silobeladung 10, 82.
Siloentladung 10.
Spannvorrichtungen 5, 64.
Spiralkonveyor 61.
Spiralrutsche 123.
Spiralschnecke 28.
Stapelvorrichtungen 40, 97, 125, 164.

Stempelaufzüge 159.
Stoßrinne 48 ff.
Stufentransporteur 7, 17.

Tiefbagger 130.
Torfförderer 16, 39.
Transportbänder 1 ff.
Transportrinnen 48 ff.
Transportschnecken 25 ff.
Trockenbagger 129 ff.
Trommeltransporteur 7.
Turmtransporteur 17.

Waggonbeladerinnen 52.
Waggonbeladeschnecken 29.
Waggonentladung 78.
Waggonkipper 141 ff., Fig. 10.
Warenaufzüge 157 ff.
Wendelrutschen 123.
Wiegevorrichtungen 32, 101.
Wippen 48 ff.
Wipper 148.
Wurfrinne 48 ff.

Zementklinkertransport 51.
Ziegeltransport 72, 16.